M0268289

Teubner Studienbücher

Mathematik

Ahlswede/Wegener: **Suchprobleme**
328 Seiten. DM 29,80

Ansorge: **Differenzenapproximationen partieller Anfangswertaufgaben**
298 Seiten. DM 29,80 (LAMM)

Bohl: **Finite Modelle gewöhnlicher Randwertaufgaben**
318 Seiten. DM 29,80 (LAMM)

Böhmer: **Spline-Funktionen**
Theorie und Anwendungen. 340 Seiten. DM 30,80

Bröcker: **Analysis in mehreren Variablen**
einschließlich gewöhnlicher Differentialgleichungen und des Satzes von Stokes
VI, 361 Seiten. DM 32,80

Clegg: **Variationsrechnung**
138 Seiten. DM 18,80

Collatz: **Differentialgleichungen**
Eine Einführung unter besonderer Berücksichtigung der Anwendungen
6. Aufl. 287 Seiten. DM 29,80 (LAMM)

Collatz/Krabs: **Approximationstheorie**
Tschebyscheffsche Approximation mit Anwendungen. 208 Seiten. DM 28,—

Constantinescu: **Distributionen und ihre Anwendung in der Physik**
144 Seiten. DM 19,80

Dinges/Rost: **Prinzipien der Stochastik**
294 Seiten. DM 34,—

Fischer/Sacher: **Einführung in die Algebra**
2. Aufl. 240 Seiten. DM 19,80

Floret: **Maß- und Integrationstheorie**
Eine Einführung. 360 Seiten. DM 29,80

Grigorieff: **Numerik gewöhnlicher Differentialgleichungen**
Band 1: Einschrittverfahren. 202 Seiten. DM 19,80
Band 2: Mehrschrittverfahren. 411 Seiten. DM 32,80

Hainzl: **Mathematik für Naturwissenschaftler**
3. Aufl. 376 Seiten. DM 32,— (LAMM)

Hässig: **Graphentheoretische Methoden des Operations Research**
160 Seiten. DM 26,80 (LAMM)

Hettich/Zencke: **Numerische Methoden der Approximation und semi-infinitiven Optimierung**
232 Seiten. DM 24,80

Hilbert: **Grundlagen der Geometrie**
12. Aufl. VII, 271 Seiten. DM 26,80

Jaeger/Wenke: **Lineare Wirtschaftsalgebra**
Eine Einführung
Band 1: vergriffen
Band 2: IV, 160 Seiten. DM 19,80 (LAMM)

Fortsetzung auf der vorletzten Textseite

Teubner Studienbücher   Mathematik

P. Kall
Analysis für Ökonomen

Leitfäden der angewandten Mathematik und Mechanik LAMM

Unter Mitwirkung von
Prof. Dr. E. Becker, Darmstadt
Prof. Dr. G. Hotz, Saarbrücken
Prof. Dr. P. Kall, Zürich
Prof. Dr. K. Magnus, München
Prof. Dr. E. Meister, Darmstadt
Prof. Dr. Dr. h. c. F. K. G. Odqvist, Stockholm

herausgegeben von
Prof. Dr. Dr. h. c. H. Görtler, Freiburg

Band 53

Die Lehrbücher dieser Reihe sind einerseits allen mathematischen Theorien und Methoden von grundsätzlicher Bedeutung für die Anwendung der Mathematik gewidmet; andererseits werden auch die Anwendungsgebiete selbst behandelt. Die Bände der Reihe sollen dem Ingenieur und Naturwissenschaftler die Kenntnis der mathematischen Methoden, dem Mathematiker die Kenntnisse der Anwendungsgebiete seiner Wissenschaft zugänglich machen. Die Werke sind für die angehenden Industrie- und Wirtschaftsmathematiker, Ingenieure und Naturwissenschaftler bestimmt, darüber hinaus aber sollen sie den im praktischen Beruf Tätigen zur Fortbildung im Zuge der fortschreitenden Wissenschaft dienen.

Analysis für Ökonomen

Von Dr. phil. Peter Kall
o. Professor an der Universität Zürich

Mit 50 Figuren, 54 Beispielen
und 115 Übungsaufgaben

 B. G. Teubner Stuttgart 1982

Prof. Dr. phil. Peter Kall

Geboren 1939 in Berlin. Von 1958 bis 1960 Studium der Mathematik und
Physik an der Universität Freiburg, 1960/61 an der Universität Hamburg. Von
1961 bis 1963 Studium der Mathematik, Wirtschaftswissenschaften und Physik, 1963 Promotion an der Universität Zürich. Von 1963 bis 1968 Assistent
am Institut für Operations Research und elektronische Datenverarbeitung,
dann Oberassistent am Seminar für angewandte Mathematik und Statistik
der Universität Zürich. Ab 1966 Privatdozent für angewandte Mathematik
an der Universität Zürich. Von 1968 bis 1971 o. Professor für Mathematik
und Geschäftsführender Direktor des Rechenzentrums an der Universität
Mannheim. Seit 1971 o. Professor und Direktor des Institutes für Operations
Research und mathematische Methoden der Wirtschaftswissenschaften der
Universität Zürich. Von 1972 bis 1976 Sekretär, anschließend bis Ende 1981
Vizesekretär der Gesellschaft für angewandte Mathematik und Mechanik
(GAMM). Seit 1980 Präsident der Schweizerischen Vereinigung für Opera-
tions Research (SVOR).

CIP-Kurztitelaufnahme der Deutschen Bibliothek

Kall, Peter:
Analysis für Ökonomen / von Peter Kall. —
Stuttgart : Teubner, 1982.
  (Leitfäden der angewandten Mathematik und
  Mechanik ; Bd. 53) (Teubner-Studienbücher :
  Mathematik)
  ISBN 978-3-519-02355-5   ISBN 978-3-322-92146-8 (eBook)

  DOI 10.1007/978-3-322-92146-8

NE: 1. GT

Satz: Elsner & Behrens GmbH, Oftersheim

Umschlaggestaltung: W. Koch, Sindelfingen

H. K.-J.

gewidmet

Vorwort

In den letzten zwei Jahrzehnten sind Einführungen in die Mathematik zum selbstverständlichen Bestandteil der wirtschaftswissenschaftlichen Propädeutik geworden. Der Grund hierfür liegt nicht in erster Linie in einer naturgegebenen Liebe der Ökonomiestudenten zur Mathematik, sondern in der Entwicklung der Denk- und Arbeitsweise in weiten Teilen der Wirtschaftswissenschaften während der letzten drei bis vier Jahrzehnte. Da es oft unmöglich erscheint, reale wirtschaftliche Situationen und Vorgänge in ihrer ganzen Komplexität und mit all ihren Interdependenzen zu erfasssen und zu beurteilen, bildet man sie in – notwendigerweise idealisierte – mathematische Modelle ab, analysiert diese mit mathematischen Methoden und gewinnt aus der Interpretation der mathematischen Ergebnisse Antworten auf die interessierenden wirtschaftlichen Fragen. Ohne die spezifischen Probleme der Modellierung hier zu erörtern, dürfte eines klar sein: Wenn jemand so arbeiten oder so entstandene Ergebnisse wissenschaftlich vertretbar beurteilen will, dann muß er nicht nur über das unabdingbare fachspezifische – hier also das entsprechende wirtschaftswissenschaftliche – Wissen verfügen, sondern auch mit den als Hilfsmittel benötigten mathematischen Methoden und Denkweisen hinreichend vertraut sein.

Während also weitgehend Einigkeit darüber besteht, daß die wirtschaftswissenschaftliche Propädeutik auch Teile der Mathematik umfaßt, gehen die Auffassungen über Umfang, Stoffauswahl und Art der Darstellung teilweise erheblich auseinander, wie man ohne weiteres bei der Lektüre der zahlreichen diesbezüglichen Lehrbücher und in Diskussionen mit Dozenten feststellt. Bezüglich der Stoffauswahl kann man sich im allgemeinen noch schlagwortartig auf Minimalforderungen einigen: Funktionen einer und mehrerer Veränderlichen, Differentiation, Optimalitätsbedingungen, Integral, lineare Räume, Abbildungen und Gleichungssysteme werden meist verlangt; darüber hinausgehende Anforderungen hängen von der Zusammensetzung des Lehrkörpers ab. Bezüglich der Art der Darstellung bestehen jedoch derzeit noch grundsätzliche, nicht überbrückbare Auffassungsunterschiede in der Beurteilung der Frage, ob die behandelten mathematischen Aussagen – und dazu gehören auch die hier im Vordergrund stehenden Regeln des jeweils behandelten Kalküls – mit der der Mathematik eigenen Strenge bewiesen werden sollen, oder ob für den angehenden Wirtschaftswissenschaftler allenfalls ein paar Plausibilitätsbetrachtungen und das rein mechanische Trainieren von Rechenregeln an aus seinem Fachgebiet entnommenen Beispielen ausreicht.

Die zweite Variante droht dann fatal zu werden, wenn der derart Ausgebildete im Rahmen seiner Tätigkeit selbst die Analyse mathematischer Modelle von ökonomischen Problemen zu beurteilen oder gar durchzuführen hat. Die Literatur enthält viele beredte Beispiele für diese Situation, die sich am ehesten vergleichen läßt damit, daß man einen jungen Mann, dem man das Lenken, Schalten, Bremsen und Gasgeben beigebracht hat, mit einem leistungsstarken Sportwagen in das öffentliche Straßennetz entläßt – in völliger Ungewißheit über die geltenden Verkehrsregeln!

Im vorliegenden Band zur Analysis ebenso wie in dem sich anschließenden Band zur linearen Algebra werden grundsätzlich alle Aussagen bewiesen. Das soll dem Leser er-

lauben, durch das Studium der Beweise die Aussagen und Methoden selbst sowie die
Möglichkeiten und Grenzen ihrer Anwendung überhaupt erst verstehen bzw. kennen
zu lernen. Insbesondere sollte ihm aus der Tatsache, daß Voraussetzungen in Beweisen
benutzt werden, klar werden, daß Aussagen und darauf beruhende Methoden meist
nicht einfach voraussetzungslos angewandt werden können, nicht nur weil sie dann
unbewiesen, sondern auch weil sie dann oft falsch sind. Es versteht sich von selbst, daß
die Lektüre eines derartigen Buches mit Anstrengungen verbunden ist: Der Leser wird
einiges an Konzentration aufzuwenden haben und mit Bleistift und Papier arbeiten
müssen. So wie im alten Griechenland schon klar war, daß es für Könige keinen besonderen Weg zur Geometrie gab außer „über die Elemente", so sollte heute klar sein,
daß es für Ökonomen keinen besonderen Weg zur z u v e r l ä s s i g e n Verwendung
der Mathematik unter Umgehung des mathematischen Denkens geben kann.

Kapitel 3 bis 6 dieses Buches enthalten Teile der reellen Analysis, die in den Wirtschaftswissenschaften immer wieder als Instrumente benutzt werden. Zu deren Verständnis
ist das gründliche (und möglicherweise etwas mühsame) Studium von Kapitel 2 drin-
gend anzuraten. Hat man den Konvergenzbegriff wirklich verstanden, dann werden die
nachfolgenden zentralen Gegenstände wie Stetigkeit, Differenzierbarkeit und Integrierbarkeit leicht begreifbar. Kapitel 1 enthält die wesentlichen, immer wieder verwendeten
Grundlagen und Eigenschaften von Zahlen und Mengen, die dem Leser vermutlich zum
größten Teil schon von der Schule her bekannt sind. Die im Kleindruck erscheinenden
Passagen kann man bei der ersten Lektüre übergehen.

Dieser Band berücksichtigt eine über zehnjährige Erfahrung mit jeweils vierstündigen
Vorlesungen im Wintersemester über diesen Gegenstand und deckt sich weitgehend mit
dem dort behandelten Stoff. Diejenigen Studenten, die bereit waren, in dem einem
akademischen Studium angemessenen zeitlichen Umfang die Vorlesung laufend aufzuar-
beiten und sich an den begleitenden Übungen aktiv zu beteiligen, konnten diese Veranstal-
tung in der Regel mit Erfolg absolvieren.

Zum Schluß möchte ich allen herzlich danken, die Anteil an der Entstehung dieses
Buches haben. Herr Prof. Dr. Kurt Marti, München, hat vor etwa einem Jahrzehnt
als mein damaliger Mitarbeiter die ersten der oben genannten Vorlesungen ausgear-
beitet. Die Unterrichtserfahrungen damit haben ermöglicht, zu der hier vorgelegten
Darstellung zu finden. Fräulein lic. oec. publ. Sibylle Zweifel hat die Übungsaufgaben
zusammengestellt, die in dieser oder sehr ähnlicher Form von Übungsgruppen bearbeitet worden sind. Der Teubner-Verlag hat zur Entstehung dieses Buches durch sein
Interesse wesentlich beigetragen und gegenüber dem Verfasser außerordentlich viel
Geduld bewiesen.

Mettmenstetten, den 24. Oktober 1981   P. Kall

Inhalt

Liste der Symbole

Symbol	Bedeutung

$\in$ — „ist Element von", z. B. $5 \in \mathbf{N}$

$\notin$ — „ist nicht Element von", z. B. $0,33 \notin \mathbf{N}$

$\neq$ — „ungleich", z. B. $7 \neq 3$

$<$ — „kleiner als", z. B. $13 < 19$

$>$ — „größer als", z. B. $27 > 11$

$\leqslant$ — „kleiner oder gleich"

Σ — Summenzeichen, z. B. $\sum_{\nu=5}^{8} x_\nu = x_5 + x_6 + x_7 + x_8$, wobei x_ν, $\nu = 5, 6, 7, 8$ gegebene Zahlen sind

$\emptyset$ — die leere Menge

$n!$ — „n Fakultät", $n! = 1 \cdot 2 \cdot 3 \ldots \cdot n$

$\binom{n}{k}$ — Binominalkoeffizienten, lies „n über k",

$$\binom{n}{k} = \frac{n!}{k!(n-k!)}, \qquad 0 < k < n$$

$\mathbf{N}$ — die Menge der natürlichen Zahlen

$\mathbf{Z}$ — die Menge der ganzen Zahlen

$\mathbf{Q}$ — die Menge der rationalen Zahlen

$\mathbf{R}$ — die Menge der reellen Zahlen

$\subset$ — „enthalten in", z. B. $\mathbf{N} \subset \mathbf{Z}$

$\supset$ — „enthält", z. B. $\mathbf{Z} \supset \mathbf{N}$

$\phi : \mathfrak{M} \to \mathfrak{N}$ — Abbildung ϕ, definiert auf $\mathfrak{M}$ mit Bildpunkten in $\mathfrak{N}$

$\exists$ — „es existiert", z. B. $\exists \nu \in \mathbf{N} : k = 2 \cdot \nu$, d. h. es existiert eine natürliche Zahl ν derart, daß $k = 2 \cdot \nu$, m.a.W. k ist eine gerade natürliche Zahl

$\forall$ — „für alle", z. B. $x \geqslant 0 \ \forall x \in \mathbf{N}$

$\cup$ — Vereinigung, z. B. $\mathfrak{A} \cup \mathfrak{B}$

$\cap$ — Durchschnitt, z. B. $\mathfrak{A} \cap \mathfrak{B}$

$\mathfrak{A}^c$ oder $\overline{\mathfrak{A}}$ — Komplement (von $\mathfrak{A}$)

$[a, b]$ — abgeschlossenes Intervall $\{x \,|\, a \leqslant x \leqslant b\}$

$[a, b)$ — halboffenes Intervall $\{x \,|\, a \leqslant x < b\}$

(a, b) — offenes Intervall $\{x \,|\, a < x < b\}$

$[a, \infty)$ — Halbstrahl $\{x \,|\, x \geqslant a\}$

$\lim\limits_{n \to \infty} a_n = a$ — $\lim\limits_{n \to \infty} a_n = a$, d. h. die Folge $\{a_n\}_{n \in \mathbf{N}}$

oder $a_n \to a$ — hat den Grenzwert a

C.F. — Cauchy-Folge

HP — Häufungspunkt

$\underline{\lim} \, a_n$ — Limes inferior von $\{a_n\}_{n \in \mathbf{N}}$

$\overline{\lim} \, a_n$ — Limes superior von $\{a_n\}_{n \in \mathbf{N}}$

f^{-1} Umkehrfunktion der Funktion f

$\log_a x$ Logarithmus von x zur Basis a

$\ln x$ Natürlicher Logarithmus von x

$\mathbf{R}^n$ Menge aller geordneten n-tupel

$a = (a_1, a_2, \ldots a_n)$ mit $a_i \in \mathbf{R}$ für $i = 1, \ldots n$.

$\|x\|$ Euklidische Norm, in $\mathbf{R}^n$ definiert als $\|x\| = \sqrt{\sum_{i=1}^{n} x_i^2}$.

$\|x\|_\infty$ Maximumnorm, in $\mathbf{R}^n$ definiert als $\|x\|_\infty = \max_{1 \leq i \leq n} |x_i|$

$\langle a, b \rangle$ Skalarprodukt $\sum_{i=1}^{n} a_i b_i$

$\dfrac{\partial f(x)}{\partial x_i} = f_{x_i}(x)$ partielle Ableitung von f nach x_i

$\nabla f(x)$ Gradient $\left(\dfrac{\partial f(x)}{\partial x_1}, \ldots, \dfrac{\partial f(x)}{\partial x_n} \right)$

$\int_a^b f(x)\, dx$ bestimmtes Integral

$\int f(x)\, dx$ unbestimmtes Integral

$\int_\infty^\infty f(x)\, dx$ uneigentliches Integral

1 Zahlen und Mengen

Wir wollen in diesem Kapitel weder die ganzen, rationalen oder reellen Zahlen axiomatisch einführen noch in extenso Mengenlehre betreiben. Vielmehr gehen wir davon aus, daß der Leser schon von der Schule her weiß, welche Eigenschaften die oben genannten Zahlen haben und wie man üblicherweise mit ihnen rechnet. An einige dieser Eigenschaften soll hier in pointierter — und für einzelne Leser vielleicht ungewohnter — Weise erinnert werden, weil später davon Gebrauch gemacht wird. Ferner werden bestimmte Symbole und Bezeichnungen eingeführt, mit deren Hilfe wir uns später kurz und klar verständlich machen können. Falls sich der Leser in einem späteren Abschnitt über die Bedeutung eines Symbols nicht mehr ganz im klaren ist, möge er auf die „Liste der Symbole" auf Seite 9 zurückgreifen.

1.1 Die natürlichen Zahlen

Wir sind schon seit der Primarschulzeit mit dem Begriff des Zählens vertraut und wissen, wie wir das Zählergebnis mitteilen. Dabei handelt es sich stets darum festzustellen, wieviel Elemente eine vorgegebene Menge enthält, z. B. wieviel Autos in einem bestimmten Zeitraum eine Straßenkreuzung passieren, wieviel Studenten der Ökonomie im laufenden Semester neu immatrikuliert wurden, wieviel Arbeitnehmer ein Betrieb hat oder wieviel Passagiere in einem bestimmten Jahr im Flughafen Zürich-Kloten abgefertigt wurden. Das Ergebnis des Zählens ist in jedem Falle eine der Zahlen 0, 1, 2, 3, 4, . . ., 125, . . ., 3 658, . . ., 7 528 345, . . ., die wir zu der Menge

$$\mathbf{N} = \{0, 1, 2, 3, \ldots\}$$

der n a t ü r l i c h e n Z a h l e n zusammenfassen. Offenbar ist die Menge $\mathbf{N}$ unendlich, denn mit $n \in \mathbf{N}$, d. h. „n ist Element von (gehört zu) $\mathbf{N}$" oder mit anderen Worten, n ist eine natürliche Zahl, gehört sicher auch die nächst größere Zahl $n + 1$ zu den natürlichen Zahlen.

Wir haben nach dem Zählen auch gelernt, daß man mit natürlichen Zahlen rechnen kann, nämlich daß man natürliche Zahlen zueinander addieren und miteinander multiplizieren kann, und daß das Ergebnis dieser Rechenoperationen wieder durch Abzählen gewonnen werden kann. Beispielsweise kann man die Multiplikationsaufgabe $3 \cdot 4$ veranschaulichen durch 3 Schalen mit je 4 Äpfeln, die man zusammenlegt in eine große Schale, die dann offenbar 12 Äpfel enthält, was wir durch Zählen feststellen können. Dasselbe Ergebnis hätten wir auch festgestellt, wenn wir 4 Schalen mit je 3 Äpfeln in die große Schale gegeben hätten, also $4 \cdot 3$ ausgerechnet hätten. Diese Rechenoperationen haben also Eigenschaften, mit denen wir längst vertraut sind, und die wir ohne weitere Erklärung in der folgenden Regel zusammenfassen können:

Regel 1 *Zu jedem* $m \in \mathbf{N}$ *und* $n \in \mathbf{N}$ *gibt es genau ein Element* $m + n \in \mathbf{N}$ *und ein* $m \cdot n \in \mathbf{N}$, *die durch Abzählen bestimmbar sind. Für diese Rechenoperationen gilt:*

Wenn k, ℓ, m, n *natürliche Zahlen sind und* m + k = n *und* m + ℓ = n *gelten, dann ist* k = ℓ; *wenn* n ≠ 0, *d. h.* n ∈ **N** *und von* 0 *verschieden, und* m · ℓ = n *und* m · k = n *gelten, dann ist* k = ℓ.

Ferner sind diese Operationen k o m m u t a t i v, *d. h.*

$$m + n = n + m$$

$$m \cdot n = n \cdot m,$$

sie sind a s s o z i a t i v, *d. h.*

$$(m + n) + k = m + (n + k)$$

$$(m \cdot n) \cdot k = m \cdot (n \cdot k),$$

und es gilt das D i s t r i b u t i v g e s e t z

$$m \cdot (k + \ell) = m \cdot k + m \cdot \ell.$$

Ferner sind wir vertraut damit, daß es in den natürlichen Zahlen eine Ordnung gibt, d. h. daß etwa 17 größer ist als 11 oder daß 3 kleiner ist als 23. Allgemein ist uns also die folgende Regel geläufig:

Regel 2 *Für* m ∈ **N** *und* n ∈ **N** *gilt genau eine der Beziehungen*

$$m < n \;(\text{,,}kleiner\;als\text{``})$$

$$m = n \;(\text{,,}gleich\text{``})$$

$$m > n \;(\text{,,}größer\;als\text{``}).$$

Die Eigenschaften dieser Ordnung werden später (Regel 5 in Abschn. 1.3) zusammengefaßt.

Betrachten wir irgendwelche Teilmengen der Menge der natürlichen Zahlen, z.B. $\mathfrak{M} = \{17, 5, 8, 3, 19\}$ oder $\mathfrak{N} = \{28, 25, 22, 24, 27, 30, 33,$ und alle größeren Vielfachen von 3}, dann sehen wir sofort, daß diese jeweils eine kleinste natürliche Zahl enthalten, in den Beispielen 3 in $\mathfrak{M}$ und 22 in $\mathfrak{N}$. Diese Eigentümlichkeit der natürlichen Zahlen ist von fundamentaler Bedeutung, weil durch sie der Beweis durch vollständige Induktion ermöglicht wird, dem man auch in den Anwendungen sehr häufig begegnet. Wir halten also fest:

Regel 3 *Jede nichtleere Teilmenge der Menge der natürlichen Zahlen enthält eine kleinste (natürliche) Zahl.*

Nehmen wir an, wir hätten für irgend eine natürliche Zahl n die Summe der ersten n ungeraden natürlichen Zahlen auszurechnen, also

$$\sum_{\nu=1}^{n} (2\nu - 1) = 1 + 3 + 5 + \ldots + (2n - 1).$$

Das S u m m e n z e i c h e n Σ ist wie folgt zu interpretieren:

In $\sum\limits_{\mu=\ell}^{k} a_\mu$ ist μ der sogenannte Summationsindex, der von dem kleinsten Wert ℓ bis zu dem größten Wert k über alle natürlichen Zahlen läuft — d. h. wir unterstellen $\ell \leqslant k$ („$\leqslant$" bedeutet „$<$ oder $=$") — und a_μ ordnet jedem vorkommenden Wert von μ einen Zahlenwert zu; alle diese Werte a_μ sind zu addieren, also

$$\sum_{\mu=\ell}^{k} a_\mu = a_\ell + a_{\ell+1} + a_{\ell+2} + \ldots + a_{k-1} + a_k.$$

Unsere Aufgabe können wir für kleine Werte von n leicht lösen, z. B. für

$$n = 1: \quad \sum_{\nu=1}^{1} (2\nu - 1) = 1$$

$$n = 2: \quad \sum_{\nu=1}^{2} (2\nu - 1) = 1 + 3 = 4$$

$$n = 3: \quad \sum_{\nu=1}^{3} (2\nu - 1) = 1 + 3 + 5 = 9$$

$$n = 4: \quad \sum_{\nu=1}^{4} (2\nu - 1) = 1 + 3 + 5 + 7 = 16$$

$$n = 5: \quad \sum_{\nu=1}^{5} (2\nu - 1) = 1 + 3 + 5 + 7 + 9 = 25,$$

für große n würde die Rechnung jedoch aufwendig und riskant, denn bei n = 5 000 000 000 werden wohl wenige dafür garantieren wollen, daß sie sich bei 5 Milliarden Additionen nicht verrechnen, und selbst wenn man den Computer bemüht, werden 5 Milliarden Additionen ein teurer Auftrag.

Wir können der Aufgabe aber auch durch Nachdenken beikommen. Für die oben betrachteten Werte von n, also $1 \leqslant n \leqslant 5$, gilt offenbar

$$\sum_{\nu=1}^{n} (2\nu - 1) = n^2. \tag{1.1}$$

Da diese Beziehung auch noch, wie man sofort nachrechnet, z. B. für n = 6 und n = 7 gilt, kann man zunächst einmal vermuten, daß sie allgemein für jede natürliche Zahl $n \geqslant 1$ richtig ist. Dann müssen wir aber beweisen, daß unsere Vermutung stimmt, und das kann folgendermaßen geschehen:

Für n = 1 ist die Beziehung (1.1) schon verifiziert. Nehmen wir nun an, die Beziehung (1.1) sei auch richtig für irgendeine beliebige natürliche Zahl $n \geqslant 1$, also

$$\sum_{\nu=1}^{n} (2\nu - 1) = n^2,$$

dann müssen wir zeigen, daß dann (1.1) auch für die nächst größere natürliche Zahl n + 1 richtig ist, daß also

$$\sum_{\nu=1}^{n+1} (2\nu - 1) = (n + 1)^2 \tag{1.2}$$

gilt. Wegen unserer Annahme, daß (1.1) für n gilt, haben wir aber

$$\sum_{\nu=1}^{n+1} (2\nu - 1) = \sum_{\nu=1}^{n} (2\nu - 1) + 2(n + 1) - 1 = n^2 + 2n + 1 = (n + 1)^2,$$

also (1.2). Wegen dieses für jede beliebige natürliche Zahl n $\geqslant$ 1 gültigen sogenannten Induktionsschlusses „von n auf n + 1" und der Tatsache, daß für n = 1 schon die Richtigkeit von (1.1) nachgewiesen wurde, ist die Gültigkeit von (1.1) für alle natürlichen Zahlen mit Ausnahme der 0 bewiesen; denn für irgend eine beliebige natürliche Zahl k (z. B. k = 5 000 000 000) überlegt man nun, daß (1.1) für n = 1 gilt, wegen des Induktionsschlusses damit auch für n = 2, damit — wieder wegen des Induktionsschlusses — auch für n = 3, n = 4 usw., und nach insgesamt (k − 1)-facher Wiederholung des Induktionsschlusses gilt (1.1) dann auch für n = k. Folglich ist beispielsweise die Summe der ersten 5 000 000 000 ungeraden natürlichen Zahlen gleich $(5\ 000\ 000\ 000)^2 = 25 \cdot 10^{18}$, was wir jetzt nicht mit aufwendiger Rechnerei oder teurer Rechenzeit, sondern nur mit ein wenig Nachdenken herausgefunden haben.

In (1.1) haben wir es mit einer Aussage über die natürliche Zahl n zu tun, nämlich: „Die Summe der ersten n ungeraden natürlichen Zahlen ist gleich n^2." Daß sich auch beliebige andere Aussagen über natürliche Zahlen analog beweisen lassen, gewährleistet das Prinzip der vollständigen Induktion.

Satz 1.1 *Sei* A(n) *eine Aussage über die natürliche Zahl* n. *Ist* A(k) *richtig für eine feste Zahl* k$\in$**N** (I n d u k t i o n s a n f a n g), *und folgt aus der Annahme,* A(n) *sei richtig für eine beliebige natürliche Zahl* n $\geqslant$ k, *daß auch* A(n + 1) *richtig ist* (I n d u k t i o n s s c h l u ß), *dann ist die Aussage* A(n) *richtig für alle natürlichen Zahlen* n $\geqslant$ k.

B e w e i s : Nehmen wir einmal an, die Aussage A(n) sei nicht für alle n $\geqslant$ k richtig, d.h. die Menge $\mathfrak{M}$ der natürlichen Zahlen n $\geqslant$ k, für die die Aussage falsch ist, ist nicht leer, in symbolischer Schreibweise: $\mathfrak{M}$ = {n|n $\in$ **N**, n $\geqslant$ k, A(n) ist falsch} $\neq \emptyset$. Nach Regel 3 enthält $\mathfrak{M}$ ein kleinstes Element ℓ. Unter den Voraussetzungen des Satzes ist aber A(k) richtig und folglich ℓ > k. Ferner ergibt die $(\ell - k)$-malige Wiederholung des Induktionsschlusses von k auf k + 1, k + 1 auf k + 2 usw. schließlich, daß auch A(ℓ) richtig ist, was im Widerspruch steht zu $\ell \in \mathfrak{M}$. Dieser Widerspruch wurde abgeleitet aus der Annahme $\mathfrak{M} \neq \emptyset$, d.h. daß es n $\geqslant$ k gebe, für die A(n) falsch ist. Also ist diese Annahme falsch und somit der Satz bewiesen.   ∎

Bei der Anwendung der vollständigen Induktion hat man darauf zu achten, daß man tatsächlich beide Teile, den Induktionsanfang und den Induktionsschluß, durchführt, weil man sonst Gefahr läuft, falsche Aussagen zu „beweisen". Daß der Induktionsanfang (bei k) allein nicht ausreicht für den Beweis der Richtigkeit einer Aussage über alle n $\geqslant$ k, dürfte noch leicht einzusehen sein; so läßt sich der Induktionsanfang bei der offensichtlich falschen Aussage A(n) „n (n − 1) = 0 für alle n $\geqslant$ 1" mit k = 1 ohne weiteres durchführen: 1 (1 − 1) = 1 · 0 = 0. Häufiger findet man aber den gravierenden Fehler, daß in einem Induktionsbeweis zwar der Induktionsschluß durchgeführt, aber der Induktionsanfang vergessen wird. Daß man auch so keinen schlüssigen Beweis führen kann, mag der Leser dem folgenden einfachen Beispiel entnehmen.

Beispiel 1.1 Zu prüfen ist folgende Behauptung:

$$\text{„A(n): } k + \sum_{\nu=1}^{n} \nu = k + 1 + 2 + 3 + \ldots + n = \frac{n\,(n+1)}{2}$$

für jedes positive (d. h. n $\geqslant$ 1) n $\in$ **N** und irgendein beliebig gewähltes festes k $\in$ **N**."
Versuchen wir zunächst den Induktionsschluß: Sei A(n) richtig für irgendein n $\geqslant$ 1, also

$$k + \sum_{\nu=1}^{n} \nu = \frac{n\,(n+1)}{2}\,.$$

Dann ist

$$k + \sum_{\nu=1}^{n+1} \nu = k + \sum_{\nu=1}^{n} \nu + (n+1) = \frac{n\,(n+1)}{2} + (n+1)$$

$$= \frac{n^2 + n + 2n + 2}{2} = \frac{(n+1)\,(n+2)}{2}\,,$$

also auch A(n + 1) richtig.
Folgert man aus diesem Induktionsschluß allein die Richtigkeit der Aussage A(n), dann erliegt man einem gewaltigen Irrtum, wie wir gleich sehen.
Der Induktionsanfang kann, wenn k = 0 gewählt wird, für n = 1 durchgeführt werden:

$$\sum_{\nu=1}^{1} \nu = 1 = \frac{1 \cdot 2}{2}\,.$$

Da der Induktionsschluß schon für beliebige k $\in$ **N**, also auch für k = 0 durchgeführt ist, ist also die Aussage

$$\text{„}\sum_{\nu=1}^{n} \nu = \frac{n\,(n+1)}{2} \text{ für alle n} \geqslant 1\text{"}$$

richtig. Dann ist aber die Aussage A(n) für alle k $>$ 0 offensichtlich falsch, da dann

$k + \sum_{\nu=1}^{n} \nu$ nicht dasselbe wie $\sum_{\nu=1}^{n} \nu$ sein kann.

Übungsaufgaben

1. Beweisen Sie, daß für n = 1, 2, ... folgende Summenformel gilt:

$$\frac{1}{1 \cdot 3} + \frac{1}{3 \cdot 5} + \frac{1}{5 \cdot 7} + \ldots + \frac{1}{(2n - 1)(2n + 1)} = \frac{n}{2n + 1}.$$

2. Beweisen Sie, daß für n = 1, 2, ... gilt:

$$\sum_{k=1}^{n} k^3 = \left(\sum_{k=1}^{n} k \right)^2.$$

3. Beweisen Sie, daß für n = 1, 2, ... und $q \neq 1$ gilt:

$$\sum_{k=1}^{n} q^{k-1} = \frac{1 - q^n}{1 - q}.$$

1.2 Kombinatorik

In Anwendungen stößt man häufig auf die Frage, wieviel verschiedene Kombinationen aus je endlich vielen Elementen einer endlichen Gesamtheit existieren. So hat man beispielsweise zur Bestimmung der Wahrscheinlichkeit eines Ereignisses die Zahl der möglichen Fälle und die Zahl der für das betreffende Ereignis günstigen Fälle zu ermitteln (sofern es sich um eine endliche Gesamtheit gleichverteilter Elementarereignisse handelt). Die Wahrscheinlichkeit, mit zwei Würfeln die Augensumme 7 zu werfen, bestimmt sich damit wie folgt:

Die Anzahl der Möglichkeiten ist 36 — jeder der beiden Würfel kann die Augenzahl 1, 2, 3, 4, 5 oder 6 zeigen, was offenbar $6 \cdot 6$ mögliche Zweierkombinationen (1, 1), (1, 2), (1, 3), . . ., (6, 4), (6, 5), (6, 6) ergibt —, und die Zahl der für das Ereignis „Augensumme 7" günstigen Fälle ist 6, nämlich (1, 6), (2, 5), (3, 4), (4, 3), (5, 2) und (6, 1), was die Wahrscheinlichkeit $\frac{6}{36} = \frac{1}{6}$ für Augensumme 7 ergibt.

Oder man kann — ohne Bezug zur Wahrscheinlichkeitsrechnung — fragen, wieviel verschiedene Sitzordnungen für 10 Teilnehmer einer Lehrveranstaltung oder wieviel verschiedene Anordnungen für 5 Buchstaben existieren, was beides im wesentlichen dieselbe Frage ist, nämlich die Frage nach der Anzahl P e r m u t a t i o n e n , d. h. unterscheidbaren Anordnungen von n verschiedenen Elementen. Für drei verschiedene Elemente a, b, c gibt es die Permutationen (a, b, c), (c, a, b), (b, c, a), (a, c, b), (b, a, c), (c, b, a) und keine weiteren, wie man leicht nachprüft. Also gibt es für 3 verschiedene Elemente 6 Permutationen. Bei 4 Elementen a, b, c, d kann das Element d bei jeder der oben aufgeführten 6 Permutationen von a, b, c an 1., 2., 3. oder 4. Stelle eingeschoben werden, was insgesamt $4 \cdot 6 = 24$ Permutationen ergibt.

Da es für 1 Element offenbar nur eine und für 2 Elemente a, b gerade 2 Permutationen gibt, nämlich (a, b) und (b, a), können wir vermuten, daß allgemein zu n verschiedenen

Elementen $1 \cdot 2 \cdot 3 \cdot \ldots \cdot n$ Permutationen existieren. Für n = 1, n = 2, n = 3 und n = 4 wissen wir nun, daß diese Vermutung stimmt; für beliebiges $n \in \mathbf{N}$, n > 0 beweisen wir sie durch vollständige Induktion. Zur kürzeren Schreibweise geben wir noch folgende

Definition 1.1 *Für* $n \in \mathbf{N}$ *ist*

$$n! = \begin{cases} 1, & \textit{falls } n = 0 \textit{ oder } n = 1 \\ 1 \cdot 2 \cdot \ldots \cdot n, & \textit{falls } n > 1. \end{cases}$$

(n! *heißt „n Fakultät".*)

Satz 1.2 *Zu* n *verschiedenen Elementen*, $n \geq 1$, *gibt es* n! *Permutationen.*

B e w e i s : Für n = 1 ist der Satz offenbar richtig, denn ein Element läßt sich sicher nur auf eine Art anordnen, und 1! = 1.

Sei die Behauptung wahr für irgendeine beliebige Anzahl n von verschiedenen Elementen $a_1, a_2, \ldots, a_n$, d. h. für diese n Elemente gibt es n! Permutationen. Haben wir nun n + 1 verschiedene Elemente $a_1, a_2, \ldots, a_n, a_{n+1}$, dann gibt es unter deren Permutationen solche, in denen a_{n+1} an erster Stelle, andere in denen a_{n+1} an 2. Stelle, wieder andere in denen a_{n+1} an 3. Stelle usw. und schließlich solche in denen a_{n+1} an (n + 1)-ter Stelle steht. In jedem dieser Fälle haben die übrigen n Elemente nach Induktionsvoraussetzung n! verschiedene Anordnungen; also gibt es insgesamt $(n + 1) \cdot n! = (n + 1)!$ Permutationen der Elemente $a_1, a_2, \ldots, a_n, a_{n+1}$, und das war zu zeigen. ∎

Danach gibt es also für die fünf Buchstaben a, b, c, d, e bereits 5! = 120 verschiedene Anordnungen und für 10 Personen gar 10! = 3 628 800 verschiedene Sitzordnungen.

Nehmen wir nun an, einige der betrachteten Elemente seien einander gleich, so daß man sie nicht voneinander unterscheiden kann. Dann werden wir die Anordnungen, die nur durch Vertauschung der einander gleichen Elemente entstehen, nicht mehr voneinander unterscheiden können; die Zahl der Permutationen wird also kleiner. Haben wir z. B. die fünf Buchstaben a, a, b, c, d und markieren wir zur Verdeutlichung die beiden gleichen Buchstaben mit $\hat{a}$ und $\bar{a}$, dann erscheinen uns die Anordnungen $\hat{a}$, b, c, $\bar{a}$, d und $\bar{a}$, b, c, $\hat{a}$, d als dieselben; oder anders formuliert, für jede Positionierung der beiden gleichen Elemente, also a an 1. und 2. Stelle, a an 1. und 3. Stelle usw., haben wir statt 2! Permutationen von zwei verschiedenen Elementen nur noch eine Permutation je Anordnung der übrigen verschiedenen Elemente b, c, d. Die Anzahl Permutationen für 5 verschiedene Elemente ist also durch 2! zu teilen. Allgemein gilt

Satz 1.3 *Zu* n *Elementen, von denen genau* k *einander gleich* $(1 \leq k \leq n)$ *und die übrigen* $n - k$ *voneinander verschieden sind, gibt es* $\dfrac{n!}{k!}$ *Permutationen.*

B e w e i s : Sei $k \in \mathbf{N}$, $k \geq 1$ beliebig, aber fest gewählt. Zum Induktionsanfang setzen wir n = k, d. h. alle vorhandenen Elemente sind einander gleich; dann gibt es offenbar nur $1 = \dfrac{k!}{k!}$ Permutation, denn Vertauschungen der Elemente lassen sich wegen deren Gleichheit nicht unterscheiden. Als Induktionsvoraussetzung nehmen wir nun an, die Behauptung sei für irgendein $n \geq k$ richtig, es gebe also $\dfrac{n!}{k!}$ Permutationen.

Nehmen wir nun ein weiteres, von allen bisherigen n Elementen verschiedenes Element hinzu, dann können wir dieses bei jeder der nach Voraussetzung vorhandenen $\dfrac{n!}{k!}$ Permutationen an 1. Stelle, 2. Stelle usw. oder schließlich $(n+1)$-ter Stelle einfügen, was $(n+1)\dfrac{n!}{k!}$ verschiedene Anordnungen ergibt. Also haben n + 1 Elemente, von denen genau k einander gleich sind, $\dfrac{(n+1)!}{k!}$ Permutationen, womit der Induktionsschluß durchgeführt ist. ∎

Für eine Menge mit n Elementen mit einer Teilmenge von k gleichen Elementen gibt es also $\dfrac{n!}{k!}$ Permutationen. Gibt es nun eine weitere Teilmenge von ℓ untereinander gleichen Elementen, die aber von allen übrigen verschieden sind, dann lassen sich in den Anordnungen aller n Elemente die $\ell!$ Permutationen dieser ℓ Elemente nicht mehr unterscheiden, d. h. die Zahl der Permutationen geht zurück auf $\dfrac{n!}{k!\ell!}$. Diese Überlegungen können wir fortsetzen, indem wir die Existenz weiterer Teilmengen von untereinander gleichen Elementen annehmen.

Satz 1.4 *Zu* n *Elementen, von denen genau die ersten* n_1, *die zweiten* n_2 *usw. und schließlich die letzten* n_r *übereinstimmen* ($n_i \geq 1$, $i = 1, \ldots, r$ *und* $\sum\limits_{i=1}^{r} n_i \leq n$), *gibt es*

$$\frac{n!}{n_1! \cdot n_2! \ldots n_r!} \text{ Permutationen.}$$

B e w e i s : Sei $n \in \mathbf{N}$ beliebig, aber fest. Gibt es in den n Elementen nur eine Gruppe von mindestens 2 gleichen Elementen, d. h. $r = 1$, dann gibt es nach Satz 1.3 $\dfrac{n!}{n_1!}$ Permutationen.

Sei nun für irgendein $r \geq 1$ die Behauptung richtig, d. h. es gebe $\dfrac{n!}{n_1! \cdot n_2! \ldots n_r!}$ Permutationen.

Gibt es nun eine weitere Gruppe mit n_{r+1} gleichen Elementen, dann fallen alle Permutationen, die vorher nur durch Vertauschung dieser n_{r+1} Elemente entstanden sind, also jeweils $n_{r+1}!$ an der Zahl, in eine zusammen, weil sie nicht mehr unterscheidbar sind. Folglich ist die vorherige Gesamtzahl $\dfrac{n!}{n_1! \cdot n_2! \ldots n_r!}$ der Permutationen jetzt durch $n_{r+1}!$ zu dividieren. ∎

Eine andere, in den Anwendungen häufig auftretende Frage lautet: Wieviel Kombinationen von je k Elementen lassen sich aus n verschiedenen Elementen ($n \geq k$) auswählen, wobei noch zu unterscheiden ist, ob die Reihenfolge der ausgewählten Elemente eine Rolle spielt oder nicht. Man spricht dann von **Kombinationen k-ter Ordnung mit** bzw. **ohne Berücksichtigung der Anordnung.** Beispielsweise haben wir für die drei Elemente a, b, c die Kombinationen zweiter Ordnung

$$(a, b) \qquad (a, c) \qquad (b, c)$$

und $\qquad (b, a) \qquad (c, a) \qquad (c, b),$

also 6 Kombinationen mit Berücksichtigung der Anordnung, aber nur 3 Kombinationen ohne Berücksichtigung der Anordnung, da dann Kombinationen aus denselben Elementen — hier also die jeweils untereinander stehenden — nicht unterschieden werden.

Satz 1.5 *Aus* n *verschiedenen Elementen lassen sich* **m i t** *Berücksichtigung der Anordnung* $\dfrac{n!}{(n-k)!}$ *Kombinationen* k-ter *Ordnung bilden* $(k \leqslant n)$.

B e w e i s : Sei $k \in \mathbf{N}$, $k \geqslant 1$ beliebig, aber fest gewählt und n = k. Dann ist eine Kombination k-ter Ordnung gerade eine Permutation aller k = n Elemente. Nach Satz 1.2 gibt es daher k! = n! Kombinationen k-ter Ordnung mit Berücksichtigung der Anordnung, was wegen n = k mit $\dfrac{n!}{(n-k)!} = \dfrac{n!}{0!}$ übereinstimmt (vgl. Definition 1.1). Sei die Behauptung nun richtig für irgend ein $n \geqslant k$, d. h. es gibt $\dfrac{n!}{(n-k)!}$ Kombinationen k-ter Ordnung. Daraus folgt zunächst die entsprechende Formel für die Anzahl ρ der Kombinationen (k − 1)-ter Ordnung aus n Elementen, indem man überlegt, wie man von dieser Anzahl ρ auf die Anzahl Kombinationen k-ter Ordnung schließen kann: Zu jeder Kombination (k − 1)-ter Ordnung gibt es genau n − (k − 1) Kombinationen k-ter Ordnung, die jeweils eines der n − (k − 1) bisher nicht enthaltenen Elemente an k-ter Stelle haben; also ist $\rho \cdot [n - (k-1)] = \rho\,(n - k + 1) = \dfrac{n!}{(n-k)!}$ und daher

$$\rho = \frac{n!}{(n-k+1)!} \,.$$

Nehmen wir nun an, zu den bisherigen n Elementen kommt ein weiteres Element hinzu. Dann haben wir zunächst die Kombinationen k-ter Ordnung, die das (n + 1)-te Element gar nicht enthalten, nach Voraussetzung $\dfrac{n!}{(n-k)!}$ an der Zahl, sowie zusätzlich diejenigen, zu denen das (n + 1)-te Element gehört. Also kann man aus den ersten n Elementen nur noch Kombinationen (k − 1)-ter Ordnung bilden, wozu $\dfrac{n!}{(n-k+1)!}$ Möglichkeiten bestehen, wie wir gesehen haben, und in jeder von diesen kann dann das (n + 1)-te Element an 1., 2., 3., . . ., k-ter Stelle eingefügt werden; also haben wir total aus n + 1 Elementen

$$\frac{n!}{(n-k)!} + k \cdot \frac{n!}{(n-k+1)!} = \frac{(n-k+1) \cdot n! + k \cdot n!}{(n-k+1)!} = \frac{(n+1)!}{(n+1-k)!}$$

Kombinationen k-ter Ordnung mit Berücksichtigung der Anordnung.   ∎

Berücksichtigt man die Anordnung nicht, dann werden jeweils k! Permutationen derselben k Elemente nur noch als eine Kombination k-ter Ordnung gezählt. Damit haben wir, ohne noch etwas beweisen zu müssen, den

Satz 1.6 *Aus* n *verschiedenen Elementen lassen sich* o h n e *Berücksichtigung der Anordnung* $\dfrac{n!}{k!\,(n-k)!}$ *Kombinationen* k-ter *Ordnung bilden* $(k \leqslant n)$.

Da der Ausdruck $\dfrac{n!}{k!\,(n-k)!}$ häufig vorkommt, hat man dafür eine spezielle Bezeichnung eingeführt.

Definition 1.2 *Für* $0 \leqslant k \leqslant n$ *ist* $\dbinom{n}{k} = \dfrac{n!}{k!\,(n-k)!}$. *Die Zahlen* $\dbinom{n}{k}$ *heißen* B i n o m i a l k o e f f i z i e n t e n. $\left(\dbinom{n}{k} \text{ *liest man* „n *über* k“.}\right)$

Zum Schluß dieses Abschnittes wollen wir einige einfache Probleme behandeln, die man mit Hilfe der obigen Sätze lösen kann.

Beispiel 1.2 a) Ein Sicherheitsschloß kann durch das Einstellen einer bestimmten 3-stelligen Zahl aus den Ziffern 1, 2, . . ., 9 geöffnet werden; bei falscher Zahleneingabe wird automatisch ein Alarm ausgelöst. Welche Wahrscheinlichkeit hat ein Dieb, unbemerkt das Schloß zu öffnen?

Die Wahrscheinlichkeit ist der Quotient aus der Anzahl der für den Dieb günstigen Fälle — also gleich eins, da es nur eine Zahl gibt, die das Schloß öffnet — und der Anzahl der insgesamt möglichen Fälle, also der 3-stelligen Zahlen aus den Ziffern 1, 2, . . ., 9. Die zugelassenen Zahlen sind von der Form z = a b c, wobei a, b und c unabhängig voneinander jeweils einen der Werte 1, 2, . . ., 9 annehmen kann; also gibt es $9 \cdot 9 \cdot 9 = 9^3 = $

729 Möglichkeiten. Die Erfolgswahrscheinlichkeit des Diebes beträgt also $\dfrac{1}{729} \approx 1{,}37\,^0/_{00}$.

b) In einem Glücksspiel kann der Spieler pro Spiel aus 9 verdeckten Karten, die die Ziffern 1, 2, . . ., 9 tragen, nacheinander 3 Karten ziehen. Ergibt sich so die Zahl 123, erhält der Spieler das 101-fache seines Einsatzes (1. Rang) von der Bank; zieht er eine Zahl aus 124, . . ., 129, dann erhält er den 16-fachen Einsatz (2. Rang); und bei einer Zahl n: $132 \leqslant n \leqslant 198$ erhält er den 3-fachen Einsatz (3. Rang). Wie groß ist der erwartete Gewinn des Spielers (pro Spiel)?

Wir haben es hier mit Kombinationen 3-ter Ordnung aus 9 Elementen m i t Berücksichtigung der Anordnung zu tun. Nach Satz 1.5 gibt es also (n = 9, k = 3) $\dfrac{9!}{6!} = 7 \cdot 8 \cdot 9 = $

504 mögliche Fälle. Die Anzahl der günstigen Fälle beträgt

      für den 1. Rang 1,
      für den 2. Rang 6,
      für den 3. Rang 49;

die ersten beiden Ränge ergeben sich sofort durch Abzählen, den 3. Rang erhält man als Anzahl der zweistelligen Zahlen, die man aus den 8 Ziffern 2, . . ., 9 ziehen kann,

also $\dfrac{8!}{6!}$, abzüglich der 7 Fälle, die zum 1. oder 2. Rang gehören.

Der Spieler gewinnt im 1. Rang 100, im 2. Rang 15 und im 3. Rang 2; zieht er eine Zahl $n > 198$ (4. Rang), „gewinnt" er -1, d. h. er verliert seinen Einsatz an die Bank. Tabellarisch haben wir also folgende Situation:

Rang i	Gewinn v_i	Wahrscheinlichkeit p_i
1	100	$1,98^0\!/_{00}$
2	15	$1,19\%$
3	2	$9,72\%$
4	-1	$88,89\%.$

Die Wahrscheinlichkeiten sind wieder die Quotienten günstige Fälle/mögliche Fälle für den jeweiligen Rang, wobei die für die Bank günstigen Fälle (Rang 4) alle diejenigen sind, in denen der Spieler nichts gewinnt, also $504 - (1 + 6 + 49) = 448$.

Der erwartete Gewinn ist

$$\sum_{i=1}^{4} v_i \cdot p_i = -0,318,$$

d. h. der Spieler verliert im Mittel rund einen Drittel seines Einsatzes an die Bank.

c) Ändern wir das obige Spiel so ab, daß der Spieler im 1. Rang gewinnt, wenn er die Ziffern 1, 2, 3 gezogen hat (egal, in welcher Reihenfolge), daß er im 2. Rang gewinnt, wenn er nur 1 und 2 gezogen hat, und daß er schließlich im 3. Rang gewinnt, wenn er nur die 1, aber keine 2 gezogen hat.

Die Zahl der möglichen Fälle ist nun die Zahl der Kombinationen 3-ter Ordnung aus 9 Elementen o h n e Berücksichtigung der Anordnung, nach Satz 1.6 also $\binom{9}{3} =$

$\dfrac{7 \cdot 8 \cdot 9}{2 \cdot 3} = 84$. Für den 1. Rang gibt es genau 1 günstigen Fall; für den 2. Rang gibt es 6 günstige Fälle (1, 2 sind fest, die dritte Zahl kann beliebig aus 4, . . ., 9 sein); und im 3. Rang gewinnt man mit einer 1, wenn gleichzeitig keine 2 gezogen wurde, was $\binom{8}{2} - 7 =$ 21 günstige Fälle ergibt (da 1 festgelegt ist, bleiben für die restlichen zwei Ziffern alle Möglichkeiten aus 2, 3, . . ., 9, also $\binom{8}{2}$, abzüglich derjenigen 7 Fälle, die zum 1. und 2. Rang gehören). Damit sieht unsere Gewinntabelle jetzt folgendermaßen aus:

Rang i	Gewinn v_i	Wahrscheinlichkeit p_i
1	100	$1,19\%$
2	15	$7,14\%$
3	2	$25,0\%$
4	-1	$66,67\%$

Damit ist der erwartete Gewinn jetzt

$$\sum_{i=1}^{4} v_i \cdot p_i = 2{,}0943,$$

was die Bank veranlassen dürfte, bald die Spielregeln oder die Auszahlungen v_i zu ändern.

Beispiel 1.3 Bei einer Tombola seien in der Lostrommel 100 Lose, und zwar 10 Gewinne und 90 Nieten. Dann ergeben sich die Wahrscheinlichkeiten, mit einem bzw. mit zwei Losen etwas zu gewinnen, wie folgt: Wir denken uns die Lose hintereinander angeordnet, wofür es nach Satz 1.4 $\binom{n}{k} = \dfrac{n!}{k!\,(n-k)!} = \dfrac{100!}{10! \cdot 90!}$ Möglichkeiten gibt. Ziehen wir nun ein Los, dann sind die günstigen Fälle jene Permutationen, in denen das erste Los gewinnt, d. h. in denen die letzten 99 Lose 9 Gewinne und 90 Nieten enthalten, also $\dfrac{(n-1)!}{(k-1)!\,(n-k)!} = \binom{n-1}{k-1} = \dfrac{99!}{9! \cdot 90!}$ an der Zahl. Daher ist die Gewinnwahrscheinlichkeit mit einem Los

$$p_1 = \binom{n-1}{k-1} \Big/ \binom{n}{k} = \frac{(n-1)!}{(k-1)!\,(n-k)!} \cdot \frac{k!\,(n-k)!}{n!} = \frac{k}{n} = \frac{1}{10} = 10\%.$$

Ziehen wir zwei Lose, dann haben wir mindestens einen Gewinn, wenn entweder nur das erste oder nur das zweite Los gewinnt, oder auch wenn die beiden ersten Lose Gewinne sind. Gewinnt nur eines der beiden ersten Lose, dann enthalten die restlichen $n-2$ Lose $k-1$ Gewinne und $(n-2)-(k-1) = n-k-1$ Nieten, wofür es $\dfrac{(n-2)!}{(k-1)!\,(n-k-1)!} = \binom{n-2}{k-1}$ Anordnungen gibt, die doppelt zu zählen sind, weil einmal das erste und einmal das zweite Los gewinnt. Gewinnen beide ersten Lose, dann enthalten die restlichen $n-2$ Lose noch $k-2$ Gewinne und $(n-2)-(k-2) = n-k$ Nieten, was $\dfrac{(n-2)!}{(k-2)!\,(n-k)!} = \binom{n-2}{k-2}$ Permutationen zuläßt.

Die für uns günstigen Fälle addieren sich also zu

$$2 \cdot \binom{n-2}{k-1} + \binom{n-2}{k-2} = \binom{n-2}{k-1} + \left[\binom{n-2}{k-1} + \binom{n-2}{k-2} \right]. \tag{1.3}$$

Hierauf können wir eine häufig benutzte Beziehung für Binomialkoeffizienten anwenden: Sei $\mu < \nu$, dann ist

$$\binom{\nu}{\mu} + \binom{\nu}{\mu+1} = \frac{\nu!}{\mu!\,(\nu-\mu)!} + \frac{\nu!}{(\mu+1)!\,(\nu-\mu-1)!} = \frac{(\mu+1)\nu! + (\nu-\mu)\nu!}{(\mu+1)!\,(\nu-\mu)!}$$

$$= \frac{(\nu+1)!}{(\mu+1)!\,(\nu-\mu)!},$$

d. h. $\displaystyle \binom{\nu}{\mu} + \binom{\nu}{\mu+1} = \binom{\nu+1}{\mu+1}.$
(1.4)

Wegen (1.4) haben wir nach (1.3) also $\binom{n-2}{k-1} + \binom{n-1}{k-1}$ günstige Fälle und somit eine Gewinnwahrscheinlichkeit mit zwei Losen

$$p_2 = \left[\binom{n-2}{k-1} + \binom{n-1}{k-1}\right]\bigg/\binom{n}{k}$$

$$= \frac{(n-2)!}{(k-1)!\,(n-k-1)!} \cdot \frac{k!\,(n-k)!}{n!} + \frac{(n-1)!}{(k-1)!\,(n-k)!} \cdot \frac{k!\,(n-k)!}{n!}$$

$$= \frac{k\,(n-k)}{(n-1)\cdot n} + \frac{k}{n} = \frac{10 \cdot 90}{99 \cdot 100} + \frac{10}{100} = 0{,}1909 = 19{,}09\%.$$

Übungsaufgaben

1. a) Für eine Nachtschicht mit 9 Stellen stehen 12 Personen zur Verfügung. Welches ist die Anzahl möglicher Kombinationen der zum Einsatz gelangenden Personen?
b) Wieviele Möglichkeiten gibt es, um 9 ausgewählte Personen den vorhandenen 9 Stellen zuzuordnen?

2. Eine Unternehmung mit 5 gleichartigen Betriebsstätten beabsichtigt, ihre Fertigungskapazität zu erweitern. Für jede Betriebsstätte besteht unabhängig von den anderen Teilbetrieben die Möglichkeit des Ausbaus oder des Bestehenlassens der gegebenen Kapazität. Welches ist die Anzahl möglicher Erweiterungsstrategien?

3. a) Wieviele Ziehungen sind beim Zahlenlotto (6 Zahlen aus 40) möglich?
b) Welches ist die Zahl möglicher Vierer?

4. Berechnen Sie die Summe aller Zahlen, die sich durch Permutation der Ziffern
a) 1, 2, 3 und
b) 1, 2, 5, 7, 9
ergeben.

5. Wieviele Kombinationen 4-ter Ordnung (ohne Berücksichtigung der Anordnung) der Elemente 1, 2, 3, 4, 5, 6, 7 enthalten
a) das Element 4,
b) das Element 4 nicht,
c) mindestens eines der Elemente 1, 2, 3,
d) mindestens eines der Elemente 1, 2 nicht?

6. Drei schwarze und drei weiße Kugeln sollen so in eine Reihe gelegt werden, daß in keiner Anordnung sowohl zwei schwarze als auch zwei weiße nebeneinander liegen. Auf wieviele und welche Arten ist dies möglich?

1.3 Ganze, rationale und reelle Zahlen

Wir haben uns im Abschn. 1.1 erinnert, daß und wie man natürliche Zahlen addieren und multiplizieren kann (Regel 1). Wir wissen auch, daß sich diese Rechenoperationen umkehren lassen. Ist etwa für $\ell, m, n \in \mathbf{N}$

$$\ell + m = n, \text{ dann ist } \ell = n - m;$$

und falls

$$\ell \cdot m = n \text{ und } m \neq 0, \text{ dann gilt } \ell = \frac{n}{m}.$$

Nun wissen wir auch, daß diese Umkehroperationen nicht immer innerhalb der natürlichen Zahlen möglich sind, d. h. daß die Differenz und der Quotient zweier natürlicher Zahlen nicht immer eine natürliche Zahl ist. Darum werden sukzessive die M e n g e d e r g a n z e n Z a h l e n

$$\mathbf{Z} = \{\ldots, -3, -2, -1, 0, 1, 2, 3, 4, \ldots\}$$

und die M e n g e d e r r a t i o n a l e n Z a h l e n

$$\mathbf{Q} = \left\{\frac{p}{q} \mid p \in \mathbf{Z}, q \in \mathbf{Z}, q \neq 0\right\}$$

eingeführt. Wir wissen aus der Schule, daß $\mathbf{Q}$ gegenüber den vier Grundrechenarten Addition, Subtraktion, Multiplikation und Division abgeschlossen ist, d. h. das Ergebnis einer solchen Operation, angewandt auf zwei rationale Zahlen, ist stets wieder eine rationale Zahl. Wenn man sich also auf diese vier Operationen in allen mathematischen Modellen, die man benutzen will, beschränken würde, hätte man mit $\mathbf{Q}$ eine adäquate Zahlenmenge gefunden. Da aber auch der Ökonom, wenn er mathematische Modelle benutzt, weitere Operationen benutzen will, z. B. das Potenzieren mit nicht ganzen Exponenten, wie es etwa bei Wachstumsprozessen vorkommt, kommt auch er mit den rationalen Zahlen allein nicht aus; und etwa die später zu behandelnde Differentialrechnung, die der Ökonom auch verwendet, wäre auf $\mathbf{Q}$ nicht möglich.

Beispiel 1.4 Es gibt keine rationale Kantenlänge eines Quadrates mit der Fläche 2 [m²]; mit anderen Worten $\sqrt{2}$ ist keine rationale Zahl.

Nehmen wir zunächst an, $\sqrt{2}$ sei rational; dann gibt es eine Darstellung $\sqrt{2} = \frac{p}{q}$ so, daß p und q teilerfremde ganze Zahlen ($q \neq 0$) sind (wir haben den Bruch gegebenenfalls gekürzt).

$$\sqrt{2} = \frac{p}{q} \Rightarrow 2 = \frac{p^2}{q^2}, \text{ d. h. } p^2 = 2q^2, \text{ (lies: „Aus } \sqrt{2} = \frac{p}{q} \text{ folgt } 2 = \frac{p^2}{q^2}.\text{")}$$

d. h. p^2 ist eine gerade Quadratzahl. Folglich ist p gerade, denn wäre p ungerade, also $p = 2\nu + 1$, $\nu \in \mathbf{N}$, dann hätten wir $p^2 = 4\nu^2 + 4\nu + 1 = 2(2\nu^2 + 2\nu) + 1$, was sicher ungerade ist. Dann ist aber p^2 durch 4 teilbar ($p = 2\nu \Rightarrow p^2 = 4\nu^2$) und daher wegen $p^2 = 2q^2$ auch q^2 eine gerade Quadratzahl, also auch durch 4 teilbar. Also sind p und q von der Form $p = 2\nu$ bzw. $q = 2\mu$; $\nu, \mu \in \mathbf{N}$; damit sind p und q im Widerspruch zur Voraussetzung nicht teilerfremd. Dieser Widerspruch löst sich nur, wenn wir die Annahme, $\sqrt{2}$ sei rational, fallen lassen.

Es gibt also Zahlen, mit denen wir auch in Anwendungsproblemen explizit oder implizit zu tun haben, die nicht rational, d. h. die i r r a t i o n a l sind. Andere uns längst vertraute Beispiele sind etwa die Zahl π (Umfang des Kreises mit Durchmesser 1) oder die Zahl e (Basis des natürlichen Logarithmus).

Fügen wir zu der Menge **Q** der rationalen Zahlen nun noch die Menge aller irrationalen Zahlen hinzu, dann erhalten wir die M e n g e **R** d e r r e e l l e n Z a h l e n.

Zur Veranschaulichung der reellen Zahlen wird oft die r e e l l e Z a h l e n g e r a d e (Fig. 1.1) herangezogen.

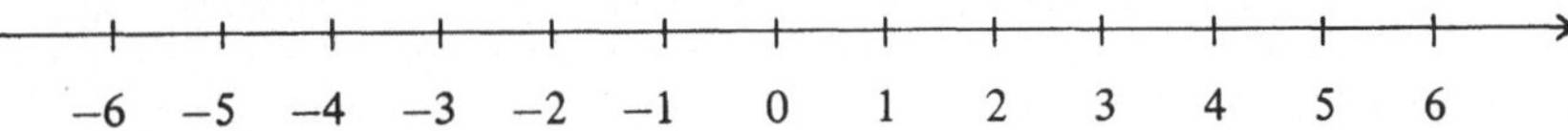

Fig. 1.1 Reelle Zahlengerade

Jedem Punkt auf dieser Geraden entspricht genau eine reelle Zahl, und umgekehrt gibt es zu jeder reellen Zahl genau einen Punkt auf dieser Geraden.

Zwischen den verschiedenen, uns bekannten Zahlenmengen **N**, **Z**, **Q** und **R** besteht offenbar folgende Beziehung: **N** ist enthalten in **Z**, symbolisch **N** $\subset$ **Z**, d. h. jedes Element von **N** ist auch Element von **Z** oder anders ausgedrückt, jede natürliche Zahl ist eine ganze Zahl.

Ebenso gilt **Z** $\subset$ **Q** und **Q** $\subset$ **R**. Danach könnte man den Eindruck haben, **Z** habe „mehr" Elemente als **N** und **Q** habe „mehr" Elemente als **Z**. Wir müssen uns jedoch klar machen, daß wir eigentlich noch nicht genau wissen, was dieses „mehr" in Bezug auf unendliche Mengen bedeuten soll. Wir wissen nur nach Regel 2, wann eine endliche Menge mehr Elemente enthält als eine andere endliche Menge, nämlich wenn die — endliche —Anzahl der Elemente der einen Menge größer ist als die betreffende Anzahl der anderen Menge. Für unendliche Mengen ist jedoch ein derartiger Vergleich sinnlos. Hingegen kann man sich fragen, ob es für eine unendliche Menge möglich ist, eine Numerierung ihrer Elemente anzugeben, durch die die Elemente eindeutig identifiziert werden, d. h. daß jedem Element eine natürliche Zahl zugeordnet wird und jeder natürlichen Zahl auch eindeutig ein Element der Menge entspricht. Eine derartige Numerierung nennt man eine u m k e h r b a r e i n d e u t i g e oder auch e i n e i n d e u t i g e A b b i l d u n g von der Menge der natürlichen Zahlen a u f die gegebene Menge.

Definition 1.3 Ist $\mathfrak{M}$ *eine unendliche Menge und gibt es eine eineindeutige Abbildung* ϕ *von* **N** *auf* $\mathfrak{M}$, *symbolisch* ϕ : **N** $\to$ $\mathfrak{M}$, *dann ist* $\mathfrak{M}$ a b z ä h l b a r u n e n d l i c h. *Endliche und abzählbar unendliche Mengen heißen* a b z ä h l b a r.

Die Schreibweise ϕ : **N** $\to$ $\mathfrak{M}$ bedeutet, daß es zu jedem n $\in$ **N** genau ein ϕ (n) $\in$ $\mathfrak{M}$ gibt. Wenn ferner, wie in dieser Definition verlangt, ϕ eineindeutig **N** auf $\mathfrak{M}$ abbildet, heißt das, daß es zu jedem a $\in$ $\mathfrak{M}$ genau ein n $\in$ **N** gibt mit ϕ (n) = a. Man sagt dann auch, $\mathfrak{M}$ und **N** seien g l e i c h m ä c h t i g. Ebenso sind zwei beliebige Mengen $\mathfrak{M}_1$ und $\mathfrak{M}_2$ gleich mächtig, wenn es eine eineindeutige Abbildung von $\mathfrak{M}_1$ auf $\mathfrak{M}_2$ gibt. Insbesondere sind dann zwei abzählbar unendliche Mengen gleich mächtig.

Während wir daran gewöhnt sind, daß eine endliche Menge durch Hinzunahme von endlich vielen Elementen die Anzahl ihrer Elemente vergrößert, haben wir für unendliche Mengen die vielleicht paradox anmutende Situation, daß Mengen trotz Hinzunahme von weiteren Elementen gelegentlich gleich mächtig bleiben können. Insbesondere sind **N**,

Z und **Q** gleich mächtig auf Grund von

Satz 1.7 N, Z *und* **Q** *sind abzählbar.*

B e w e i s: Zum Beweis genügt es zu zeigen, daß man zu jeder dieser Zahlenmengen die in Definition 1.3 verlangte eineindeutige Abbildung konstruieren kann.

Für die Menge **N** können wir die Identität auf **N** nehmen, also $\phi(n) = n$; damit stimmt jede natürliche Zahl mit ihrer Nummer überein und wird dadurch eindeutig identifiziert.

Für **Z** können wir eine Numerierung wählen, wie sie in Fig. 1.2 angedeutet ist.

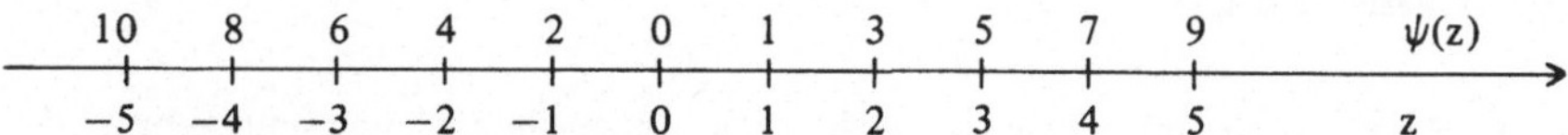

Fig. 1.2 Numerierung der ganzen Zahlen

Zu $z \in$ **Z** haben wir die Nummer $\psi(z) \in$ **N** gemäß

$$\psi(z) = \begin{cases} 2z - 1, & \text{falls } z > 0 \\ -2z, & \text{falls } z \leqslant 0. \end{cases}$$

Die Umkehrung ϕ von ψ ordnet dann jeder natürlichen Zahl n eine ganze Zahl $\phi(n)$ zu gemäß

$$\phi(n) = \begin{cases} -\dfrac{n}{2}, & \text{falls n gerade} \\ \dfrac{n+1}{2}, & \text{falls n ungerade.} \end{cases}$$

Die Abzählbarkeit von **Q** kann man folgendermaßen beweisen: Wir betrachten zunächst die Menge

$$\mathfrak{M} = \left\{ \frac{p}{q} \mid p \in \mathbf{N}, q \in \mathbf{N}, q > 0 \right\},$$

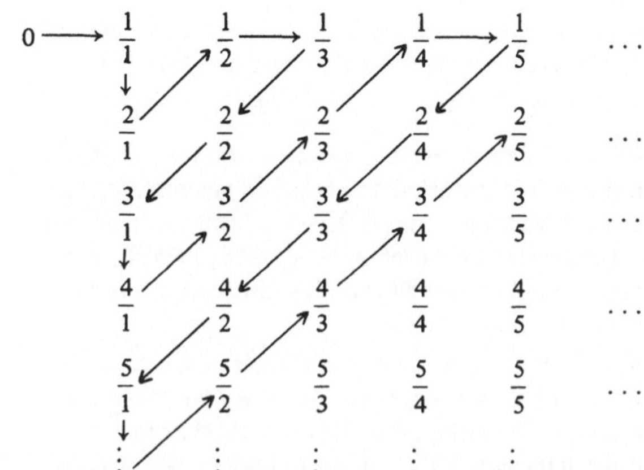

Fig. 1.3
Numerierung rationaler Zahlen

d. h. alle nichtnegativen Brüche einschließlich der noch nicht gekürzten. Diese orden wir schematisch wie in Fig. 1.3 an, d. h. das Element $\frac{p}{q} \in \mathfrak{M}\,(p > 0)$ steht in der p-ten Zeile und q-ten Spalte. In diesem Schema kann man die Elemente nun in der durch die Pfeile angedeuteten Reihenfolge numerieren, was jedem $\frac{p}{q} \in \mathfrak{M}$ eindeutig eine Nummer $\psi\left(\frac{p}{q}\right)$ gibt, z. B. $\psi(0) = 0$, $\psi\left(\frac{1}{1}\right) = 1$, $\psi\left(\frac{2}{1}\right) = 2$, $\psi\left(\frac{1}{2}\right) = 3$, $\psi\left(\frac{1}{3}\right) = 4$, $\psi\left(\frac{2}{2}\right) = 5$, $\psi\left(\frac{3}{1}\right) = 6$ usw.

Daraus ergibt sich aber sofort, daß dann auch jeder natürlichen Zahl n eindeutig ein $\frac{p}{q} \in \mathfrak{M}$ zugeordnet ist, d. h. daß es die in Definition 1.3 verlangte eineindeutige Abbildung $\phi : \mathbf{N} \to \mathfrak{M}$ gibt. Dann ist aber auch $\mathfrak{M}^* = \left\{ \frac{p}{q} \mid \frac{p}{q} \in \mathfrak{M} \text{ oder } -\frac{p}{q} \in \mathfrak{M} \right\}$, d. h. die Menge aller ungekürzten Brüche (auch der negativen) abzählbar, denn wir können nun die Numerierung

$$\psi^*\left(\frac{p}{q}\right) = \begin{cases} 2\,\psi\left(\dfrac{p}{q}\right), & \text{falls } \dfrac{p}{q} \in \mathfrak{M} \\[2mm] 2\,\psi\left(-\dfrac{p}{q}\right) - 1, & \text{falls } \dfrac{p}{q} \notin \mathfrak{M} \end{cases}$$

für alle $\frac{p}{q} \in \mathfrak{M}^*$ wählen, was zu $\phi^* : \mathbf{N} \to \mathfrak{M}^*$ führt gemäß

$$\phi^*(n) = \begin{cases} \phi\left(\dfrac{n}{2}\right), & \text{falls n gerade} \\[2mm] -\phi\left(\dfrac{n+1}{2}\right), & \text{falls n ungerade.} \end{cases}$$

Damit ist die Menge $\mathfrak{M}^*$ der ungekürzten Brüche abzählbar. Die Abzählbarkeit von $\mathbf{Q}$ folgt nun, weil $\mathbf{Q} \subset \mathfrak{M}^*$. ∎

In diesem Beweis kommen zwei Eigenschaften abzählbarer Mengen vor, die vielleicht manchem Leser nicht evident sind, und die wir deshalb als gesonderten Satz herausstellen wollen.

Lemma 1.8 *Teilmengen von abzählbaren Mengen und die Vereinigung zweier abzählbarer Mengen sind abzählbar.*

B e w e i s : Sei zunächst $\mathfrak{M}$ abzählbar und $\mathfrak{N} \subset \mathfrak{M}$, d. h. jedes Element von $\mathfrak{N}$ gehört auch zu $\mathfrak{M}$ (aber $\mathfrak{M}$ kann Elemente enthalten, die nicht zu $\mathfrak{N}$ gehören). Wir nehmen an, daß $\mathfrak{N}$ und damit $\mathfrak{M}$ unendliche Mengen sind, denn sonst ist die Aussage — eine endliche Menge $\mathfrak{N}$ ist abzählbar — trivial.
Sei $\phi : \mathbf{N} \to \mathfrak{M}$ die nach Definition 1.3 existierende eineindeutige Abbildung von $\mathbf{N}$ auf $\mathfrak{M}$. Damit ist

$$\mathfrak{M} = \{\phi(n) \mid n \in \mathbf{N}\}.$$

Wir müssen nun zeigen, daß es für $\mathfrak{N} \subset \mathfrak{M}$ auch eine eineindeutige Abbildung

$$\psi : \mathbf{N} \to \mathfrak{N}$$

gibt mit

$$\mathfrak{N} = \{\, \psi(n) | n \in \mathbf{N}\}.$$

Sei $\mathbf{N_0} = \{n | n \in \mathbf{N}, \phi(n) \in \mathfrak{N}\}$.

In dieser nichtleeren Teilmenge der natürlichen Zahlen gibt es nach Regel 3 eine kleinste natürliche Zahl n_0. Wir setzen

$$\psi(0) = \phi(n_0).$$

Danach definieren wir für $k = 1, 2, 3, \ldots$ nacheinander

$$\mathbf{N_k} = \{n | n \in \mathbf{N}, n > n_{k-1}, \phi(n) \in \mathfrak{N}\},$$

wählen jeweils das kleinste Element n_k aus $\mathbf{N_k}$ und setzen

$$\psi(k) = \phi(n_k).$$

Da $\mathbf{N_k}$ für kein $k \in \mathbf{N}$ leer sein kann — es sind ja nur die k Elemente aus $\mathfrak{N}$ mit den kleinsten Nummern ausgeschlossen worden —, wird so jedem $k \in \mathbf{N}$ ein Element $\psi(k) = \phi(n_k)$ $\in \mathfrak{N}$ zugeordnet, und zwar eindeutig, da nach Konstruktion n_k eindeutig durch k bestimmt ist und auch $\phi(n_k)$ nach Voraussetzung eindeutig festliegt. Analog überlegt man sich, daß die Abbildung eineindeutig ist, d. h. für $k \neq \ell$ auch $\psi(k) \neq \psi(\ell)$ gilt. Schließlich wird jedes Element von $\mathfrak{N}$ einer natürlichen Zahl zugeordnet, denn ist $a \in \mathfrak{N}$, dann gibt es eine natürliche Zahl m mit $a = \phi(m)$. Folglich ist $m \in \mathbf{N_0}$ und, da nach Konstruktion $n_k > n_{k-1}$, $m \notin \mathbf{N_{m+1}}$; also muß m bei einem Übergang von $\mathbf{N_k}$ zu $\mathbf{N_{k+1}}$, $0 \leqslant k \leqslant m$, herausgefallen sein und war damit das kleinste Element von diesem $\mathbf{N_k}$, d. h. $\psi(k) = \phi(m) = a$. Damit ist dieser Teil bewiesen.

Seien nun $\mathfrak{M}$ und $\mathfrak{N}$ zwei abzählbar unendliche Mengen, die disjunkt sind, d. h. die keine gemeinsamen Elemente haben. Dann gibt es eineindeutige Abbildungen von $\mathbf{N}$ auf $\mathfrak{M}$ bzw. $\mathfrak{N}$,

$$\phi : \mathbf{N} \to \mathfrak{M}$$
$$\psi : \mathbf{N} \to \mathfrak{N},$$

und wir können damit eine eineindeutige Abbildung von $\mathbf{N}$ auf die Vereinigung $\mathfrak{K}$ von $\mathfrak{M}$ und $\mathfrak{N}$ definieren, nämlich

$$\rho : \mathbf{N} \to \mathfrak{K}$$

gemäß

$$\rho(n) = \begin{cases} \phi\left(\dfrac{n}{2}\right), & \text{falls } n \text{ gerade} \\[2ex] \psi\left(\dfrac{n-1}{2}\right), & \text{falls } n \text{ ungerade.} \end{cases}$$

Damit haben wir eine eineindeutige Abbildung, weil ϕ und ψ eineindeutig waren und kein $\phi\left(\dfrac{n}{2}\right)$ mit einem $\psi\left(\dfrac{m-1}{2}\right)$ übereinstimmen kann wegen der vorausgesetzten Disjunktheit von $\mathfrak{M}$ und $\mathfrak{N}$.

Sind $\mathfrak{M}$ und $\mathfrak{N}$ hingegen nicht disjunkt, dann brauchen wir bei der Vereinigung von $\mathfrak{M}$ und $\mathfrak{N}$ zu $\mathfrak{M}$ nur noch die Menge der Elemente von $\mathfrak{N}$, die nicht zu $\mathfrak{M}$ gehören, hinzuzunehmen. Diese Menge $\mathfrak{N}^* = \{a | a \in \mathfrak{N}, a \notin \mathfrak{M}\}$ ist offenbar disjunkt zu $\mathfrak{M}$ und Teilmenge von $\mathfrak{N}$, also nach dem ersten Teil des Beweises abzählbar. Damit haben wir die Vereinigung nicht disjunkter Mengen als Vereinigung disjunkter abzählbarer Mengen dargestellt, wofür die Behauptung aber schon bewiesen ist. ∎

Wir haben schon gesehen, daß es reelle Zahlen gibt, die nicht rational sind, daß also **Q** eine echte Teilmenge von **R** ist. Bezüglich der Mächtigkeit besteht nun ein wesentlicher Unterschied zwischen **Q** und **R**: Die Menge der reellen Zahlen **R** ist n i c h t a b z ä h l - b a r oder ü b e r a b z ä h l b a r , wie man sagt. Das wollen wir hier nicht zeigen, sondern wir wollen die uns schon aus der Schule bekannten Rechenregeln und Eigenschaften reeller Zahlen hier noch einmal deutlich herausstellen und daraus dann Folgerungen ziehen, die wir später brauchen.

Zunächst sind uns die vier Grundrechenoperationen Addition, Subtraktion, Multiplikation und Division für reelle Zahlen und die dafür geltenden Rechenregeln geläufig. Wir kennen also

Regel 4 *Zu jedem* $a \in R$ *und* $b \in R$ *gibt es genau ein* $a + b \in R$*, genau ein* $a - b \in R$*, genau ein* $a \cdot b \in R$ *und, falls* $b \neq 0$*, genau ein* $\dfrac{a}{b} \in R$.

Addition „+" und Multiplikation „·" sind kommutativ, assoziativ und distributiv (vgl. Regel 1).

Sind $a \in R$ *und* $b \in R$ *gegeben, dann sind*

$x = a - b$ *die eindeutige Lösung der Gleichung* $b + x = a$

$x = \dfrac{a}{b}$ *die eindeutige Lösung der Gleichung* $b \cdot x = a$*, falls* $b \neq 0$*.*

Ferner wissen wir, daß es eine Ordnungsrelation auf den reellen Zahlen gibt, die wir über die positiven bzw. negativen Zahlen erklären können. Wir nennen bekanntlich $a \in R$ negativ, wenn $a < 0$ gilt („a kleiner als 0"), und $b \in R$ heißt positiv, wenn $b > 0$ richtig ist („b größer als 0"). Wir sagen z. B., es gelte $a > b$ („a größer als b"), wenn a auf der Zahlengeraden rechts von b liegt, d. h. wenn $a - b > 0$ gilt, wie in Fig. 1.4.

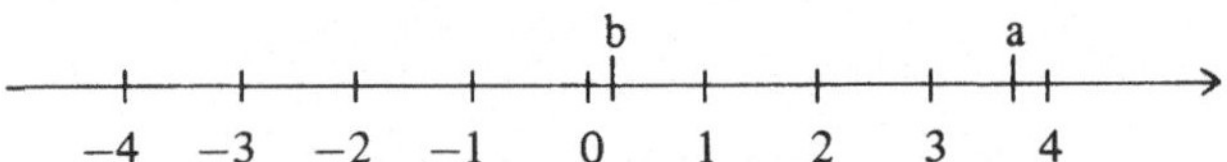

Fig. 1.4 Ordnungsrelation a > b

Insgesamt kennen wir wohl alle

Regel 5 *Für zwei beliebige reelle Zahlen* a *und* b *gilt genau eine der Beziehungen*

$a < b, \ a = b$ oder $a > b.$

Dabei gilt

$a < b \Longleftrightarrow a - b < 0$

(*lies: „a < b genau dann, wenn* $a - b < 0$*"*),

$a = b \Longleftrightarrow a - b = 0,$

$a > b \Longleftrightarrow a - b > 0.$

Diese Ordnungsrelation hat folgende Eigenschaften:

i) $a > b, b > c \Rightarrow a > c$ (*d. h. die Relation* „$>$" *ist* t r a n s i t i v) ;

ii) $a > b \Rightarrow a + c > b + c$ *für beliebiges* $c \in \mathbf{R}$;

iii) $a > 0, b > 0 \Rightarrow a \cdot b > 0$;

iv) *zu jedem* $a > 0$ *und* $b > 0$ *gibt es ein* $n \in \mathbf{N}$ *so, daß* $n \cdot a > b$.

Die Eigenschaft iv) wird als A x i o m v o n A r c h i m e d e s bezeichnet. Der Leser möge sich alle vier Eigenschaften noch einmal an der Zahlengeraden verdeutlichen.

Zur kürzeren Schreibweise dient

Definition 1.4 *Es gilt* $a \leqslant b$ (*lies:* „*a kleiner gleich* b") *genau dann, wenn* $a < b$ *oder* $a = b$ *gilt.*

Analog haben wir $a \geqslant b \Leftrightarrow [a > b$ *oder* $a = b]$.

Nach Regel 5 können wir nun unter gewissen Voraussetzungen mit Ungleichungen rechnen. Ist etwa

$$a > b \text{ und } c > d,$$

so wissen wir sofort, daß dann

$$a + c > b + d$$

gilt, denn nach ii) ist $a + c > b + c$ und wieder nach ii) $b + c > b + d$ und somit nach i) $a + c > b + d$.

In diesem Fall können wir also die beiden Ungleichungen

$$a > b$$
$$c > d$$

formal addieren. Allerdings müssen wir etwas aufpassen; z. B. könnten wir aus den Angaben

$$a > b \text{ und } c < d$$

nicht schließen, wie sich $a + c$ zu $b + d$ verhält, denn mit $a = 1$, $b = 0$ ($a > b$) und $c = -3$, $d = 2$ ($c < d$) ist

$$a + c = -2 < 2 = b + d;$$

aber mit $a = 3$, $b = 1$ ($a > b$) und $c = 2$, $d = 3$ ($c < d$) ist

$$a + c = 5 > 4 = b + d.$$

Wie man mit Ungleichungen richtig rechnet, ergibt sich aus

Satz 1.9 Nach Regel 5 gelten die Implikationen

$$1) \; a \leqslant b, c \leqslant d \Rightarrow a + c \leqslant b + d,$$
$$2) \; a \leqslant b, c > 0 \Rightarrow a \cdot c \leqslant b \cdot c,$$
$$3) \; a \leqslant b, c < 0 \Rightarrow a \cdot c \geqslant b \cdot c,$$
$$4) \; a \leqslant b \Rightarrow -a \geqslant -b,$$

$$5)\ 0 < a \leqslant b \Rightarrow 0 < \frac{1}{b} \leqslant \frac{1}{a},$$

$$6)\ a \leqslant b < 0 \Rightarrow \frac{1}{b} \leqslant \frac{1}{a} < 0.$$

B e w e i s : Wir beziehen uns hier stets auf die Aussagen i)–iv) in Regel 5.

1) Sei $a \leqslant b$, $c \leqslant d$. Ist $a < b$, $c < d$, dann ist $a + c < b + c < b + d$ nach ii) und somit $a + c < b + d$ nach i).

Ist $a < b$, $c = d$, dann ist $a + c < b + c$ nach ii) und somit $a + c < b + d$, da $b + c = b + d$.

Analog schließt man für $a = b$, $c < d$.

Ist $a = b$, $c = d$, dann gilt $a + c = b + d$ wegen der Eindeutigkeit der Addition.

2) Ist $a = b$, dann folgt stets $a \cdot c = b \cdot c$ wegen der Eindeutigkeit der Multiplikation.

Ist $a < b$, dann ist also $b - a > 0$ und somit nach iii) $(b - a) \cdot c > 0$, d. h. $a \cdot c < b \cdot c$.

3) Ergibt sich analog wie 2) mit $(-c) > 0$.

4) Folgt aus 3) mit $c = -1$.

5) Falls $a > 0$ und $a = b$, dann gilt $\frac{1}{a} = \frac{1}{b} > 0$ wegen der Eindeutigkeit der Division.

Ist $0 < a < b$, dann folgt $(b - a) > 0$, $\frac{1}{a} > 0$ und $\frac{1}{b} > 0$ und damit nach iii) $\frac{1}{a} - \frac{1}{b} = (b - a) \cdot \frac{1}{a} \cdot \frac{1}{b} > 0$, d. h. $0 < \frac{1}{b} < \frac{1}{a}$.

6) Folgt analog wie 5) mit $(b - a) > 0$, $\left(-\frac{1}{a}\right) > 0$ und $\left(-\frac{1}{b}\right) > 0$. ∎

Beispiel 1.5 In einem Betrieb können zwei Güter A und B produziert werden. Dazu werden jeweils Arbeitskraft und elektrische Energie benötigt. Der Betriebsleiter kann aber nur über 3 Arbeiter, d. h. 24 Arbeitsstunden pro Tag, verfügen und darf nicht mehr als 80 kWh pro Tag verbrauchen. Welche Produktionsalternativen sind möglich, wenn für die Produktion einer Einheit

> von A   4 Arbeitsstunden und 20 kWh

und   von B   6 Arbeitsstunden und 10 kWh

gebraucht werden?

Bezeichnen wir mit x die zu produzierende Menge des Gutes A (pro Tag) und mit y die entsprechende Menge des Gutes B, dann muß zunächst einmal

$$x \geqslant 0 \text{ und } y \geqslant 0$$

gelten, da nicht weniger als nichts produziert werden kann. Wegen der begrenzten Arbeitskraft muß ferner

$$4x + 6y \leqslant 24$$

gelten, und die Beschränkung des Energieverbrauchs liefert

$$20x + 10y \leqslant 80.$$

Insgesamt werden die möglichen Produktionsalternativen somit durch die vier zu erfüllenden Ungleichungen beschrieben:

I. $4x + 6y \leqslant 24$

II. $20x + 10y \leqslant 80$

III. $x \geqslant 0$

IV. $y \geqslant 0.$

Wenden wir Satz 1.9 an, dann folgt für eine beliebige mögliche Produktionskombination (x, y)

aus I. und III. $6y \leqslant 4x + 6y \leqslant 24$,   also $y \leqslant 4$,

und   aus II. und III. $10y \leqslant 20x + 10y \leqslant 80$,   also $y \leqslant 8$,

insgesamt also $y \leqslant 4$ als schärfere der beiden Bedingungen für y, da $y > 4$ die Arbeitszeitbeschränkung I. verletzen würde.

Analog erhalten wir

aus I. und IV. $4x \leqslant 24$, d. h. $x \leqslant 6$,

und   aus II. und IV. $20x \leqslant 80$, also $x \leqslant 4$,

insgesamt also $x \leqslant 4$.

Damit müssen die möglichen Kombinationen (x, y) sicher die Bedingungen

V. $0 \leqslant x \leqslant 4$ und $0 \leqslant y \leqslant 4$

erfüllen; V. ist also notwendig für jede in I.–IV. zulässige Lösung (x, y). Aber V. ist nicht hinreichend für I.–IV., d. h. die Bedingungen V. werden nicht nur von zulässigen Kombinationen erfüllt. So erfüllt z. B. $x = 3$, $y = 3$ die Bedingungen V., verletzt aber I. und II. und ist folglich unzulässig. Wir haben übersehen, daß nach der Wahl von $x = 3$ eine beliebige Wahl von y, so daß $0 \leqslant y \leqslant 4$, nicht mehr möglich ist. Für $x = 3$ folgt nämlich

aus I. $6y \leqslant 24 - 4 \cdot 3 = 12 \Rightarrow y \leqslant 2$,

und   aus II. $10y \leqslant 80 - 20 \cdot 3 = 20 \Rightarrow y \leqslant 2$,

d. h. für $x = 3$ muß $0 \leqslant y \leqslant 2$ beachtet werden. Geben wir nun allgemein ein x mit $0 \leqslant x \leqslant 4$ vor, dann muß für y sicher $y \geqslant 0$ und

nach I. $6y \leqslant 24 - 4x \Rightarrow y \leqslant 4 - \dfrac{2}{3}x$

und   nach II. $10y \leqslant 80 - 20x \Rightarrow y \leqslant 8 - 2x$

gelten. Dabei ist die erste dieser Bedingungen maßgebend, wenn

$$4 - \frac{2}{3}x \leqslant 8 - 2x \Rightarrow \frac{4}{3}x \leqslant 4 \Rightarrow x \leqslant 3,$$

und die zweite Bedingung kommt zum Tragen, wenn

$$8 - 2x \leqslant 4 - \frac{2}{3}x \Rightarrow 4 \leqslant \frac{4}{3}x \Rightarrow x \geqslant 3.$$

Damit haben wir als Bedingungen, die die zulässigen Kombinationen genau beschreiben,

$$\text{VI.} \begin{cases} 0 \leqslant x \leqslant 4 \\[2ex] 0 \leqslant y \leqslant \begin{cases} 4 - \dfrac{2}{3}x, & \text{falls } x \leqslant 3 \\[2ex] 8 - 2x, & \text{falls } x \geqslant 3. \end{cases} \end{cases}$$

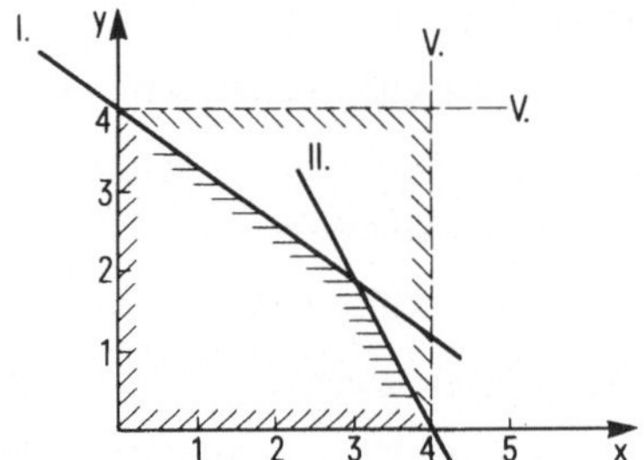

Fig. 1.5
Zulässige Produktionskombinationen

In Fig. 1.5 sieht man, wie stark der durch V. beschriebene Bereich von der zulässigen Menge von I.–IV. abweicht.

Sei $z \in \mathbf{R}$. Dann ist bekanntlich für $n \in \mathbf{N}$ die $n - \text{te Potenz von } z$

$$z^n = \begin{cases} 1 & \text{falls } n = 0 \\[2ex] \underbrace{z \cdot z \cdot \ldots \cdot z}_{n \text{ Faktoren}}, & \text{falls } n > 0. \end{cases}$$

Sind nun a und b zwei positive reelle Zahlen, dann hat die größere der beiden auch die größere n-te Potenz ($n \geqslant 1$).

Legen wir etwa ein Kapital K für 10 Jahre zinstragend zum Zinssatz i an, dann beträgt das aufgezinste Kapital nach 10 Jahren $K \cdot (1 + i)^{10}$. Müssen wir zwischen zwei Anlagemöglichkeiten wählen mit den Zinssätzen j und i und gilt $j > i$, dann gilt auch $1 + j > 1 + i$ und daher $(1 + j)^{10} > (1 + i)^{10}$, d. h. der höhere Zinssatz liefert uns nach 10 Jahren ein höheres Guthaben, was wir wohl erwarten würden.

Für späteren Gebrauch halten wir fest:

Satz 1.10 *Seien* $a \in \mathbf{R}$, $b \in \mathbf{R}$, $a > b > 0$ *und* $n \in \mathbf{N}$, $n \geqslant 1$. *Dann gilt* $a^n > b^n > 0$.

B e w e i s : Zum Induktionsanfang setzen wir n = 1. Dann stimmt die Behauptung $a^1 > b^1 > 0$ mit der Voraussetzung $a > b > 0$ überein.

Sei nun die Behauptung richtig für irgendein $n \geqslant 1$, also

$$a^n > b^n > 0.$$

Nach Regel 5 iii) ist dann wegen $a > b > 0$

$$a^{n+1} = a \cdot a^n > a \cdot b^n > b \cdot b^n = b^{n+1} > 0,$$

also $a^{n+1} > b^{n+1} > 0.$ ∎

Für Abschätzungen benötigen wir später die sogenannte B e r n o u l l i ' s c h e U n - g l e i c h u n g :

Satz 1.11 *Für* $x \in \mathbf{R}$, $x \geqslant -1$ *und* $n \in \mathbf{N}$ *gilt*

$$(1 + x)^n \geqslant 1 + n \cdot x.$$

B e w e i s : Für $n = 0$ ist

$$(1 + x)^0 = 1 \text{ und } 1 + 0 \cdot x = 1, \text{ die Behauptung}$$

also richtig.

Sei nun für irgendein $n \geqslant 0$

$$(1 + x)^n \geqslant 1 + n \cdot x.$$

Nach Voraussetzung ist $(1 + x) \geqslant 0$ und daher nach Satz 1.9

$$(1 + x)^{n+1} = (1 + x) \cdot (1 + x)^n \geqslant (1 + x) \cdot (1 + n \cdot x)$$
$$= 1 + (n + 1) \cdot x + n \cdot x^2 \geqslant 1 + (n + 1) \cdot x,$$

da $n \cdot x^2 \geqslant 0$ für alle $n \in \mathbf{N}$ und $x \in \mathbf{R}$. ∎

Häufig hat man — in der Analysis und in den Anwendungen — den Abstand einer Zahl x von einer anderen Zahl y anzugeben oder abzuschätzen. Beispielsweise kann man fragen, um wieviel ein Meßwert vom wahren Wert abweicht oder wie gut ein errechneter Näherungswert die Lösung einer Aufgabe annähert. Der dann jeweils zu ermittelnde Abstand wird üblicherweise mit Hilfe des absoluten Betrages angegeben.

Definition 1.5 *Der* (a b s o l u t e) B e t r a g *einer reellen Zahl* x *ist*

$$|x| = \begin{cases} x, & \textit{falls } x \geqslant 0 \\ -x, & \textit{falls } x < 0. \end{cases}$$

Der Betrag ist also stets nichtnegativ. Von den folgenden Eigenschaften des Betrages werden wir später häufig Gebrauch machen.

Satz 1.12 *Für beliebige* $x \in \mathbf{R}$ *und* $y \in \mathbf{R}$ *gilt:*

1) $|x| \geqslant 0,$

2) $-|x| \leqslant x \leqslant |x|,$

3) $|-x| = |x|,$

4) $|x \cdot y| = |x| \cdot |y|,$

5) $|x + y| \leqslant |x| + |y|,$ (D r e i e c k s u n g l e i c h u n g)

6) $||x| - |y|| \leqslant |x + y|,$

7) $||x| - |y|| \leqslant |x - y|.$

B e w e i s : 1)–4) folgen sofort aus Definition 1.5.

5) Wir müssen vier Fälle unterscheiden:

a) $x \geqslant 0,\ y \geqslant 0 \Rightarrow |x + y| = x + y = |x| + |y|$

b) $x \leqslant 0,\ y \leqslant 0 \Rightarrow |x + y| = -(x + y) = (-x) + (-y) = |x| + |y|$

c) $x \geqslant 0,\ y < 0 \Rightarrow y < -y \Rightarrow x + y < x + (-y) = |x| + |y|$

und $-(x + y) = (-x) + (-y) \leqslant |x| + |y|.$

Aus den letzten beiden Zeilen folgt

$$|x + y| \leqslant |x| + |y|,$$

da allgemein, wie man leicht einsieht, aus $z \leqslant \gamma$ und $-z \leqslant \gamma$ stets $|z| \leqslant \gamma$ folgt.

d) $x < 0,\ y \geqslant 0$ wird analog wie Fall c) gezeigt.

7) Mit $x = (x - y) + y$ folgt aus 5) $|x| = |(x - y) + y| \leqslant |x - y| + |y|$

$$\Rightarrow |x| - |y| \leqslant |x - y|.$$

Analog folgt mit $y = (y - x) + x$

$$|y| - |x| \leqslant |y - x| = |x - y| \quad \text{(nach 3)}.$$

Das ergibt zusammen

$$||x| - |y|| \leqslant |x - y|.$$

6) Sei $z = -y$. Dann ist unter Verwendung von 7)

$$||x| - |y|| = ||x| - |z|| \leqslant |x - z| = |x + y|. \qquad \blacksquare$$

Den Absolutbetrag benutzt man häufig, um Umgebungen von Punkten auf der Zahlengeraden anzugeben.

Beispiel 1.6 Welche reellen Zahlen x gehören zu der Menge $\{x \mid |x - a| \leqslant r\}$, wenn $a \in \mathbf{R}$ und $r \in \mathbf{R},\ r > 0$ vorgegeben sind?

Für jede beliebige Zahl x gilt entweder $x \geqslant a$ (Fall 1) oder $x < a$ (Fall 2).

Im Fall 1 ist

$$x \geqslant a \Rightarrow x - a \geqslant 0 \Rightarrow |x - a| = x - a$$

d. h. $|x - a| \leqslant r \Rightarrow x - a \leqslant r \Rightarrow x \leqslant a + r.$

Im Fall 2 ist

$$x < a \Rightarrow x - a < 0 \Rightarrow |x - a| = a - x$$

d. h. $|x - a| \leqslant r \Rightarrow a - x \leqslant r \Rightarrow x \geqslant a - r.$

Also folgt aus $|x - a| \leqslant r$

im Fall 1 $a - r < a \leqslant x \leqslant a + r$

und   im Fall 2 $a - r \leqslant x < a < a + r$,

d. h. in jedem Fall

$$a - r \leqslant x \leqslant a + r.$$

Die Menge $\{x \mid |x - a| \leqslant r\}$ ist also die in Fig. 1.6 dargestellte U m g e b u n g von a mit dem Radius r.

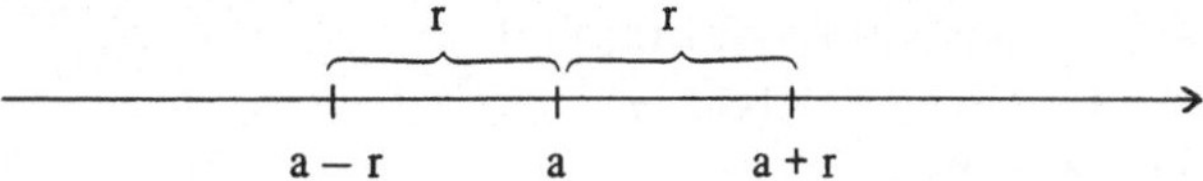

$$a - r \qquad a \qquad a + r$$

Fig. 1.6 Umgebung eines Punktes

Übungsaufgaben

1. Zeigen Sie, daß die Mengen $\mathbf{N}$ und $\mathfrak{M} = \{m \mid m = 1 + 3i, i \in \mathbf{Z}\}$ gleichmächtig sind.

2. Zeigen Sie, daß für alle $x \geqslant 1$, $x \in \mathbf{R}$, die folgenden Ungleichungen gelten:

$$\frac{1}{2 + x} < \sqrt{1 + x} - 1 < \frac{x}{2}.$$

3. Zeigen Sie, daß für alle $x, y \in \mathbf{R}$ gilt:
a) $|x + y| + |x - y| \geqslant |x| + |y|$;
b) $x^2 - 2|xy| + y^2 \leqslant |x^2 - y^2|$.

4. Eine Unternehmung produziert ein Gut in zwei verschiedenen Qualitäten Q_1 und Q_2. Sowohl Q_1 als auch Q_2 müssen mit den beiden Maschinen M_1 und M_2 bearbeitet werden. Die Bearbeitungszeiten (pro Stück in Minuten) sind von der Qualität abhängig, und zwar folgendermaßen:

	Q_1	Q_2
M_1	2	4
M_2	6	2

Die Betriebszeit der beiden Maschinen beträgt 2400 Minuten pro Woche.

Formulieren Sie die zulässigen Produktionskombinationen als Ungleichungssystem, und stellen Sie sie graphisch dar.

5. Für welche $x \in \mathbf{R}$ gilt: $0 \leqslant x^2 - 4|x| + 3 \leqslant 3$.

6. Für welche $x \in \mathbf{R}$ gilt:

a) $|2 - x| > 1 + \dfrac{1}{|x|}$;   b) $\dfrac{|1 - x|}{|x - 2|} > 2$.

7. Beweisen Sie, daß für $x \geqslant 0$ und $n \in \mathbf{N}$ gilt:

$$x^n(x + 2)^n \geqslant n^2(x^2 - 1).$$

1.4 Mengen

Wir haben bereits mehrfach den Begriff „Menge" benutzt, ohne klar zu sagen, was wir damit meinen und wie wir damit umgehen. Allerdings dürfte in den bisherigen Fällen jeweils klar gewesen sein, was mit der Menge gemeint war. Eine Menge ist dann definiert, wenn für jedes Objekt entscheidbar ist, ob es zu der Menge gehört oder nicht. Beispiele für die Angabe von Mengen sind

$\mathfrak{M} = \mathbf{N}$; $\mathfrak{M}$ ist die Menge der natürlichen Zahlen;

$\mathfrak{M} = \{k \mid k \in \mathbf{N}, \exists\, \ell \in \mathbf{N} : k = \ell \cdot 3\}$; $\mathfrak{M}$ ist die Menge der Elemente k, die folgenden Bedingungen genügen: $k \in \mathbf{N}$, und es existiert ($\exists$) ein $\ell \in \mathbf{N}$ so, daß $k = \ell \cdot 3$; mit anderen Worten $\mathfrak{M}$ ist die Menge der durch 3 teilbaren natürlichen Zahlen;

$\mathfrak{M} = \{$Hörer $\mid$ dieser Vorlesung, jetzt anwesend, Jahrgang 1959$\}$; $\mathfrak{M}$ ist die Menge der Hörer im Hörsaal mit dem Geburtsjahr 1959;

$\mathfrak{M} = \{1, 2, 3, 5, 13, 17, 19\}$; usw.

Es ist möglich, daß die Bedingungen, die an die Elemente einer Menge gestellt werden, sich widersprechen, daß es also kein Element gibt, das alle diese Bedingungen erfüllt. Dann ist die Menge l e e r. Wir bezeichnen die l e e r e M e n g e mit $\emptyset$. Beispiele für die leere Menge sind

$\{q \mid q \in \mathbf{Q}, q^2 = 2\} = \emptyset$; $\sqrt{2}$ ist keine rationale Zahl;

$\{x \mid x \in \mathbf{R}, x^2 = -1\} = \emptyset$; da alle Quadrate reeller Zahlen nicht negativ sind, kann -1 kein Quadrat einer reellen Zahl sein;

$\{k \mid k$ Primzahl, $31 < k < 37\} = \emptyset$; es gibt keine Primzahl von 32 bis 36.

Zwischen zwei Mengen kann eine I n k l u s i o n bestehen:

$\mathfrak{M} \subset \mathfrak{N}$, d. h. $\mathfrak{M}$ ist in $\mathfrak{N}$ e n t h a l t e n , wenn jedes Element von $\mathfrak{M}$ auch zu $\mathfrak{N}$ gehört; man sagt dann auch, daß $\mathfrak{N}$ die Menge $\mathfrak{M}$ enthält, in Zeichen: $\mathfrak{N} \supset \mathfrak{M}$.

Damit gilt:

$\mathfrak{M} = \mathfrak{N}$ genau dann, wenn $\mathfrak{M} \subset \mathfrak{N}$ und $\mathfrak{N} \subset \mathfrak{M}$.

Beispielsweise gilt für $\mathfrak{M} = \{n \mid \exists\, \nu \in \mathbf{N}: \nu \leqslant 5, n = \nu^2\}$ und $\mathfrak{N} = \{x \mid x \in \mathbf{R}, -2 \leqslant x \leqslant 30\}$, daß $\mathfrak{M} \subset \mathfrak{N}$, denn die ersten 6 Quadratzahlen 0, 1, 4, . . ., 25 liegen zwischen -2 und 30. Wählen wir aber $\mathfrak{N} = \{x \mid x \in \mathbf{R}, -1 \leqslant x \leqslant 2\}$, dann besteht keine Inklusion zwischen $\mathfrak{M}$ und $\mathfrak{N}$, denn es gibt Elemente von $\mathfrak{M}$, z. B. 16, die größer als 2, also nicht in $\mathfrak{N}$ sind, und es gibt Elemente von $\mathfrak{N}$, z. B. $-\dfrac{1}{2}$, die keine Quadratzahl sind.

Wir vereinbaren

$\emptyset \subset \mathfrak{A}$ für jede beliebige Menge $\mathfrak{A}$,

d. h. die leere Menge ist in jeder Menge enthalten.

Schließlich kann man Mengenoperationen definieren. Seien dazu $\mathfrak{A}$ und $\mathfrak{B}$ zwei Mengen in einem Raum $\mathfrak{R}$, d. h. es werden überhaupt nur Objekte betrachtet, die zu der festen Menge $\mathfrak{R}$ gehören, z. B. $\mathfrak{R} = \mathbf{R}$ oder $\mathfrak{R} = \mathbf{N}$ oder $\mathfrak{R} = \{$ alle Punkte in einer Ebene $\}$ usw. Dann ist

$$
\begin{aligned}
\text{die Vereinigung} \quad & \mathfrak{A} \cup \mathfrak{B} = \{x \mid x \in \mathfrak{A} \text{ oder } x \in \mathfrak{B}\}; \\
\text{der Durchschnitt} \quad & \mathfrak{A} \cap \mathfrak{B} = \{x \mid x \in \mathfrak{A} \text{ und } x \in \mathfrak{B}\}; \\
\text{die Differenz} \quad & \mathfrak{A} - \mathfrak{B} = \{x \mid x \in \mathfrak{A} \text{ und } x \notin \mathfrak{B}\}; \\
\text{das Komplement} \quad & \overline{\mathfrak{A}} = \mathfrak{A}^c = \{x \mid x \in \mathfrak{R} \text{ und } x \notin \mathfrak{A}\} \\
& \phantom{\overline{\mathfrak{A}}} = \mathfrak{R} - \mathfrak{A}.
\end{aligned}
$$

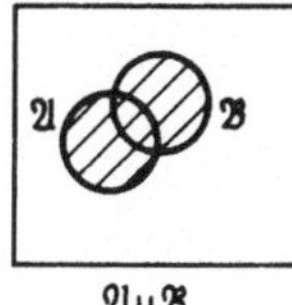

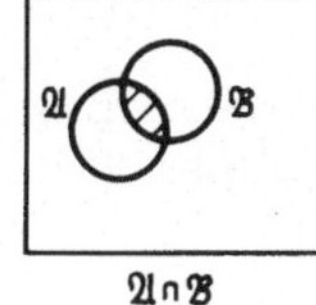

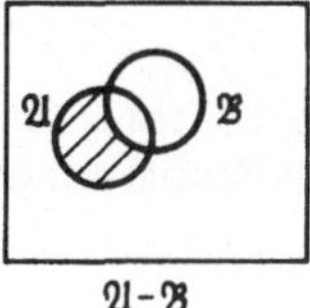

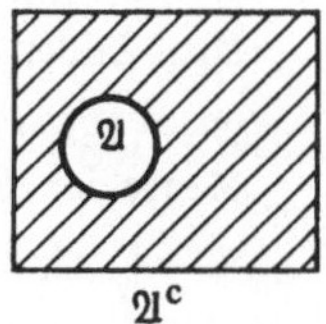

Fig. 1.7

Für Mengen in einer Ebene sind die Ergebnisse dieser Operationen in Fig. 1.7 veranschaulicht.

Satz 1.13 Für die Mengenoperationen gilt

1) $\qquad \mathfrak{A} \cup \mathfrak{B} = \mathfrak{B} \cup \mathfrak{A}$

$\qquad \mathfrak{A} \cap \mathfrak{B} = \mathfrak{B} \cap \mathfrak{A}$

2) $\qquad (\mathfrak{A} \cup \mathfrak{B}) \cup \mathfrak{C} = \mathfrak{A} \cup (\mathfrak{B} \cup \mathfrak{C})$

$\qquad (\mathfrak{A} \cap \mathfrak{B}) \cap \mathfrak{C} = \mathfrak{A} \cap (\mathfrak{B} \cap \mathfrak{C})$

3) $\qquad \mathfrak{A} \cap (\mathfrak{B} \cup \mathfrak{C}) = (\mathfrak{A} \cap \mathfrak{B}) \cup (\mathfrak{A} \cap \mathfrak{C})$

$\qquad \mathfrak{A} \cup (\mathfrak{B} \cap \mathfrak{C}) = (\mathfrak{A} \cup \mathfrak{B}) \cap (\mathfrak{A} \cup \mathfrak{C})$

B e w e i s : 1) und 2) folgen unmittelbar aus der Definition von Vereinigung und Durchschnitt.

3) Um $\mathfrak{A} \cap (\mathfrak{B} \cup \mathfrak{C}) = (\mathfrak{A} \cap \mathfrak{B}) \cup (\mathfrak{A} \cap \mathfrak{C})$ zu beweisen, müssen wir zeigen, daß die Inklusion in beiden Richtungen gilt. Sei zunächst

$$x \in \mathfrak{A} \cap (\mathfrak{B} \cup \mathfrak{C}) \Rightarrow x \in \mathfrak{A} \text{ und } x \in \mathfrak{B} \cup \mathfrak{C} \Rightarrow x \in \mathfrak{A} \text{ und } [x \in \mathfrak{B} \text{ oder } x \in \mathfrak{C}]$$

$$\Rightarrow [x \in \mathfrak{A} \text{ und } x \in \mathfrak{B}] \text{ oder } [x \in \mathfrak{A} \text{ und } x \in \mathfrak{C}] \Rightarrow [x \in \mathfrak{A} \cap \mathfrak{B}] \text{ oder } [x \in \mathfrak{A} \cap \mathfrak{C}]$$

$$\Rightarrow x \in (\mathfrak{A} \cap \mathfrak{B}) \cup (\mathfrak{A} \cap \mathfrak{C}).$$

Da $x \in \mathfrak{A} \cap (\mathfrak{B} \cup \mathfrak{C})$ ein beliebiges Element war, folgt

$$\mathfrak{A} \cap (\mathfrak{B} \cup \mathfrak{C}) \subset (\mathfrak{A} \cap \mathfrak{B}) \cup (\mathfrak{A} \cap \mathfrak{C}). \tag{1.5}$$

Sei nun

$$x \in (\mathfrak{A} \cap \mathfrak{B}) \cup (\mathfrak{A} \cap \mathfrak{C}) \Rightarrow [x \in \mathfrak{A} \cap \mathfrak{B}] \text{ oder } [x \in \mathfrak{A} \cap \mathfrak{C}] \Rightarrow [x \in \mathfrak{A} \text{ und } x \in \mathfrak{B}]$$

$$\text{oder } [x \in \mathfrak{A} \text{ und } x \in \mathfrak{C}] \Rightarrow x \in \mathfrak{A} \text{ und } [x \in \mathfrak{B} \text{ oder } x \in \mathfrak{C}] \Rightarrow x \in \mathfrak{A} \cap (\mathfrak{B} \cup \mathfrak{C}).$$

Also folgt

$$(\mathfrak{A} \cap \mathfrak{B}) \cup (\mathfrak{A} \cap \mathfrak{C}) \subset \mathfrak{A} \cap (\mathfrak{B} \cup \mathfrak{C}). \tag{1.6}$$

Aus (1.5) und (1.6) folgt die behauptete Gleichheit der Mengen. Analog beweist man die zweite behauptete Beziehung, was dem Leser zur Übung überlassen sei.   ∎

Besonders häufig haben wir im folgenden mit Mengen in **R**, also mit Mengen reeller Zahlen zu tun. Insbesondere treten oft I n t e r v a l l e auf, von denen wir – bei festen I n t e r v a l l g r e n z e n $a \in \mathbf{R}$ und $b \in \mathbf{R}$ – folgende Typen und die zugehörigen Bezeichnungen unterscheiden:

$$\text{A b g e s c h l o s s e n:} \qquad [a, b] = \{x \mid a \leqslant x \leqslant b\},$$
$$\text{(r e c h t s) h a l b o f f e n:} \quad [a, b) = \{x \mid a \leqslant x < b\},$$
$$\text{(l i n k s) h a l b o f f e n:} \quad (a, b] = \{x \mid a < x \leqslant b\},$$
$$\text{o f f e n:} \qquad\qquad (a, b) = \{x \mid a < x < b\}.$$

Diese Typen unterscheiden sich also danach, ob und welche Intervallgrenzen zur Menge gehören. So enthält etwa das offene Intervall $(0, 1)$ alle reellen Zahlen zwischen 0 und 1, aber die Zahlen 0 und 1 nicht, während zum abgeschlossenen Intervall $[0, 1]$ auch die Grenzen 0 und 1 dazugehören. Ferner bezeichnen wir noch die H a l b s t r a h l e n

$$[a, \infty) = \{x \mid x \geqslant a\}$$

und $\quad (-\infty, a] = \{x \mid x \leqslant a\}.$

Wir sehen sofort, daß wir auch über Intervalle die leere Menge angeben können: Ist $a > b$, dann ist $[a, b] = \emptyset$, denn $x \geqslant a > b$ und $x \leqslant b$ sind nicht gleichzeitig möglich. Auf Intervalle als reelle Zahlenmengen sind natürlich die Mengenoperationen anwendbar. So ist z. B.

$$[1, 3] \cup (3, 5] = [1, 3] \cup [3, 5] = [1, 5]$$

oder $\quad (2, 8) \cap [5, 11] = [5, 8)$

oder $\quad (-\infty, 7] - (-\infty, 2] = \{x \mid x \leqslant 7 \text{ und } x > 2\} = (2, 7].$

Das Ergebnis solcher Operationen ist natürlich nicht immer ein einziges Intervall, z. B.

$$[1, 3] \cup (7, 9) = \{x \mid 1 \leqslant x \leqslant 3 \text{ oder } 7 < x < 9\}$$

oder $\quad [1, 9] - [4, 6] = \{x \mid 1 \leqslant x \leqslant 9 \text{ und nicht } 4 \leqslant x \leqslant 6\} = \{x \mid 1 \leqslant x < 4 \text{ oder } 6 < x \leqslant 9\}$

$$= [1, 4) \cup (6, 9].$$

Übungsaufgaben

1. Seien $\mathfrak{A}$ und $\mathfrak{B}$ zwei Teilmengen von $\mathfrak{R}$. Beweisen Sie die folgenden Beziehungen:
a) $\mathfrak{A} - \mathfrak{B} = \mathfrak{A} \cap \overline{\mathfrak{B}}$;
b) $\overline{\mathfrak{A} - \mathfrak{B}} = \overline{\mathfrak{A}} \cup \mathfrak{B}$.

2. Seien $\mathfrak{A}$ und $\mathfrak{B}$ zwei Teilmengen von $\mathfrak{R}$. Beweisen Sie die folgenden Gesetze von de Morgan:
a) $\overline{\mathfrak{A} \cup \mathfrak{B}} = \overline{\mathfrak{A}} \cap \overline{\mathfrak{B}}$;
b) $\overline{\mathfrak{A} \cap \mathfrak{B}} = \overline{\mathfrak{A}} \cup \overline{\mathfrak{B}}$.

1.5 Infimum und Supremum

In ökonomischen Problemen geht es häufig darum, eine „beste" Lösung zu bestimmen: Kostenminimale Lagerhaltungspolitik, gewinnmaximale Sortimentsgestaltung, transportkostenminimale Warenverteilung usw. Es geht also dann immer darum, eine Lösung mit kleinstmöglichen Kosten (Minima) oder größtmöglichen Gewinnen oder Erträgen oder Deckungsbeiträgen (Maxima) zu finden. Das geht natürlich nur, wenn die Menge der möglichen Kosten nicht beliebig kleine (d. h. beliebig negative) und die Menge der möglichen Gewinne nicht beliebig große Werte enthalten, mit anderen Worten wenn diese Mengen wenigstens einseitig beschränkt sind.

Definition 1.6 *Eine Menge* $\mathfrak{M} \subset \mathbf{R}$ *ist*
— n a c h o b e n b e s c h r ä n k t, *falls eine Zahl* $K \in \mathbf{R}$ *existiert derart, daß* $x \leqslant K$ *für alle* $x \in \mathfrak{M}$ *gilt;* K *ist dann eine* o b e r e S c h r a n k e *von* $\mathfrak{M}$;
— n a c h u n t e n b e s c h r ä n k t, *falls* $\exists L \in \mathbf{R} : x \geqslant L \;\forall x \in \mathfrak{M}$ ($\forall$ *bedeutet „für alle"*); L *ist dann eine* u n t e r e S c h r a n k e *von* $\mathfrak{M}$;
— b e s c h r ä n k t, *wenn* $\mathfrak{M}$ *nach oben und nach unten beschränkt ist.*
Das S u p r e m u m *von* $\mathfrak{M}$, sup $\mathfrak{M}$, *ist die kleinste obere Schranke von* $\mathfrak{M}$.
Das I n f i m u m *von* $\mathfrak{M}$, inf $\mathfrak{M}$, *ist die größte untere Schranke von* $\mathfrak{M}$.

Mit dieser Definition ist natürlich nicht gesagt, daß jede reelle Menge ein Supremum hat; z. B. existiert für $\mathbf{N}$ sicher kein Supremum, da es keine obere Schranke für $\mathbf{N}$ gibt; aber andererseits gibt es ein Infimum, nämlich inf $\mathbf{N} = 0$, da $0 \leqslant n \;\forall n \in \mathbf{N}$ und jede Zahl $x > 0$ keine untere Schranke von $\mathbf{N}$ mehr ist ($0 \in \mathbf{N}$!).

Existieren für eine Menge $\mathfrak{M} \neq \emptyset$ das Supremum oder das Infimum nicht, so schreiben wir dafür symbolisch sup $\mathfrak{M} = \infty$ oder inf $\mathfrak{M} = -\infty$.

Der Leser möge sich überzeugen, daß in den folgenden einfachen Beispielen Suprema und Infima richtig angegeben sind (siehe Seite 41).

Das vorletzte Beispiel zeigt, daß Infimum und Supremum, falls sie existieren, nicht zur betreffenden Menge gehören müssen ($\sqrt{2} \notin \mathbf{Q}$!). Ist das jedoch der Fall, d. h. gilt inf $\mathfrak{M} \in \mathfrak{M}$ oder sup $\mathfrak{M} \in \mathfrak{M}$, dann sprechen wir vom Minimum oder Maximum der Menge.

$\mathfrak{M}$	sup $\mathfrak{M}$	inf $\mathfrak{M}$
N	∞	0
Z, Q, R	∞	$-\infty$
$\{0, -7, 8, 3, -5, 9\}$	9	-7
$\{x \mid x \in \mathbf{Q}, -\sqrt{2} \leqslant x \leqslant \sqrt{2}\}$	$\sqrt{2}$	$-\sqrt{2}$
$(-\infty, 3]$	3	$-\infty$

Definiton 1.7 *Existiert für* $\mathfrak{M} \subset \mathbf{R}$ inf $\mathfrak{M}$ *bzw.* sup $\mathfrak{M}$ *und ist* inf $\mathfrak{M} \in \mathfrak{M}$ *bzw.* sup $\mathfrak{M}$ $\in \mathfrak{M}$, *dann ist* inf $\mathfrak{M}$ *das* M i n i m u m *von* $\mathfrak{M}$, min $\mathfrak{M}$, *bzw.* sup $\mathfrak{M}$ *das* M a x i m u m *von* $\mathfrak{M}$, max $\mathfrak{M}$.

Wir haben definiert, das Infimum einer Menge sei die größte untere Schranke dieser Menge. Um sinnvoll vom Infimum einer Menge zu sprechen, müssen wir also voraussetzen, daß diese Menge nach unten beschränkt ist, d. h. untere Schranken besitzt. Damit ist aber noch nicht klar, daß dann das Infimum dieser Menge existiert, d. h. daß es wirklich eine größte untere Schranke gibt. Zunächst einmal ist leicht einzusehen, daß eine Menge nicht zwei verschiedene Infima haben kann, daß also das Infimum auf Grund seiner Definition eindeutig bestimmt ist, falls es existiert.

Satz 1.14 *Eine Menge* $\mathfrak{M} \subset \mathbf{R}$ *hat höchstens ein Infimum.*

B e w e i s : Nehmen wir einmal an, wir hätten Zahlen s_1 und s_2 als Infimum derselben Menge $\mathfrak{M}$. Folglich sind beide Zahlen untere Schranken von $\mathfrak{M}$. Nach Definition des Infimums ist ferner s_1 mindestens so groß wie jede andere untere Schranke von $\mathfrak{M}$ (größte untere Schranke!), und folglich gilt $s_1 \geqslant s_2$. Andererseits ist s_2 als Infimum auch mindestens so groß wie jede andere untere Schranke, also auch wie s_1. Somit gilt neben $s_1 \geqslant s_2$ auch $s_2 \geqslant s_1$, woraus sich zwingend $s_1 = s_2$ ergibt. Folglich kann es keine zwei verschiedenen Infima derselben Menge geben. ■

Genauso kann man natürlich auch die Eindeutigkeit des Supremums einer Menge nachweisen. Damit ist aber die Existenz des Infimums bzw. des Supremums einer nach unten bzw. nach oben beschränkten Menge immer noch nicht bewiesen. Wie wir schon gesehen haben, kann sehr wohl der Fall auftreten, daß eine nach oben beschränkte Menge kein größtes Element (Maximum) besitzt. Die Menge $\{x \mid x \in \mathbf{R}, x < 1\}$ ist ein anderes einfaches Beispiel für diese Situation: $s = 1$ ist zwar Supremum, gehört aber nicht zur Menge, die nur Zahlen „kleiner als 1" enthält. Offenbar hat diese Menge kein größtes Element. Betrachten wir nun irgendeine nach unten beschränkte Menge $\mathfrak{M}$ und dazu die Menge $\mathfrak{U} = \{y \mid y \leqslant x \quad \forall x \in \mathfrak{M}\}$, d. h. die Menge der unteren Schranken von $\mathfrak{M}$, dann ist nicht ohne weiteres klar, daß für $\mathfrak{U}$ nicht dieselbe Situation eintreten kann. Daß diese Menge $\mathfrak{U}$ tatsächlich ein größtes Element enthält, folgt aus dem

Axiom vom Dedekind'schen Schnitt *Sind* $\mathfrak{M}$ *und* $\mathfrak{N}$ *zwei nichtleere Teilmengen von* $\mathbf{R}$ *derart, daß* $\mathfrak{M} \cup \mathfrak{N} = \mathbf{R}$ *und für jedes* $x \in \mathfrak{M}$ *und jedes* $y \in \mathfrak{N}$ *gilt* $x \leqslant y$, *dann gibt es eine Zahl* $s \in \mathbf{R}$ *so, daß* $x \leqslant s \leqslant y$ *für alle* $x \in \mathfrak{M}$ *und alle* $y \in \mathfrak{N}$.

Anschaulich, d. h. auf der Zahlengeraden, ist dieses Postulat an die reellen Zahlen wohl plausibel. Wenn $\mathfrak{M}$ und $\mathfrak{N}$ zusammen die Zahlengerade überdecken und $\mathfrak{M}$ links von $\mathfrak{N}$ liegt, dann muß es gewissermaßen eine „Grenze" zwischen $\mathfrak{M}$ und $\mathfrak{N}$ geben (Fig. 1.8).

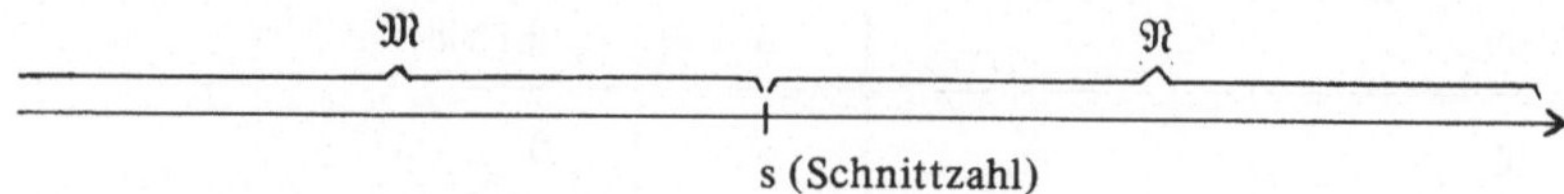

s (Schnittzahl)

Fig. 1.8 Dedekind'scher Schnitt

Damit erhalten wir nun Aufschluß über die Existenz des Infimums.

Satz 1.15 *Sei* $\mathfrak{A} \subset \mathbf{R}$, $\mathfrak{A} \neq \emptyset$ *und* $\mathfrak{A}$ *nach unten beschränkt. Dann existiert* $\inf \mathfrak{A}$.

B e w e i s : Da $\mathfrak{A}$ nach unten beschränkt ist, haben wir für die Menge der unteren Schranken von $\mathfrak{A}$

$$\mathfrak{M} = \{y \mid y \leqslant x \ \ \forall x \in \mathfrak{A}\} \neq \emptyset.$$

Sei $\mathfrak{N}$ das Komplement von $\mathfrak{M}$, also

$$\mathfrak{N} = \mathbf{R} - \mathfrak{M}.$$

Da $\mathfrak{A} \neq \emptyset$, gibt es mindestens eine reelle Zahl $x_0 \in \mathfrak{A}$. Dann ist $x_0 + 1$ sicher keine untere Schranke von $\mathfrak{A}$ – es gilt ja $x_0 + 1 > x_0$ – und daher $x_0 + 1 \notin \mathfrak{M}$. Folglich ist $x_0 + 1 \in \mathfrak{N}$ und somit $\mathfrak{N} \neq \emptyset$.

Nach Definition des Komplements gilt ferner $\mathfrak{M} \cup \mathfrak{N} = \mathbf{R}$.

Da $\mathfrak{N}$ das Komplement von $\mathfrak{M}$ ist und $\mathfrak{M}$ als Menge der unteren Schranken von $\mathfrak{A}$ definiert war, kann $\mathfrak{N}$ keine untere Schranke von $\mathfrak{A}$ enthalten. Für beliebige $y \in \mathfrak{M}$ und $z \in \mathfrak{N}$ gilt somit $y < z$, denn wäre $y \geqslant z$, dann wäre mit $y \in \mathfrak{M}$ auch $z \in \mathfrak{N}$ eine untere Schranke von $\mathfrak{A}$.

Damit erfüllen $\mathfrak{M}$ und $\mathfrak{N}$ die Voraussetzungen des Axioms vom Dedekind'schen Schnitt, und es gibt also eine Zahl $s \in \mathbf{R}$ derart, daß

$$y \leqslant s \leqslant z \qquad \forall y \in \mathfrak{M} \quad \text{und} \quad \forall z \in \mathfrak{N}. \tag{1.7}$$

Wir zeigen nun, daß $s = \inf \mathfrak{A}$. Zunächst ist s untere Schranke von $\mathfrak{A}$, also $s \in \mathfrak{M}$. Wäre das nämlich nicht wahr, dann gäbe es ein $x_0 \in \mathfrak{A}$ so, daß $x_0 < s$. Dann gäbe es aber auch eine Zahl x_1 (z. B. $x_1 = \frac{1}{2}(x_0 + s)$) mit $x_0 < x_1 < s$, für die wegen (1.7) $x_1 \in \mathfrak{M}$ gelten müßte. Somit müßte $x_1 \leqslant x \ \ \forall x \in \mathfrak{A}$ gelten, was aber wegen $x_1 > x_0$ nicht sein kann, da auch $x_0 \in \mathfrak{A}$. Die Annahme, s sei keine untere Schranke von $\mathfrak{A}$, führt also zum Widerspruch.

Schließlich ist s die größte untere Schranke von $\mathfrak{A}$. Denn wenn y irgendeine untere Schranke von $\mathfrak{A}$ ist, dann gilt $y \in \mathfrak{M}$ und somit wegen (1.7) $y \leqslant s$.

Damit ist also $s = \inf \mathfrak{A}$. $\blacksquare$

Analog zeigt man, daß für eine nichtleere, nach oben beschränkte Menge reeller Zahlen das Supremum existiert.

Übungsaufgaben

1. Seien $\mathfrak{A}$, $\mathfrak{B} \subset \mathbf{R}$. Beweisen oder widerlegen Sie folgende Aussagen:
a) $\sup(\mathfrak{A} \cup \mathfrak{B}) = \max(\sup \mathfrak{A}, \sup \mathfrak{B})$;
b) $\sup(\mathfrak{A} \cap \mathfrak{B}) = \min(\sup \mathfrak{A}, \sup \mathfrak{B})$.

2. Bestimmen Sie Supremum, Infimum, obere und untere Schranken folgender Mengen:
a) $\{x \in \mathbf{R} : (x - 2)(x - 3) < 0\}$;
b) $\{x \in \mathbf{R} : (x - 2)(x - 3) \geqslant 0\}$.

2 Konvergenz von Folgen und Reihen

Die Analysis ist für den Ökonomen insoweit von Interesse, als er mit ihrer Hilfe Aussagen über Existenz und Lage von in irgendeinem Sinne optimalen Entscheidungen, Entwicklungspfaden und dergleichen unter geeigneten ökonomischen Modellannahmen gewinnen und optimale Werte der Entscheidungsvariablen und Zielkriterien ermitteln kann. Hierbei spielen stetige Funktionen, differenzierbare Funktionen und integrierbare Funktionen eine besonders wichtige Rolle. Da die Begriffe Stetigkeit, Differenzierbarkeit und Integrierbarkeit alle auf dem Begriff der Konvergenz von Folgen beruhen, müssen wir uns in diesem Kapitel zunächst mit diesem grundlegenden Begriff der Analysis auseinandersetzen.

2.1 Zahlenfolgen

Definition 2.1 *Sei* k *irgendeine feste natürliche Zahl. Ist zu jeder natürlichen Zahl* $n \geqslant k$ *eine reelle Zahl* a_n *gegeben oder auf Grund einer Vorschrift bestimmbar, dann heißt die abzählbare Menge* $\{a_k, a_{k+1}, a_{k+2}, a_{k+3}, \ldots\} = \{a_n\}_{n \geqslant k}$ *eine* (r e e l l e) Z a h l e n - f o l g e. *Jedes Element* a_n *ist ein* G l i e d *der Folge.*

Es gibt verschiedene Arten von Vorschriften, nach denen die Glieder einer Folge zu bestimmen sind. Die wichtigsten seien hier an Beispielen erläutert:

a) Die Glieder sind a priori einzeln für jedes $n \geqslant k$ berechenbar. Beispiele hierfür sind:

i) $a_0 = 0$; $a_1 = 0{,}3$; $a_2 = 0{,}33$; $a_3 = 0{,}333$; $a_4 = 0{,}3333$; usw., was offenbar so zu verstehen ist, daß $a_n = 0{,}\underbrace{33 \ldots 3}_{\text{n-mal}}$ oder, gleichbedeutend damit, $a_n = \sum_{i=1}^{n} 3 \cdot 10^{-i}$ ist;

ii) $a_n = \begin{cases} +1, & \text{falls } n \text{ gerade} \\ -1, & \text{falls } n \text{ ungerade} \end{cases} = (-1)^n$,

was uns die Folge $\{+1, -1, +1, -1, +1, -1, \ldots\}$ liefert;

iii) $a_n = \dfrac{1}{n}$ für $n \geqslant 1$,

womit die Folge $\{1, \frac{1}{2}, \frac{1}{3}, \frac{1}{4}, \frac{1}{5}, \ldots\}$ gegeben ist;

iv) $a_n = 1 + \dfrac{(-1)^n}{n}$ für $n \geqslant 1$,

also die Folge $\{0, \dfrac{3}{2}, \dfrac{2}{3}, \dfrac{5}{4}, \dfrac{4}{5}, \dfrac{7}{6}, \dfrac{6}{7}, \ldots\}$.

b) Die Glieder sind a priori rekursiv bestimmbar, d. h. um a_n zu bestimmen, müssen wir zuvor die Glieder bis a_{n-1} berechnet haben. Wir geben dafür die folgenden Beispiele:

i) $a_0 = 1$; $a_n = a_{n-1} + 1$ für $n \geqslant 1$;
damit ist die Folge $\{1, 2, 3, 4, 5, \ldots\}$ festgelegt;

ii) $a_0 = 1$; $a_n = \dfrac{1}{2}\left(a_{n-1} + \dfrac{2}{a_{n-1}}\right)$ für $n \geqslant 1$

definiert die Folge $\{1, \dfrac{3}{2}, \dfrac{17}{12}, \dfrac{577}{408}, \ldots\}$;

iii) $a_0 = a_1 = 1$; $a_n = a_{n-1} + a_{n-2}$ für $n \geqslant 2$
liefert die Folge $\{1, 1, 2, 3, 5, 8, 13, 21, \ldots\}$.

c) Die Glieder sind durch sukzessive Beobachtung bzw. Messung eines Prozesses zu bestimmen, der als endlos gedacht wird. Folglich sind die Glieder nicht a priori bestimmbar. Als Beispiele hierfür können dienen:

i) a_n ist die Augenzahl, die beim n-ten Wurf mit einem Würfel erzielt wird. Hier wissen wir nur, daß a_n eine der Zahlen 1, 2, 3, 4, 5, 6 sein kann; aber wir wissen im voraus nicht, in welcher Reihenfolge diese Zahlen auftreten.

ii) a_n sei der Wechselkurs sfr./DM (amtlicher Mittelkurs), wie er am n-ten Geschäftstag nach dem 1. 1. 1960 an der Frankfurter Devisenbörse ermittelt wird. Die Glieder dieser Folge kann man bis heute ermitteln; aber den Kurs an einem bestimmten Januartag im Jahre 1995 muß man abwarten.

iii) a_n sei der Lebenshaltungskostenindex in der Schweiz, der im Dezember des Jahres $1960 + n$ amtlich ermittelt und publiziert wird. Die ersten 20 Glieder ($0 \leqslant n \leqslant 19$) dieser Folge kennen wir heute, hingegen können wir a_{25} heute sicher nicht vorherbestimmen.

Man muß beachten, daß gemäß Definition 2.1 die Werte der Glieder und deren Reihenfolge von Bedeutung sind. Insbesondere darf man die Folge $\{a_n\}_{n \in \mathbb{N}}$ nicht mit der Menge der auftretenden Werte $\{a_n \mid n \in \mathbb{N}\}$ verwechseln. Im obigen Beispiel a) ii) ist $a_n = (-1)^n$ und somit $\{a_n\}_{n \in \mathbb{N}} = \{+1, -1, +1, -1, +1, -1, \ldots\}$, während $\{a_n \mid n \in \mathbb{N}\} = \{+1, -1\}$, was offenbar nicht dasselbe ist. In der Menge der auftretenden Werte wird eine wiederholt vorkommende Zahl nur einmal notiert, in der Folge hingegen stets wieder, und zwar an ihrem richtigen Platz.

Für Mengen reeller Zahlen haben wir im vorigen Kapitel den Begriff der Beschränktheit eingeführt, den wir auch auf Folgen anwenden, wenn die Menge der auftretenden Werte die betreffende Eigenschaft besitzt. Eine F o l g e $\{a_n\}_{n \in \mathbb{N}}$ ist n a c h   u n t e n   b e s c h r ä n k t, wenn die Menge $\{a_n \mid n \in \mathbb{N}\}$ nach unten beschränkt ist. Analog ist eine F o l g e $\{b_n\}_{n \in \mathbb{N}}$ n a c h   o b e n   b e s c h r ä n k t, wenn die Menge $\{b_n \mid n \in \mathbb{N}\}$ nach oben beschränkt ist. Und schließlich ist eine F o l g e $\{c_n\}_{n \in \mathbb{N}}$ b e s c h r ä n k t, wenn sie nach oben und nach unten beschränkt ist.

Von besonderem Interesse sind gelegentlich Folgen, deren Glieder ununterbrochen größer oder ununterbrochen kleiner werden, die sog. m o n o t o n e n F o l g e n. Eine Folge $\{a_n\}_{n \in \mathbf{N}}$ heißt m o n o t o n w a c h s e n d, wenn $a_0 \leqslant a_1 \leqslant a_2 \leqslant a_3 \leqslant \ldots$, d. h. allgemein $a_n \leqslant a_{n+1}$ für alle $n \in \mathbf{N}$ gilt. Eine Folge $\{b_n\}_{n \in \mathbf{N}}$ heißt m o n o t o n a b n e h m e n d oder f a l l e n d, wenn $b_0 \geqslant b_1 \geqslant b_2 \geqslant b_3 \geqslant \ldots$, also allgemein $b_n \geqslant b_{n+1}$ für alle $n \in \mathbf{N}$ zutrifft. Gelten die Ungleichungen zwischen den aufeinanderfolgenden Folgengliedern streng, dann heißt die Folge s t r e n g m o n o t o n w a c h s e n d ($a_n < a_{n+1}$ $\forall n \in \mathbf{N}$) bzw. s t r e n g m o n o t o n f a l l e n d ($b_n > b_{n+1}$ $\forall n \in \mathbf{N}$).

Die oben gegebenen Beispiele von Folgen sind teils beschränkt, teils monoton, wie wir leicht nachprüfen können.

a) i) $a_n = \underbrace{\sum_{i=1}^{n} 3 \cdot 10^{-i} = 0{,}333 \ldots 3}_{\text{n-mal}} \Rightarrow a_{n+1} - a_n = 3 \cdot 10^{-(n+1)} > 0 \Rightarrow a_{n+1} > a_n,$

d. h. $\{a_n\}_{n \in \mathbf{N}}$ ist streng monoton wachsend. Die Folge ist auch beschränkt, denn offenbar gilt $0 \leqslant a_n < 0{,}4$ $\forall n \in \mathbf{N}$.

ii) $a_n = (-1)^n \Rightarrow a_1 = -1 < a_0 = 1$, $a_2 = 1 > a_1 = -1$, $a_3 = -1 < a_2 = 1$, $a_4 = 1 > a_3 = -1$ usw., d. h. $\{a_n\}_{n \in \mathbf{N}}$ ist nicht monoton. Aber diese Folge ist beschränkt, denn offensichtlich ist $-1 \leqslant a_n \leqslant 1$ $\forall n \in \mathbf{N}$.

iii) $a_n = \dfrac{1}{n}$ für $n \geqslant 1$.

Wegen $\dfrac{1}{n+1} < \dfrac{1}{n}$ $\forall n \geqslant 1$ ist die Folge $\left\{\dfrac{1}{n}\right\}_{n \geqslant 1}$ streng monoton fallend. Sie ist auch beschränkt, da $0 < \dfrac{1}{n} \leqslant 1$ $\forall n \geqslant 1$.

iv) $a_n = 1 + \dfrac{(-1)^n}{n}$ für $n \geqslant 1$.

Die Folge $\left\{1 + \dfrac{(-1)^n}{n}\right\}_{n \geqslant 1}$ ist nicht monoton, da die Glieder mit geraden Nummern größer als 1 und die mit ungeraden Nummern kleiner als 1 sind.

Wegen $0 \leqslant a_n \leqslant 2$ $\forall n \in \mathbf{N}$ ist die Folge beschränkt.

b) i) $a_0 = 1$; $a_n = a_{n-1} + 1$ für $n \geqslant 1$, d. h. $a_n = n + 1$ $\forall n \in \mathbf{N}$.

Diese Folge ist offenbar streng monoton wachsend, nach unten beschränkt (z. B. $1 \leqslant a_n$ $\forall n \in \mathbf{N}$), aber nicht nach oben beschränkt, da beliebig große Werte ($a_n = n + 1$, $n \in \mathbf{N}$) vorkommen.

ii) $a_0 = 1$; $a_n = \dfrac{1}{2}\left(a_{n-1} + \dfrac{2}{a_{n-1}}\right)$ für $n \geqslant 1$.

Diese Folge ist nicht monoton, da $a_0 < a_1$, aber $a_1 > a_2$. Hingegen ist sie beschränkt, wovon sich der Leser überzeugen möge ($1 \leqslant a_n \leqslant 2$ $\forall n \in \mathbf{N}$).

iii) $a_0 = a_1 = 1$; $a_n = a_{n-1} + a_{n-2}$ für $n \geqslant 2$.

Diese Folge ist monoton wachsend (nicht streng monoton, da $a_0 = a_1$), nach unten beschränkt (z. B. $1 \leqslant a_n$ $\forall n \in \mathbf{N}$) und nach oben unbeschränkt.

Satz 2.1 *Sei* $q \in \mathbf{R}$ *und* $a_n = q^n$, $n \in \mathbf{N}$. *Die Folge* $\{a_n\}_{n \in \mathbf{N}}$ *ist*

– *streng monoton wachsend und nach oben unbeschränkt falls* $q > 1$;

– *streng monoton fallend und beschränkt, falls* $0 < q < 1$;

– *nicht monoton, aber beschränkt, falls* $-1 < q < 0$;

– *nicht monoton und unbeschränkt, falls* $q < -1$.

B e w e i s : Sei $q > 1$, also $p = q - 1 > 0$. Nach der Bernoulli'schen Ungleichung (Satz 1.11) gilt

$$q^n = (1 + p)^n \geqslant 1 + n \cdot p.$$

Da $p > 0$, gibt es nach dem Axiom von Archimedes (Regel 5) zu jeder (beliebig großen) Zahl $K > 0$ ein $n \in \mathbf{N}$ so, daß $1 + np > K$; also ist $\{q^n \,|\, n \in \mathbf{N}\}$ unbeschränkt.

Aus $q > 1$ folgt im übrigen sofort $q^n > 0$ und damit

$$q^{n+1} = q \cdot q^n > q^n \qquad \forall\, n \in \mathbf{N}.$$

Gilt $0 < q < 1$, dann ist

$$q^{n+1} = q \cdot q^n < q^n \qquad \forall\, n \in \mathbf{N}$$

und somit $\{q^n\}_{n \in \mathbf{N}}$ streng monoton fallend.

Damit gilt auch $0 < q^n < q^0 = 1$ $\forall\, n \in \mathbf{N}$, d. h. $\{q^n\}_{n \in \mathbf{N}}$ ist beschränkt.

Ist $-1 < q < 0$, dann erfüllt $|q|$ die Voraussetzung des soeben behandelten Falles $(0 < q < 1)$, und folglich gilt für $|q^n| = |q|^n$: $0 < |q^n| \leqslant 1$, d. h. $\{q^n\}_{n \in \mathbf{N}}$ ist beschränkt. Da in diesem Fall

$$q^{2\nu} > 0 \quad \text{und} \quad q^{2\nu+1} < 0 \qquad \forall\, \nu \in \mathbf{N},$$

kann $\{q^n\}_{n \in \mathbf{N}}$ nicht monoton sein.

Mit demselben Argument ist auch $\{q^n\}_{n \in \mathbf{N}}$ nicht monoton, falls $q < -1$. Die Unbeschränktheit ergibt sich hier wie im ersten Fall $(q > 1)$, da jetzt $|q| > 1$ und somit $|q^n| = |q|^n$ beliebig groß wird. ∎

Danach ist also die Folge $\{q^n\}_{n \in \mathbf{N}}$ für $q \in (-1,0)$ beschränkt, aber nicht monoton. Andererseits ist hier $q^2 \in (0,1)$ und somit nach Satz 2.1 $\{(q^2)^n\}_{n \in \mathbf{N}} = \{q^{2n}\}_{n \in \mathbf{N}}$ streng monoton fallend, also

$$q^{2(n+1)} < q^{2n} \qquad \forall\, n \in \mathbf{N}.$$

Multipliziert man diese Ungleichung mit $q \in (-1,0)$, so folgt

$$q^{2(n+1)+1} = q \cdot q^{2(n+1)} > q \cdot q^{2n} = q^{2n+1} \qquad \forall\, n \in \mathbf{N},$$

d. h. die Folge $\{q^{2n+1}\}_{n \in \mathbf{N}}$ wächst streng monoton.

Es kann also sein, daß eine zunächst gegebene Folge – in unserem Beispiel $\{q^n\}_{n \in \mathbf{N}}$ mit $q \in (-1,0)$ – eine bestimmte Eigenschaft nicht hat – z. B. die Monotonie –, während eine geeignet ausgewählte Teilfolge dieser Folge dann die besagte Eigenschaft doch besitzt. Wir müssen genau festhalten, was wir unter einer Teilfolge verstehen.

Definition 2.2 *Sei eine Folge* $\{a_n\}_{n\in N}$ *gegeben. Ist* $\{n_k\}_{k\in N}$ *eine streng monoton wachsende Folge natürlicher Zahlen, also* $n_{k+1} > n_k$ *und* $n_k \in N$ $\forall\, k \in N$, *dann ist* $\{a_{n_k}\}_{k\in N}$ *eine* T e i l f o l g e *von* $\{a_n\}_{n\in N}$.

Danach ist z. B. $\{(q^3)^k\}_{k\in N} = \{q^{3k}\}_{k\in N}$ eine Teilfolge von $\{q^n\}_{n\in N}$, denn mit $n_k = 3 \cdot k$ $\forall\, k \in N$ ist $\{n_k\}_{k\in N}$ eine streng monoton wachsende Folge natürlicher Zahlen, und somit ist $\{q^{n_k}\}_{k\in N} = \{q^{3k}\}_{k\in N}$ nach Definition eine Teilfolge von $\{q^n\}_{n\in N}$.
Zu beachten ist also, daß man von einer Teilfolge nur spricht, wenn die aufeinander folgenden Glieder dieser Teilfolge in der ursprünglich gegebenen Folge vorkommen und dort streng aufsteigende Nummern haben. So ist $\left\{\dfrac{1}{1}, \dfrac{1}{2}, \dfrac{1}{4}, \dfrac{1}{8}, \dfrac{1}{16}, \dfrac{1}{32}, \dots\right\} = \left\{\dfrac{1}{2^k}\right\}_{k\in N}$

sicher eine Teilfolge von $\left\{\dfrac{1}{n}\right\}_{n\geqslant 1}$; aber $\left\{\dfrac{1}{1}, \dfrac{1}{5}, \dfrac{1}{11}, \dfrac{1}{11}, \dfrac{1}{11}, \dfrac{1}{11}, \dots\right\}$ ist keine Teil-

folge von $\left\{\dfrac{1}{n}\right\}_{n\geqslant 1}$, da darin das Glied $\dfrac{1}{11}$ nicht mehrmals nacheinander vorkommt.

Übungsaufgaben

1. Bestimmen Sie die Bildungsgesetze folgender Zahlenfolgen:

a) $\left\{\dfrac{1}{2}, \dfrac{4}{9}, \dfrac{9}{28}, \dfrac{16}{65}, \dfrac{25}{126}, \dfrac{36}{217}, \dots\right\}$;

b) $\left\{\dfrac{0}{4}, \dfrac{2}{6}, \dfrac{6}{10}, \dfrac{14}{18}, \dfrac{30}{34}, \dfrac{62}{66}, \dots\right\}$.

2. Zeigen Sie die Beschränktheit folgender Zahlenfolgen:

a) $\left\{(-1)^n\,\dfrac{n+3}{2n}\right\}_{n\geqslant 1}$;

b) $\left\{\dfrac{2n+1}{n-3}\right\}_{n\geqslant 4}$.

3. a) $\{a_n\}_{n\in N}$ und $\{b_n\}_{n\in N}$ seien zwei Folgen mit $|a_n| \leqslant |b_n|$ für alle $n \in N$, und $\{b_n\}_{n\in N}$ sei beschränkt.
Zeigen Sie, daß dann auch $\{a_n\}_{n\in N}$ beschränkt ist.
b) $\{a_n\}_{n\in N}$ und $\{b_n\}_{n\in N}$ seien zwei nach oben beschränkte Folgen.
Zeigen Sie, daß dann auch die Folge $\{a_n + b_n\}_{n\in N}$ nach oben beschränkt ist.

2.2 Konvergenz von Zahlenfolgen

Betrachten wir zunächst die schon bekannte Zahlenfolge $\{a_n\}_{n\geqslant 1} = \left\{\dfrac{1}{n}\right\}_{n\geqslant 1}$. Wir wissen

bereits, daß diese Folge beschränkt ist, da $0 < \dfrac{1}{n} \leqslant 1$ $\forall\, n \geqslant 1$, und daß sie streng mono-

ton fällt, da $\dfrac{1}{n+1} < \dfrac{1}{n}$ $\forall\, n \geqslant 1$. Schreiben wir die Glieder explizit auf, so erhalten wir

$$\left\{1, \frac{1}{2}, \frac{1}{3}, \frac{1}{4}, \ldots, \frac{1}{500}, \ldots, \frac{1}{1000}, \ldots, \frac{1}{1000000}, \ldots, \frac{1}{10^{12}}, \ldots, \frac{1}{10^{20}}, \ldots\right\}, \text{ und wir}$$

sehen, daß die Glieder nicht nur monoton fallen, sondern sich auch beliebig nahe der unteren Schranke 0 nähern.

Betrachten wir dagegen die Folge $\{b_n\}_{n\in\mathbf{N}}$ mit den Gliedern

$$b_n = \begin{cases} \dfrac{1}{n}, & \text{falls n ungerade} \\[2ex] (-1)^n, & \text{falls n gerade.} \end{cases}$$

Auch hier gibt es Glieder b_n, die sich beliebig genau dem Wert 0 nähern, nämlich diejenigen mit ungeraden Nummern. Hingegen haben die Glieder mit geraden Nummern vom Wert 0 stets den Abstand $|(-1)^n - 0| = 1$.

Der Unterschied der beiden Folgen besteht also darin, daß man jeden beliebigen (auch beliebig kleinen) positiven Abstand $\epsilon > 0$ von dem Wert 0 in der Folge $\{a_n\}_{n\geqslant 1}$ mit a l l e n Gliedern unterschreitet, die eine hinreichend große Nummer haben, was für die Folge $\{b_n\}_{n\in\mathbf{N}}$ nicht stimmt, sobald der Abstand $\epsilon < 1$ sein soll. Denn wir haben

$$|a_n - 0| = |a_n| = \frac{1}{n} < \epsilon \iff n > \frac{1}{\epsilon},$$

d. h. a l l e Glieder a_n mit Nummern $n > \dfrac{1}{\epsilon}$ liegen in der vorgegebenen ϵ - U m g e - b u n g von 0, d. h. in $\{x \mid |x - 0| < \epsilon\} = (-\epsilon, \epsilon)$, während

$$|b_{2\nu} - 0| = |(-1)^{2\nu}| = 1 > \epsilon \qquad \forall \, \epsilon < 1, \ \forall \, \nu \in \mathbf{N},$$

d. h. auch bei noch so großen Nummern liegen unendlich viele Glieder − nämlich alle mit geraden Nummern − der Folge $\{b_n\}_{n\in\mathbf{N}}$ außerhalb der ϵ-Umgebung von 0 für jeden Abstand $\epsilon < 1$. Nehmen wir als weiteres Beispiel die Folge $\{c_n\}_{n\geqslant 1} = \left\{1 + \dfrac{(-1)^n}{n}\right\}_{n\geqslant 1}$, die wir auch schon kennen. Schreiben wir die Glieder auf, so erhalten wir

$$\left\{1 - 1, 1 + \frac{1}{2}, 1 - \frac{1}{3}, 1 + \frac{1}{4}, \ldots, 1 + \frac{1}{1000}, 1 - \frac{1}{1001}, \ldots, \right.$$
$$\left. 1 + \frac{1}{1000000}, 1 - \frac{1}{1000001}, \ldots\right\}$$

und sehen, daß sich die Werte alternierend, d. h. abwechslungsweise von rechts und von links dem Wert 1 nähern. Wählen wir eine ϵ-Umgebung von 1, also $\{x \mid |x - 1| < \epsilon\} = (1 - \epsilon, 1 + \epsilon)$ mit einem beliebigen festen $\epsilon > 0$, dann gilt

$$|c_n - 1| = \left|1 + \frac{(-1)^n}{n} - 1\right| = \frac{1}{n} < \epsilon \iff n > \frac{1}{\epsilon},$$

mit anderen Worten, alle Glieder c_n liegen in dieser ϵ-Umgebung von 1, die eine hinreichend große Nummer haben, nämlich $n > \dfrac{1}{\epsilon}$.

Betrachten wir statt der Folge $\{c_n\}_{n \geqslant 1}$ mit

$$c_n = 1 + \frac{(-1)^n}{n}$$

die Folge $\{d_n\}_{n \geqslant 1}$ mit

$$d_n = \left(1 + \frac{(-1)^n}{n}\right) \cdot (-1)^n = (-1)^n + \frac{1}{n}$$

(da $(-1)^{2n} = 1$), dann erhalten wir für den Abstand der Glieder d_n zum Wert 1

$$|d_n - 1| = |(-1)^n + \frac{1}{n} - 1| = \begin{cases} \dfrac{1}{n} & \text{für gerade n} \\[2ex] 2 - \dfrac{1}{n} & \text{für ungerade n.} \end{cases}$$

Wählen wir nun ein beliebiges $\epsilon \in (0, 2)$, dann ist d_n in der ϵ-Umgebung von 1 für alle hinreichend großen g e r a d e n Nummern $n > \dfrac{1}{\epsilon}$, aber a l l e Glieder d_n mit u n g e - r a d e n Nummern $n > \dfrac{1}{2 - \epsilon}$ haben den Abstand $2 - \dfrac{1}{n} > 2 - (2 - \epsilon) = \epsilon$ von 1, liegen also außerhalb der ϵ-Umgebung von 1.

Die beiden Folgen $\{c_n\}_{n \geqslant 1}$ und $\{d_n\}_{n \geqslant 1}$ unterscheiden sich wiederum dadurch, daß von $\{c_n\}_{n \geqslant 1}$ a l l e Glieder mit genügend großen Nummern in einer beliebigen ϵ-Umgebung von 1 liegen, während von $\{d_n\}_{n \geqslant 1}$ unendlich viele Elemente quasi wieder „ausreißen", d. h. nicht in der ϵ-Umgebung von 1 liegen, sobald $\epsilon < 2$ gewählt wird.

Die Folgen $\{a_n\}_{n \in \mathbb{N}}$ und $\{c_n\}_{n \in \mathbb{N}}$ konvergieren gegen $a = 0$ bzw. $c = 1$.

Definition 2.3 *Sei $\{a_n\}_{n \in \mathbb{N}}$ eine gegebene Folge und $a \in \mathbb{R}$ eine feste Zahl.*

Die Folge $\{a_n\}_{n \in \mathbb{N}}$ k o n v e r g i e r t gegen den G r e n z w e r t a, wenn jede beliebige ϵ-Umgebung von a (mit $\epsilon > 0$), also $\{x \mid |x - a| < \epsilon\}$, f a s t a l l e Glieder von $\{a_n\}_{n \in \mathbb{N}}$, d. h. mit Ausnahme von endlich vielen Gliedern alle übrigen Glieder von $\{a_n\}_{n \in \mathbb{N}}$, enthält; mit anderen Worten: $\{a_n\}_{n \in \mathbb{N}}$ konvergiert gegen a, wenn es zu jedem $\epsilon > 0$ eine Zahl $N(\epsilon)$ gibt so, daß $|a_n - a| < \epsilon$ für alle Glieder mit Nummern $n > N(\epsilon)$.

Der Grenzwert wird auch L i m e s genannt; wir verwenden die Schreibweise $\lim\limits_{n \to \infty} a_n = a$ bzw. $a_n \to a$ für den Sachverhalt, daß a Grenzwert der Folge $\{a_n\}_{n \in \mathbb{N}}$ ist.

Gilt speziell $\lim\limits_{n \to \infty} b_n = 0$, dann heißt $\{b_n\}_{n \in \mathbb{N}}$ eine N u l l f o l g e.

Nach dieser Definition ist in den vorherigen einleitenden Beispielen $\left\{\dfrac{1}{n}\right\}_{n \geqslant 1}$ eine Nullfolge, während $\lim\limits_{n \to \infty} \left(1 + \dfrac{(-1)^n}{n}\right) = 1$. Andererseits konvergieren $\{b_n\}_{n \in \mathbb{N}}$ mit $b_n = \dfrac{1}{n}$ für ungerade n und $b_n = (-1)^n$ für gerade n sowie $\{d_n\}_{n \geqslant 1}$ mit $d_n = (-1)^n + \dfrac{1}{n}$ nicht. Wäre nämlich b ein Grenzwert von $\{b_n\}_{n \in \mathbb{N}}$, dann gäbe es nach Definition 2.3 zu jedem

$\epsilon > 0$ ein $N(\epsilon)$ so, daß $|b_n - b| < \epsilon \;\; \forall\, n > N(\epsilon)$. Für gerade $n > N(\epsilon)$ wäre also $|(-1)^n - b| = |1 - b| < \epsilon$, also $b \in (1 - \epsilon, 1 + \epsilon)$; dagegen wäre für alle ungeraden $n > N(\epsilon)$ $|\frac{1}{n} - b| < \epsilon$, also $b \in \left(\frac{1}{n} - \epsilon, \frac{1}{n} + \epsilon \right) \;\; \forall\, n > N(\epsilon)$, n ungerade. Für $\epsilon = \frac{1}{4}$ und $n \geqslant 5$ ist es aber offenbar unmöglich, daß gleichzeitig $b \in (1 - \epsilon, 1 + \epsilon)$ und $b \in \left(\frac{1}{n} - \epsilon, \frac{1}{n} + \epsilon \right)$ gilt; also hat $\{b_n\}_{n \in \mathbb{N}}$ keinen Grenzwert. Analog zeigt man, daß $\{d_n\}_{n \geqslant 1}$ nicht konvergent ist.

In symbolischer Schreibweise können wir Definition 2.3 auch so formulieren:

Definition 2.3 $a_n \to a \iff \forall\, \epsilon > 0 \;\; \exists\, N(\epsilon): |a_n - a| < \epsilon \;\; \forall\, n > N(\epsilon)$.

Damit ist auch klar, wann $\{a_n\}_{n \in \mathbb{N}}$ nicht gegen a konvergiert:

$$a_n \not\to a \iff \exists\, \epsilon > 0: \qquad \forall\, m \in \mathbb{N} \;\; \exists\, n > m \text{ mit } |a_n - a| \geqslant \epsilon.$$

Wir müssen die Bedingung für Konvergenz aus Definition 2.3 nur durch ihr Gegenteil ersetzen, also negieren. Da die Negation von Bedingungen oder Aussagen gelegentlich Schwierigkeiten bereitet, wollen wir sie in diesem Fall einmal im Detail durchführen:

Die Aussage

$$[A: \quad \forall\, \epsilon > 0 \;\; \exists\, N(\epsilon): |a_n - a| < \epsilon \qquad \forall\, n > N(\epsilon)]$$

können wir auch so schreiben:

$$[A: \qquad \forall\, \epsilon > 0 \text{ gilt } B],$$

wobei die Aussage B nun lauten muß

$$[B: \qquad \exists\, N(\epsilon): |a_n - a| < \epsilon \;\; \forall\, n > N(\epsilon)].$$

Wenn

$$[A: \quad \forall\, \epsilon > 0 \text{ gilt } B]$$

negiert wird, was bedeutet, daß A falsch oder also das Gegenteil von A richtig ist, dann muß die Negation lauten:

$$[\;\; \exists\, \epsilon > 0: B \text{ gilt nicht}].$$

Nun müssen wir die Aussage

$$[B: \quad \exists\, N(\epsilon): |a_n - a| < \epsilon \qquad \forall\, n > N(\epsilon)]$$

negieren. Wir können B auch anders schreiben, nämlich

$$[B: \quad \text{Es gibt eine Zahl } N(\epsilon), \text{ wofür C gilt}].$$

Dabei ist

$$[C: |a_n - a| < \epsilon \qquad \forall\, n > N(\epsilon)].$$

Die Negation von B muß dann lauten:

$$[\qquad \not\exists\, N(\epsilon), \text{ d. h. es gibt keine Zahl } N(\epsilon), \text{ für die C gilt}],$$

was gleichbedeutend ist mit der Aussage, daß

[für jede Zahl m (statt $N(\epsilon)$) die Aussage C falsch]

ist. Nun ist die Aussage C für m falsch, wenn ein $n > m$ existiert so, daß $|a_n - a| \geqslant \epsilon$ gilt.

Damit haben wir die Negation der Aussage A abgeschlossen, die wir zusammenfassend so darstellen können:

Negation von A: $\exists \epsilon > 0$: B gilt nicht

Negation von B: $\not\exists N(\epsilon)$: C gilt, d. h. $\forall m \in \mathbf{N}$ gilt C nicht

Negation von C: $\exists n > m$ mit $|a_n - a| \geqslant \epsilon$;

zusammen ergibt das

$$\exists \epsilon > 0: \qquad \forall m \in \mathbf{N} \;\; \exists n > m \text{ mit } |a_n - a| \geqslant \epsilon.$$

Nach Satz 2.1 ist $\{q^n\}_{n \in \mathbf{N}}$ für $|q| < 1$ beschränkt. Für $0 < q < 1$ ist die Folge streng monoton fallend. Für $-1 < q < 0$ ist $0 < |q| < 1$ und daher $\{|q|^n\}_{n \in \mathbf{N}} = \{|q^n|\}_{n \in \mathbf{N}}$ streng monoton fallend. Damit gilt für alle q mit $|q| < 1$, daß der Abstand $|q^n - 0| = |q^n| = |q|^n$ monoton abnimmt.

Es gilt sogar

Satz 2.2 *Sei* $q \in \mathbf{R}$ *fest gewählt und* $|q| < 1$. *Dann gilt* $\lim\limits_{n \to \infty} q^n = 0$.

B e w e i s : Nach Voraussetzung ist $|q| < 1$ und daher $\dfrac{1}{|q|} > 1$. Also gibt es eine Zahl

$h > 0$ so, daß $\dfrac{1}{|q|} = 1 + h$. Damit ist nach der Bernoulli'schen Ungleichung (Satz 1.11)

$$\frac{1}{|q|^n} = (1 + h)^n \geqslant 1 + n \cdot h$$

und folglich

$$|q|^n \leqslant \frac{1}{1 + n \cdot h}.$$

Ist $\epsilon > 0$ gegeben, und wählen wir $N(\epsilon) \geqslant \dfrac{1}{\epsilon \cdot h}$, dann gilt für alle $n > N(\epsilon)$

$$|q^n - 0| = |q^n| = |q|^n \leqslant \frac{1}{1 + n \cdot h} < \frac{1}{n \cdot h} < \frac{1}{h \cdot N(\epsilon)} \leqslant \frac{\epsilon \cdot h}{h} = \epsilon,$$

also

$|q^n - 0| < \epsilon$. Folglich gilt $q^n \to 0$. $\blacksquare$

Wir haben Beispiele gesehen von Folgen, die einen Grenzwert hatten, und von anderen, die nicht konvergent waren. Wir wollen uns nun klar machen, daß eine konvergente Folge nur einen Grenzwert haben kann, der Limes einer Folge also eindeutig bestimmt ist, wenn er existiert, d. h. wenn die Folge konvergiert.

Satz 2.3 *Eine Folge hat höchstens einen Grenzwert.*

B e w e i s: Sei $\lim\limits_{n\to\infty} a_n = a$ und $\lim\limits_{n\to\infty} a_n = b$. Im Gegensatz zur Behauptung des Satzes machen wir die A n n a h m e : $a \neq b$, d. h. die Folge $\{a_n\}_{n\in\mathbb{N}}$ hat zwei verschiedene Grenzwerte.

Auf Grund dieser Annahme ist

$$\epsilon = \frac{|a - b|}{3} > 0.$$

Wegen der vorausgesetzten Konvergenz liegen (vgl. Definition 2.3) fast alle Glieder der Folge in der ϵ-Umgebung von a und ebenso fast alle Glieder in der ϵ-Umgebung von b. Entnehmen wir also der Folge $\{a_n\}_{n\in\mathbb{N}}$ zweimal endlich viele Glieder, so verbleiben immer noch unendlich viele Glieder, die sowohl zur ϵ-Umgebung von a als auch zur ϵ-Umgebung von b, also zum Durchschnitt der beiden ϵ-Umgebungen gehören müssen. Das ist aber unmöglich, da nach unserer Konstruktion (Wahl von ϵ) der Durchschnitt der beiden ϵ-Umgebungen leer ist (Fig. 2.1). Damit führt unsere Annahme $a \neq b$ zu einem Widerspruch und ist daher falsch.

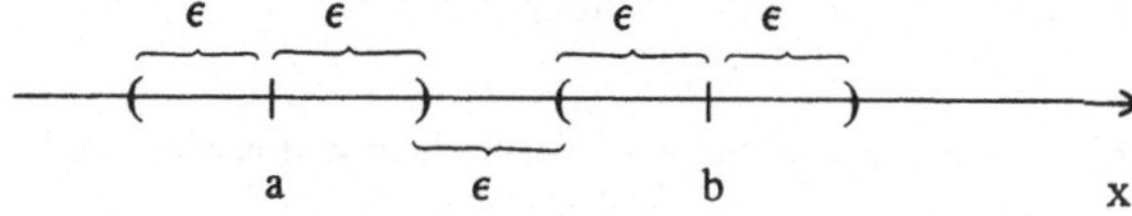

Fig. 2.1 ϵ-Umgebung von a und b

Wir wissen, daß $\left\{\dfrac{1}{n}\right\}_{n\geqslant 1}$ eine Nullfolge ist. Man prüft leicht nach, daß die Teilfolgen $\left\{\dfrac{1}{2\nu}\right\}_{\nu\geqslant 1}$ und $\left\{\dfrac{1}{2\nu+1}\right\}_{\nu\in\mathbb{N}}$ der Nullfolge $\left\{\dfrac{1}{n}\right\}_{n\geqslant 1}$ ebenfalls Nullfolgen sind. Das ist kein Zufall, sondern beruht auf dem folgenden

Satz 2.4 *Konvergiert* $\{a_n\}_{n\in\mathbb{N}}$ *gegen* a, *dann gilt für jede Teilfolge* $\{a_{n_k}\}_{k\in\mathbb{N}}$ *von* $\{a_n\}_{n\in\mathbb{N}}$ *ebenfalls* $a_{n_k} \to a$.

B e w e i s : Sei $\epsilon > 0$ beliebig, aber fest gewählt. Aus der Voraussetzung $\lim\limits_{n\to\infty} a_n = a$ folgt:

$$\exists\, N(\epsilon): |a_n - a| < \epsilon \qquad \forall\, n > N(\epsilon).$$

Für irgendeine Teilfolge $\{a_{n_k}\}_{k\in\mathbb{N}}$ von $\{a_n\}_{n\in\mathbb{N}}$ gilt nach Definition 2.2 $n_{k+1} > n_k \;\; \forall\, k \in \mathbb{N}$ und folglich $n_k \geqslant k \;\; \forall\, k \in \mathbb{N}$, wie man sofort durch Induktion einsieht. Für alle $k > N(\epsilon)$ gilt also $n_k > N(\epsilon)$ und daher

$$|a_{n_k} - a| < \epsilon.$$

Da $\epsilon > 0$ beliebig gewählt werden kann, gilt $\lim\limits_{k\to\infty} a_{n_k} = a$, wie behauptet.

Nach diesem Satz konvergieren also a l l e Teilfolgen einer gegebenen konvergenten Folge gegen deren Grenzwert. Andererseits kann es vorkommen, daß eine nicht konvergente Folge konvergente Teilfolgen enthält. Das trifft z. B. für die uns schon bekannte Folge $\{d_n\}_{n \geqslant 1}$ mit $d_n = (-1)^n + \dfrac{1}{n}$ zu. Die Teilfolge $\{d_{2\nu}\}_{\nu \geqslant 1} = \left\{1 + \dfrac{1}{2\nu}\right\}_{\nu \geqslant 1}$ konvergiert offenbar gegen 1, da

$$|d_{2\nu} - 1| = |1 + \frac{1}{2\nu} - 1| = \frac{1}{2\nu} < \epsilon \qquad \forall \, \nu > \frac{1}{2\epsilon} \ (= N(\epsilon)),$$

während $\{d_{2\nu+1}\}_{\nu > 0}$ gegen -1 konvergiert, da

$$|d_{2\nu+1} - (-1)| = |-1 + \frac{1}{2\nu+1} - (-1)| = \frac{1}{2\nu+1} < \epsilon \qquad \forall \, \nu > \frac{1}{2\epsilon} \ (= N(\epsilon)).$$

Aus der Tatsache, daß diese Folge $\{d_n\}_{n \geqslant 1}$ zwei verschiedene Teilfolgen mit v e r - s c h i e d e n e n Grenzwerten enthält, folgt in Anwendung von Satz 2.4 noch einmal, daß $\{d_n\}_{n \geqslant 1}$ selbst nicht konvergieren kann.

Bisher können wir die Tatsache, daß eine gegebene Folge gegen einen Grenzwert konvergiert, gemäß Definition 2.3 nur nachprüfen, wenn wir nicht nur die Folge sondern auch den Grenzwert kennen. Für jedes beliebige $\epsilon > 0$ müssen fast alle Glieder der Folge, d. h. alle bis auf endlich viele, in der ϵ-Umgebung des Grenzwertes liegen. Gehören nun irgend zwei Glieder dieser ϵ-Umgebung an, dann sehen wir aus Fig. 2.2 ohne weiteres ein, daß diese Glieder voneinander weniger als 2ϵ entfernt sind. Diese Überlegung führt zum sogenannten K o n v e r g e n z - oder C a u c h y - K r i t e r i u m, das eine Folge mit Grenzwert erfüllen muß, das sich aber ohne Kenntnis des Grenzwertes überprüfen läßt.

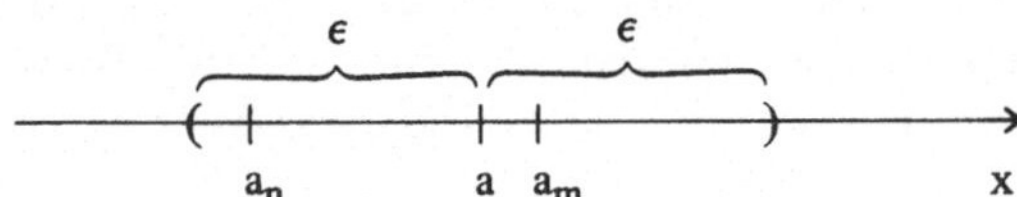

Fig. 2.2 Konvergenzkriterium

Satz 2.5 *Konvergiert die Folge* $\{a_n\}_{n \in \mathbb{N}}$ *gegen einen Grenzwert, dann gilt: Zu jeder Zahl* $\epsilon > 0$ *gibt es eine Zahl* $N(\epsilon)$ *derart, daß* $|a_n - a_m| < \epsilon$ *für alle* n *und* m *mit* $n > N(\epsilon)$, $m > N(\epsilon)$ *(symbolisch:* $\forall \, \epsilon > 0 \ \exists \, N(\epsilon): |a_n - a_m| < \epsilon \ \forall \, n, m > N(\epsilon)$).

B e w e i s : Nach Voraussetzung hat $\{a_n\}_{n \in \mathbb{N}}$ einen — eindeutig bestimmten — Grenzwert; wir nennen ihn a.

Sei $\epsilon > 0$ beliebig, aber fest gewählt. Dann ist auch $\dfrac{\epsilon}{2} > 0$, und wegen der vorausgesetzten Konvergenz existiert eine Zahl $M\left(\dfrac{\epsilon}{2}\right)$ so, daß

$$|a_n - a| < \frac{\epsilon}{2} \qquad \forall \, n > M\left(\frac{\epsilon}{2}\right).$$

Unter Anwendung der Dreiecksungleichung (Satz 1.12) folgt

$$|a_n - a_m| = |(a_n - a) + (a - a_m)| \leqslant |a_n - a| + |a - a_m|$$

$$< \frac{\epsilon}{2} + \frac{\epsilon}{2} = \epsilon \quad \forall\, n > M\left(\frac{\epsilon}{2}\right) \text{ und } \forall\, m > M\left(\frac{\epsilon}{2}\right).$$

Setzen wir $N(\epsilon) = M\left(\dfrac{\epsilon}{2}\right)$, ist die Behauptung bewiesen. ■

Nehmen wir noch einmal die Folge $\left\{(-1)^n + \dfrac{1}{n}\right\}_{n \geqslant 1} = \{d_n\}_{n \geqslant 1}$. Dann ist, falls n gerade und m ungerade,

$$|d_n - d_m| = \left|1 + \frac{1}{n} - \left(-1 + \frac{1}{m}\right)\right| = \left|2 + \frac{1}{n} - \frac{1}{m}\right| > 1 \quad \forall\, n \geqslant 1, m \geqslant 1.$$

Folglich ist das Konvergenzkriterium von Satz 2.5 für $\epsilon < 1$ nicht erfüllbar und also $\{d_n\}_{n \geqslant 1}$ nicht konvergent.

Definition 2.4 *Sei $\{a_n\}_{n \in \mathbb{N}}$ eine gegebene Folge. Ist das Cauchy-Kriterium erfüllt, d. h.*

$$\forall\, \epsilon > 0 \;\; \exists\, N(\epsilon): |a_n - a_m| < \epsilon \quad \forall\, n, m > N(\epsilon),$$

dann heißt $\{a_n\}_{n \in \mathbb{N}}$ C a u c h y - F o l g e (C.F.).

Wir wissen also: Hat eine reelle Zahlenfolge $\{a_n\}_{n \in \mathbb{N}}$ einen Grenzwert $a \in \mathbb{R}$, dann ist sie nach Satz 2.5 eine Cauchy-Folge. Umgekehrt stehen wir jetzt vor der Frage, ob denn jede Cauchy-Folge einen Grenzwert hat. Denn wenn wir das nach Satz 2.5 für die Existenz eines Grenzwertes notwendige Konvergenzkriterium für eine spezielle Folge als erfüllt nachgewiesen haben, wissen wir zunächst nur, daß die Folge im Sinne von Definition 2.3 eventuell konvergieren kann, aber nicht, daß es tatsächlich eine reelle Zahl gibt, gegen die sie konvergiert. Mit anderen Worten: Wir wissen lediglich, daß wir dann die Existenz eines Grenzwertes nicht ausschließen können.

Beispiel 2.1 Gegeben sei die Folge $\{s_n\}_{n \in \mathbb{N}}$ mit $s_n = \displaystyle\sum_{\nu=0}^{n} \frac{1}{\nu!}$. Wir zeigen leicht, daß $\{s_n\}_{n \in \mathbb{N}}$ eine Cauchy-Folge ist. Dazu schätzen wir $|s_n - s_m|$ allgemein ab. Ohne Einschränkung der Allgemeinheit können wir annehmen, daß $n > m$ gilt. Dann folgt

$$|s_n - s_m| = s_n - s_m = \sum_{\nu=m+1}^{n} \frac{1}{\nu!}.$$

Nun gilt offenbar

$$\nu! = 1 \cdot 2 \cdot 3 \cdot \ldots \cdot \nu \geqslant 2^{\nu-1},$$

da alle Faktoren außer dem ersten größer oder gleich 2 sind.

Folglich haben wir

$$\sum_{\nu=m+1}^{n} \frac{1}{\nu!} \leqslant \sum_{\nu=m+1}^{n} \left(\frac{1}{2}\right)^{\nu-1} = \left(\frac{1}{2}\right)^{m} \sum_{\nu=0}^{n-m-1} \left(\frac{1}{2}\right)^{\nu} = \left(\frac{1}{2}\right)^{m} \frac{1 - \left(\frac{1}{2}\right)^{n-m}}{\frac{1}{2}} < \left(\frac{1}{2}\right)^{m-1},$$

da allgemein für $q \neq 1$ gilt: $\displaystyle\sum_{\mu=0}^{r} q^{\mu} = \frac{1 - q^{r+1}}{1 - q}$ (Vollständige Induktion). Somit gilt für alle $m \in \mathbf{N}$ und beliebige $n > m$

$$|s_n - s_m| < \left(\frac{1}{2}\right)^{m-1}.$$

Nach Satz 2.2 ist $\left\{\left(\dfrac{1}{2}\right)^{m-1}\right\}_{m \geqslant 1}$ eine Nullfolge, d. h. $\forall \epsilon \; \exists M(\epsilon): \left(\dfrac{1}{2}\right)^{m-1} < \epsilon$ $\forall m > M(\epsilon)$.

Damit folgt aber

$$\forall \epsilon > 0 \; \exists M(\epsilon): |s_n - s_m| < \epsilon \qquad \forall m > M(\epsilon) \text{ und } \forall n > m;$$

$\{s_n\}_{n \in \mathbf{N}}$ ist also nach Definition 2.4 eine Cauchy-Folge. Anders als beispielsweise bei der Folge $\left\{1 + \dfrac{1}{n}\right\}_{n \geqslant 1}$, für die wir den Grenzwert 1 leicht erraten können, ist es hier offenbar sehr viel schwieriger, eine bestimmte reelle Zahl als Grenzwert zu vermuten oder sich wenigstens von der Existenz eines Grenzwertes zu überzeugen.

Bevor wir die Frage, ob jede Cauchy-Folge einen Grenzwert hat, allgemein beantworten, wollen wir einen einfachen Spezialfall klären.

Satz 2.6 *Jede monotone, beschränkte Folge hat einen Grenzwert.*

B e w e i s : Sei $\{a_n\}_{n \in \mathbf{N}}$ monoton wachsend und beschränkt. Nach Satz 1.15 existiert dann

$$a = \sup \{a_n \mid n \in \mathbf{N}\}.$$

Dieses Supremum muß durch Glieder der Folge beliebig gut angenähert werden, mit anderen Worten

$$\forall \epsilon > 0 \; \exists m(\epsilon) \in \mathbf{N}: a - a_{m(\epsilon)} < \epsilon;$$

denn andernfalls gäbe es ein $\epsilon > 0$ derart, daß $a - a_n \geqslant \epsilon \; \forall n \in \mathbf{N}$, womit a sicher nicht das Supremum, d. h. die k l e i n s t e obere Schranke aller Werte von Gliedern der Folge wäre.

Da $\{a_n\}_{n \in \mathbf{N}}$ monoton wächst, gilt $a_n \geqslant a_{m(\epsilon)} \; \forall n > m(\epsilon)$ und somit

$$0 \leqslant a - a_n \leqslant a - a_{m(\epsilon)} < \epsilon \qquad \forall n > m(\epsilon).$$

Damit ist $a = \lim\limits_{n \to \infty} a_n$.

Für monoton fallende beschränkte Folgen schließt man analog

$$\inf\{a_n \mid n \in \mathbf{N}\} = a = \lim\limits_{n \to \infty} a_n. \qquad\qquad \blacksquare$$

Nun müssen Cauchy-Folgen im allgemeinen nicht monoton sein; aber aus Definition 2.4 folgt, daß sie auf alle Fälle beschränkt sind.

Satz 2.7 *Jede C.F. ist beschränkt.*

B e w e i s : Sei $\{a_n\}_{n \in \mathbf{N}}$ eine C.F. $\Rightarrow$ $\forall\, \epsilon > 0$ $\exists\, N(\epsilon)$: $|a_n - a_m| < \epsilon$ $\forall\, m, n > N(\epsilon)$.
Sei $\epsilon = 1$ und $N_1 \in \mathbf{N}$, $N_1 > N(1)$ fest gewählt. Dann gilt

für $n \leqslant N_1$: $|a_n| \leqslant |a_1| + |a_2| + \ldots + |a_n| + \ldots + |a_{N_1}| + 1$ und

für $n > N_1$: $|a_n| = |a_{N_1} + (a_n - a_{N_1})| \leqslant |a_{N_1}| + |a_n - a_{N_1}|$

$$< |a_{N_1}| + 1 \leqslant |a_1| + \ldots + |a_{N_1}| + 1.$$

Also gilt mit $K = |a_1| + |a_2| + \ldots + |a_{N_1}| + 1$

$$|a_n| \leqslant K \qquad \forall\, n \in \mathbf{N}. \qquad\qquad\qquad \blacksquare$$

In Beispiel 2.1 haben wir gezeigt, daß die Folge $\left\{ \sum\limits_{\nu=0}^{n} \dfrac{1}{\nu!} \right\}_{n \in \mathbf{N}}$ eine C.F. ist. Folglich
ist sie nach Satz 2.7 beschränkt. Da sie offensichtlich auch streng monoton wachsend ist,
hat sie nach Satz 2.6 einen Grenzwert.

Um nun zu zeigen, daß jede C.F. einen Grenzwert hat, werden wir mit Hilfe einer beliebigen gegebenen C.F. je eine monoton wachsende und eine monoton fallende beschränkte Folge konstruieren, die denselben Grenzwert haben, von dem wir dann zeigen können,
daß er auch Grenzwert der ursprünglich gegebenen Folge ist.

Satz 2.8 *Jede C.F. hat einen Grenzwert.*

B e w e i s : Sei $\{a_n\}_{n \in \mathbf{N}}$ eine C.F. $\Rightarrow \{a_n \mid n \in \mathbf{N}\}$ ist beschränkt nach Satz 2.7. Sei
$\mathfrak{A}_n = \{a_m \mid m \geqslant n\}$ für beliebige $n \in \mathbf{N}$. Damit gilt $\mathfrak{A}_{n+1} \subset \mathfrak{A}_n$ $\forall\, n \in \mathbf{N}$ und folglich
$\mathfrak{A}_n \subset \mathfrak{A}_0 = \{a_m \mid m \in \mathbf{N}\}$ $\forall\, n \in \mathbf{N}$, d. h. wegen der Beschränktheit von $\mathfrak{A}_0$ sind alle
Mengen $\mathfrak{A}_n$ beschränkt. Daher existieren nach Satz 1.15

$$b_n = \inf \mathfrak{A}_n, \qquad n \in \mathbf{N}, \quad \text{und} \quad c_n = \sup \mathfrak{A}_n, \qquad n \in \mathbf{N}.$$

Wegen $\mathfrak{A}_{n+1} \subset \mathfrak{A}_n$ gilt auch

$$b_{n+1} \geqslant b_n \quad \text{und} \quad c_{n+1} \leqslant c_n \qquad \forall\, n \in \mathbf{N};$$

$\{b_n\}_{n \in \mathbf{N}}$ ist also monoton wachsend und $\{c_n\}_{n \in \mathbf{N}}$ monoton fallend.
Da b_n und c_n Infimum bzw. Supremum derselben Menge $\mathfrak{A}_n$ sind, gilt $b_n \leqslant c_n$ sowie
$c_n \leqslant c_0$ und $b_n \geqslant b_0$ $\forall\, n \in \mathbf{N}$ wegen der Monotonie der beiden Folgen, zusammengefaßt also

$$b_n \leqslant c_0 \quad \text{und} \quad c_n \geqslant b_0 \qquad \forall\, n \in \mathbf{N},$$

d. h. $\{b_n\}_{n \in \mathbf{N}}$ und $\{c_n\}_{n \in \mathbf{N}}$ sind beschränkt.
Nach Satz 2.6 existieren also

$$b = \lim_{n \to \infty} b_n \quad \text{und} \quad c = \lim_{n \to \infty} c_n.$$

Um zu zeigen, daß $b = c$ gilt, beweisen wir zunächst, daß $b \leqslant c$: Sei $\epsilon > 0$ beliebig ge-
wählt. Dann $\exists\, N(\epsilon)$: $|b - b_n| < \epsilon$ und $|c - c_n| < \epsilon$ $\forall\, n > N(\epsilon)$, da $b_n \to b$ und $c_n \to c$.
Da ferner $b_n \leqslant c_n$ $\forall\, n \in \mathbf{N}$, folgt

$$b - c = b - b_n + b_n - c_n + c_n - c$$

$$\leqslant |b - b_n| + b_n - c_n + |c_n - c|$$

$$\leqslant |b - b_n| + |c_n - c| < 2\epsilon \qquad \forall\, n > N(\epsilon).$$

$\Rightarrow b - c \leqslant 0$, da $\epsilon > 0$ beliebig (klein) gewählt werden kann.

Nun schätzen wir $c - b$ ab. Sei $\epsilon > 0$ beliebig gewählt. Dann existieren ein $N_1(\epsilon)$ so, daß $|b - b_n| < \epsilon$ und $|c - c_n| < \epsilon \; \forall \, n > N_1(\epsilon)$, da $b_n \to b$ und $c_n \to c$, und ein $N_2(\epsilon)$ so, daß $|a_m - a_n| < \epsilon \; \forall \, m, n > N_2(\epsilon)$, da $\{a_n\}_{n \in \mathbf{N}}$ C.F. ist.

Da $b_n = \inf \mathfrak{A}_n$, existiert ein $a_{m_n} \in \mathfrak{A}_n$ mit $0 \leqslant a_{m_n} - b_n < \epsilon$; und weil $c_n = \sup \mathfrak{A}_n$, existiert ein $a_{k_n} \in \mathfrak{A}_n$ mit $0 \leqslant c_n - a_{k_n} < \epsilon$.

Wählen wir nun $N(\epsilon) = \max[N_1(\epsilon), N_2(\epsilon)]$ und $n > N(\epsilon)$, und beachten wir, daß wegen $a_{m_n} \in \mathfrak{A}_n$, $a_{k_n} \in \mathfrak{A}_n$ auch $m_n \geqslant n > N(\epsilon) \geqslant N_2(\epsilon)$ und $k_n \geqslant n > N(\epsilon) \geqslant N_2(\epsilon)$, dann erhalten wir

$$
\begin{aligned}
0 \leqslant c - b &= c - c_n + c_n - a_{k_n} + a_{k_n} - a_{m_n} + a_{m_n} - b_n + b_n - b \\[4pt]
&\leqslant |c - c_n| + (c_n - a_{k_n}) + |a_{k_n} - a_{m_n}| + (a_{m_n} - b_n) + |b_n - b| \\[4pt]
&< \quad \epsilon \quad + \quad \epsilon \quad + \quad \epsilon \quad + \quad \epsilon \quad + \quad \epsilon \\[4pt]
&= 5\epsilon
\end{aligned}
$$

Diese Ungleichung $0 \leqslant c - b < 5\epsilon$ kann für beliebige $\epsilon > 0$ offenbar nur erfüllt werden, wenn $c - b = 0$ ist.

Mit $a = b = c$ gilt also $b_n \to a$ und $c_n \to a$. Wir zeigen nun, daß auch $a_n \to a$.

Offenbar gilt

$$
b_n \leqslant a_n \leqslant c_n \qquad \forall \, n \in \mathbf{N} \;\Rightarrow\; 0 \leqslant c_n - a_n \leqslant c_n - b_n.
$$

Damit erhalten wir

$$
\begin{aligned}
|a - a_n| = |a - c_n + c_n - a_n| &\leqslant |a - c_n| + |c_n - a_n| \\[4pt]
&\leqslant |a - c_n| + |c_n - b_n| = |a - c_n| + |c_n - a + a - b_n| \\[4pt]
&\leqslant |a - c_n| + |c_n - a| + |a - b_n|
\end{aligned}
$$

Wegen $b_n \to a$ und $c_n \to a$ existiert ein $N(\epsilon)$ so, daß $|a - c_n| < \dfrac{\epsilon}{3}$ und $|a - b_n| < \dfrac{\epsilon}{3}$

$\forall \, n > N(\epsilon)$. Folglich ist $|a - a_n| < \epsilon \; \forall \, n > N(\epsilon)$, womit $a_n \to a$ bewiesen ist. ∎

Die hiermit bewiesene Eigenschaft, daß jede C.F. reeller Zahlen einen reellen Grenzwert besitzt, nennt man die V o l l s t ä n d i g k e i t der reellen Zahlen.

Beispiel 2.2 In Abschn. 2.1 haben wir bereits die Folge

$$
\{a_n\}_{n \in \mathbf{N}} \quad \text{mit } a_0 = 1 \quad \text{und} \quad a_n = \frac{1}{2}\left(a_{n-1} + \frac{2}{a_{n-1}}\right), n \geqslant 1,
$$

kennengelernt. Wir haben dort schon darauf hingewiesen, daß diese Folge beschränkt, aber wegen $a_0 < a_1$ und $a_2 < a_1$ nicht monoton ist. Rechnet man nun einige weitere Glieder aus, so kommt man zur Vermutung, daß die Folge $\{a_n\}_{n \geqslant 1}$ doch monoton fallend ist. Da das Konvergenzverhalten einer Folge von der Änderung endlich vieler Anfangsglieder unberührt bleibt, wie man aus Definition 2.3 und Definition 2.4 sofort sieht, betrachten wir fortan die Folge

$$
\{a_n\}_{n \geqslant 1} \quad \text{mit } a_1 = \frac{3}{2} \quad \text{und} \quad a_n = \frac{1}{2}\left(a_{n-1} + \frac{2}{a_{n-1}}\right), n \geqslant 2.
$$

Für $n \geqslant 2$ gilt hier, da offenbar $a_n > 0 \; \forall \, n \geqslant 1$,

$$
a_n < a_{n-1} \iff \frac{1}{2}\left(a_{n-1} + \frac{2}{a_{n-1}}\right) < a_{n-1} \iff \frac{1}{a_{n-1}} < \frac{1}{2} a_{n-1} \iff 2 < a_{n-1}^2.
$$

Wenn wir also zeigen, daß $a_n^2 > 2 \;\; \forall\, n \geqslant 1$, dann ist damit bewiesen, daß die Folge $\{a_n\}_{n \geqslant 1}$ streng monoton fällt.

Nun ist $a_1^2 = \dfrac{9}{4} > 2$. Nehmen wir an, daß für ein $n \geqslant 2$ $a_{n-1}^2 > 2$ gilt. Dann gilt

$$a_{n-1}^2 - 2 > 0 \Rightarrow (a_{n-1}^2 - 2)^2 > 0$$
$$\Rightarrow (a_{n-1}^2 - 2)^2 + 8a_{n-1}^2 = (a_{n-1}^2 + 2)^2 > 8a_{n-1}^2$$
$$\Rightarrow \frac{1}{4a_{n-1}^2}\,(a_{n-1}^2 + 2)^2 = a_n^2 > 2.$$

Danach ist also $\{a_n\}_{n \geqslant 1}$ streng monoton fallend und beschränkt, nach Satz 2.6 somit konvergent mit einem Grenzwert a.

Aus der Rekursionsformel $a_n = \dfrac{1}{2}\left(a_{n-1} + \dfrac{2}{a_{n-1}}\right)$ folgt

$$2a_n \cdot a_{n-1} = a_{n-1}^2 + 2.$$

Für große n sind a_{n-1} und a_n näherungsweise gleich a, was zur Vermutung

$$2a^2 = a^2 + 2 \quad \text{oder also} \quad a^2 = 2 \text{ führt;}$$

damit wäre $a = \sqrt{2}$ der Grenzwert unserer Folge. Wegen $a_n > 0$ und $a_n^2 > 2 \;\; \forall\, n \geqslant 1$ gilt $a_n > \sqrt{2}$ und somit

$$0 < a_n - \sqrt{2} = \frac{1}{2a_{n-1}}\,(a_{n-1}^2 + 2) - \sqrt{2} = \frac{1}{2a_{n-1}}\,(a_{n-1}^2 - 2a_{n-1}\sqrt{2} + 2)$$
$$= \frac{1}{2a_{n-1}}\,(a_{n-1} - \sqrt{2})^2 < \frac{1}{2\sqrt{2}}\,(a_{n-1} - \sqrt{2})^2.$$

Eine grobe Abschätzung unter Verwendung von $\dfrac{1}{2\sqrt{2}} < 1$ und $\sqrt{2} > 1{,}4$, woraus $a_1 - \sqrt{2} < 10^{-1}$ folgt, liefert danach

$$0 < a_n - \sqrt{2} < (10^{-1})^{2^{n-1}},$$

d. h. der Fehler $|\,a_4 - \sqrt{2}\,|$ ist bereits kleiner als eine Einheit der 8. Dezimalstelle nach dem Komma. Rechnen wir mit 8 Dezimalen gerundet genau, so erhalten wir

$$a_1 = 1{,}5$$
$$a_2 = 1{,}41666667$$
$$a_3 = 1{,}41421569$$
$$a_4 = 1{,}41421356$$
$$a_5 = 1{,}41421356.$$

Bei dieser Genauigkeit bleiben alle nachfolgenden Glieder gleich. Zur Kontrolle: $a_4^2 = 1{,}99999999$, also sehr nahe bei 2. Diese offenbar sehr schnell konvergierende Iterationsmethode zur Bestimmung von $\sqrt{2}$ ist das N e w t o n - V e r f a h r e n.

Man überlegt sich leicht, daß das Verfahren nicht nur mit $a_0 = 1$, sondern auch mit jedem anderen Anfangswert $a_0 > 0$ gegen $\sqrt{2}$ konvergiert – auch dann gilt $a_n^2 > 2 \ \forall \, n \geqslant 1$. Analog konvergiert für irgendein $\alpha > 0$

$$a_{n+1} = \frac{1}{2}\left(a_n + \frac{\alpha}{a_n}\right), \qquad n \geqslant 0, \text{ mit } a_0 > 0$$

gegen $\sqrt{\alpha}$.

Übungsaufgaben

1. Bestimmen Sie ein $N(\epsilon)$ so, daß für alle $n > N(\epsilon)$ das n-te Glied folgender Zahlenfolgen kleiner als ϵ $(\epsilon > 0)$ ist:

a) $\left\{\dfrac{1}{\sqrt{n^2 + 3n + 1}}\right\}_{n \in \mathbf{N}}$;   b) $\left\{\dfrac{n^2 + n}{n^2 - n} - 1\right\}_{n \geqslant 2}$;   c) $\left\{\sqrt{1 + \dfrac{1}{n}} - 1\right\}_{n \geqslant 1}$.

2. Die Folge $\{0.12^1, 0.12^{\sqrt{2}}, 0.12^{\sqrt{3}}, \ldots\}$ mit dem allgemeinen Glied $a_n = 0.12^{\sqrt{n}}$, $n \geqslant 1$, ist eine Nullfolge. Wieviele Glieder sind größer als $\epsilon = 0{,}0001$?

3. Untersuchen Sie das Konvergenzverhalten folgender Folgen:

a) $\left\{\left(-\dfrac{1}{\pi}\right)^{2n-n}\right\}_{n \geqslant 1}$;   b) $\left\{\left(1 + \dfrac{(-1)^n}{n}\right)(-1)^{n+1}\right\}_{n \geqslant 1}$.

4. Beweisen Sie die Konvergenz der Folge $\{a_n\}_{n \in \mathbf{N}}$ mit den Gliedern

$$a_n = \sum_{k=0}^{n} \frac{x^k}{k!} \text{ für } n \in \mathbf{N}, x \geqslant 0 \text{ eine feste Zahl.}$$

5. Zeigen Sie mit Hilfe von Satz 2.6, daß die folgenden Zahlenfolgen konvergieren:

a) $\{a_n\}_{n \in \mathbf{N}}$ mit $a_0 = 1$, $a_n = \dfrac{(2n-1)(2n+1)}{(2n)^2}\, a_{n-1}$, $n \geqslant 1$;

b) $\{b_n\}_{n \geqslant 1}$ mit $b_n = \displaystyle\sum_{i=n+1}^{2n} \frac{1}{i}$.

6. Beweisen Sie, daß die Folge $\{a_n\}_{n \in \mathbf{N}}$ mit $a_0 = 0$, $a_1 = 1$, $a_{n+1} = \dfrac{a_n + a_{n-1}}{2}$ für $n \geqslant 1$ eine Cauchy-Folge ist.

7. Zeigen Sie, daß folgende Zahlenfolgen d i v e r g e n t , d. h. nicht konvergent sind:

a) $\left\{\dfrac{-1}{n(-1)^n}\right\}_{n \geqslant 1}$;   b) $\left\{\dfrac{n-1}{100n}(-1)^n\right\}_{n \geqslant 1}$.

2.3 Rechenregeln für konvergente Folgen

Häufig sind die Glieder einer Folge zusammengesetzt aus Gliedern anderer Folgen, aus deren Eigenschaften (Konvergenz, Beschränktheit etc.) man dann auf Konvergenzverhalten und ggf. Grenzwert dieser Folge schließen kann. Zunächst gilt

Satz 2.9 *Ist* $\{a_n\}_{n\in\mathbf{N}}$ *eine Nullfolge und* $\{b_n\}_{n\in\mathbf{N}}$ *beschränkt, dann ist* $\{a_n \cdot b_n\}_{n\in\mathbf{N}}$ *eine Nullfolge.*

B e w e i s : $\{a_n\}_{n\in\mathbf{N}}$ ist Nullfolge: $\forall\, \epsilon > 0\;\; \exists\, N(\epsilon)\colon |a_n| < \epsilon\;\; \forall\, n > N(\epsilon)$.

$\{b_n\}_{n\in\mathbf{N}}$ ist beschränkt: $\exists\, K > 0\colon |b_n| \leqslant K\;\; \forall\, n \in \mathbf{N}. \;\Rightarrow |a_n \cdot b_n| = |b_n| \cdot |a_n|$

$\leqslant K\,|a_n| < \epsilon\;\; \forall\, n > N\!\left(\dfrac{\epsilon}{K}\right);$

also ist $\{a_n b_n\}_{n\in\mathbf{N}}$ eine Nullfolge.　　　　　　　　　　　　　　　　■

Konvergiert $\{a_n\}_{n\in\mathbf{N}}$ gegen a, dann enthält, wie wir wissen, eine beliebige ϵ-Umgebung $U_\epsilon(a)$ fast alle Glieder a_n der Folge, d. h. für fast alle a_n gilt $a_n \in \{x\,|\,|x - a| < \epsilon\}$. Das ist gleichbedeutend damit, daß für fast alle n gilt $(a - a_n) \in U_\epsilon(0)$, d. h. $\{(a - a_n)\}_{n\in\mathbf{N}}$ ist Nullfolge.

Konvergiert $\{b_n\}_{n\in\mathbf{N}}$ gegen b, dann gilt ebenso für fast alle n $(b - b_n) \in U_\epsilon(0)$. Wegen $|(a + b) - (a_n + b_n)| \leqslant |a - a_n| + |b - b_n|$ liegen dann fast alle Elemente von $(a + b) - (a_n + b_n)$ in der 2ϵ-Umgebung $U_{2\epsilon}(0)$, die für beliebiges ϵ auch beliebig klein werden kann. Das bedeutet aber, daß $\{(a_n + b_n)\}_{n\in\mathbf{N}}$ gegen $(a + b)$ konvergiert.

Allgemein gilt für das Rechnen mit konvergenten Folgen

Satz 2.10 *Sind* $\{a_n\}_{n\in\mathbf{N}}$ *und* $\{b_n\}_{n\in\mathbf{N}}$ *konvergente Folgen, dann gilt:*

i)　　　$\displaystyle\lim_{n\to\infty}(a_n + b_n) = \lim_{n\to\infty} a_n + \lim_{n\to\infty} b_n;$

ii)　　　$\displaystyle\lim_{n\to\infty}(a_n - b_n) = \lim_{n\to\infty} a_n - \lim_{n\to\infty} b_n;$

iii)　　　$\displaystyle\lim_{n\to\infty}(a_n \cdot b_n) = (\lim_{n\to\infty} a_n) \cdot (\lim_{n\to\infty} b_n);$

iv) *falls* $\displaystyle\lim_{n\to\infty} b_n \neq 0$, *dann existiert ein* $N_0 \in \mathbf{N}$ *derart, daß* $b_n \neq 0\;\; \forall\, n > N_0$, *und es*

gilt

$$\lim_{n\to\infty}\left(\frac{a_n}{b_n}\right) = \frac{\displaystyle\lim_{n\to\infty} a_n}{\displaystyle\lim_{n\to\infty} b_n}\,.$$

B e w e i s : Seien $a = \displaystyle\lim_{n\to\infty} a_n$ und $b = \displaystyle\lim_{n\to\infty} b_n$.

Für beliebiges $\epsilon > 0$ gibt es dann ein $N(\epsilon)$ so, daß $|a - a_n| < \epsilon$ und $|b - b_n| < \epsilon\;\; \forall\, n > N(\epsilon)$. Die Behauptungen i) – iv) folgen damit aus folgenden Abschätzungen:

i)　　　$|a + b - (a_n + b_n)| \leqslant |a - a_n| + |b - b_n| < 2\epsilon\;\; \forall\, n > N(\epsilon);$

ii)　　　$|a - b - (a_n - b_n)| \leqslant |a - a_n| + |b_n - b| < 2\epsilon\;\; \forall\, n > N(\epsilon);$

iii) Nach Satz 2.7 ist jede C.F. beschränkt. Folglich gibt es eine Zahl K derart, daß $|a_n| \leqslant K\;\; \forall\, n \in \mathbf{N}$ und gleichzeitig $|b| \leqslant K$. Damit erhalten wir

$$|a \cdot b - a_n \cdot b_n| = |a \cdot b - a_n \cdot b + a_n \cdot b - a_n \cdot b_n|$$

$$\leqslant |b| \cdot |a - a_n| + |a_n| \cdot |b - b_n|$$

$$\leqslant K \cdot [|a - a_n| + |b - b_n|] < 2 \cdot K \cdot \epsilon\;\; \forall\, n > N(\epsilon);$$

iv) Sei $\beta = |b|$; nach Voraussetzung ist also $\beta > 0$. Da $b_n \to b$, $\exists N_0: |b - b_n| < \frac{\beta}{2} \ \forall n > N_0; \Rightarrow |b_n| = |b_n - b + b| \geqslant |b| - |b_n - b| > \beta - \frac{\beta}{2} = \frac{\beta}{2} \ \forall n > N_0$,

d. h. $b_n \neq 0 \ \forall n > N_0$. Damit gilt für alle n mit $n > \max [N_0, N(\epsilon)]$

$$\left| \frac{a_n}{b_n} - \frac{a}{b} \right| = \left| \frac{a_n b - a b_n}{b_n \cdot b} \right| = \frac{1}{|b_n| \cdot |b|} \cdot |a_n b - ab + ab - ab_n|$$

$$\leqslant \frac{2}{\beta^2} [|b| \cdot |a_n - a| + |a| \cdot |b - b_n|] < \frac{2}{\beta^2} [\beta + |a|] \cdot \epsilon.$$

Da $\epsilon > 0$ beliebig gewählt werden kann, folgen die behaupteten Konvergenzeigenschaften aus diesen Abschätzungen. ∎

Dieser Satz erlaubt u. a. in bestimmten Fällen die Glieder einer Folge so umzuformen, daß man leichter erkennen kann, ob und wogegen die Folge konvergiert.

Beispiel 2.3 a) für $a_n = \frac{1}{n^k}$, $k \in \mathbf{N}$, $k > 0$ fest, gilt $\lim\limits_{n \to \infty} a_n = 0$.

Wir wissen bereits, daß $\lim\limits_{n \to \infty} \frac{1}{n} = 0$. Damit ist die Behauptung $\lim\limits_{n \to \infty} \frac{1}{n^k} = 0$ für $k = 1$ richtig. Gilt nun für irgendein $k \geqslant 1$ $\lim\limits_{n \to \infty} \frac{1}{n^k} = 0$, dann folgt aus Satz 2.10

$$\lim_{n \to \infty} \frac{1}{n^{k+1}} = \lim_{n \to \infty} \frac{1}{n^k} \cdot \frac{1}{n}$$

$$= \left(\lim_{n \to \infty} \frac{1}{n^k} \right) \cdot \left(\lim_{n \to \infty} \frac{1}{n} \right) = 0.$$

b) Die Folge $\{a_n\}_{n \in \mathbf{N}}$ mit

$$a_n = \frac{5n^6 + 3n^4 + 7n^2 + 1}{10n^6 + 2n^3 + n + 8}$$

hat den Grenzwert

$$\lim_{n \to \infty} a_n = \frac{1}{2}.$$

Für $n > 1$ können wir den Bruch für a_n mit $\frac{1}{n^6}$ erweitern und erhalten so

$$a_n = \frac{5 + \dfrac{3}{n^2} + \dfrac{7}{n^4} + \dfrac{1}{n^6}}{10 + \dfrac{2}{n^3} + \dfrac{1}{n^5} + \dfrac{8}{n^6}}, \qquad n \geqslant 1$$

$$= \frac{5 + u_n + v_n + w_n}{10 + b_n + c_n + d_n} = \frac{x_n}{y_n}$$

wobei $u_n \to 0, v_n \to 0, w_n \to 0$ und $b_n \to 0, c_n \to 0, d_n \to 0$.

Damit gilt nach Satz 2.10

$$x_n \to 5 \quad \text{und} \quad y_n \to 10$$

und folglich

$$a_n = \frac{x_n}{y_n} \to \frac{5}{10} = \frac{1}{2}.$$

c) Es gilt $\lim\limits_{n \to \infty} \dfrac{1 + 2 + \ldots + n}{n^2} = \dfrac{1}{2}.$

$$1 + 2 + \ldots + n = \frac{n(n+1)}{2} \Rightarrow \frac{1 + 2 + \ldots + n}{n^2} = \frac{n(n+1)}{2n^2} = \frac{n^2 + n}{2n^2} = \frac{1}{2} + \frac{1}{2n}.$$

Da $\dfrac{1}{2n} \to 0$, folgt $\dfrac{1}{2} + \dfrac{1}{2n} \to \dfrac{1}{2}.$

d) Für festes $k \in \mathbf{N}$ gilt $\lim\limits_{n \to \infty} \dfrac{n^k}{2^n} = 0.$ Offenbar gilt

$$a_n = \frac{n^k}{2^n} > 0 \qquad \forall\, n \geq 1.$$

Für

$$b_n = \frac{a_{n+1}}{a_n} = \frac{(n+1)^k}{2^{n+1}} \cdot \frac{2^n}{n^k} = \frac{1}{2} \left(\frac{n+1}{n} \right)^k$$

$$= \frac{1}{2} \left(1 + \frac{1}{n} \right)^k$$

gilt, da $\left(1 + \dfrac{1}{n} \right) \to 1,$

$$b_n \to \frac{1}{2}.$$

Folglich existiert ein $N_0 \in \mathbf{N}$ derart, daß

$$b_n < \frac{3}{4} \qquad \forall\, n > N_0.$$

Für $n > N_0 + 1$ gilt dann

$$a_n = a_1 \cdot b_1 \cdot b_2 \cdot \ldots \cdot b_{N_0} \cdot b_{N_0 + 1} \cdot \ldots \cdot b_{n-1}$$

$$< (a_1 \cdot b_1 \cdot b_2 \cdot \ldots \cdot b_{N_0}) \left(\frac{3}{4} \right)^{n - (N_0 + 1)} = c_n.$$

Hier ist $\left(\dfrac{3}{4} \right)^{n - (N_0 + 1)}$ nach Satz 2.2 eine Nullfolge und $(a_1 \cdot b_1 \cdot \ldots \cdot b_{N_0})$ ein konstanter Faktor, nach Satz 2.9 also $\{c_n\}_{n > N_0 + 1}$ eine Nullfolge. Dann ist wegen $0 < a_n < c_n$ auch $\{a_n\}_{n \geq 1}$ eine Nullfolge.

Übungsaufgaben

1. Sei $a_n = \dfrac{1}{n^2 + 3n + 2}$, $n \in \mathbf{N}$, und $b_n = \dfrac{n^4 + 4n^2 + 4}{3n + 2}$, $n \in \mathbf{N}$. Ist $\{c_n\}_{n\in\mathbf{N}}$ mit $c_n = a_n \cdot b_n$ konvergent?

2. Berechnen Sie folgende Grenzwerte:

a) $\displaystyle\lim_{n\to\infty} \frac{n^2 + n}{n^2 - n}$;

b) $\displaystyle\lim_{n\to\infty} \frac{1}{n} \cdot \frac{1}{1 - \dfrac{n}{n+1}} \cdot \frac{2n^3 + 1}{n^3 + 2}$;

c) $\displaystyle\lim_{n\to\infty} \frac{\left(a + \dfrac{1}{n}\right)^3 - a^3}{\dfrac{1}{n}}$;

d) $\displaystyle\lim_{n\to\infty} \frac{\dfrac{n^6 + n^5}{8^n \sqrt{n^3 + 3n + 1}} \cdot \dfrac{n + 5}{\sqrt[3]{n^2 - 4}}}{\dfrac{n - 4}{n + 1}}$;

e) $\displaystyle\lim_{n\to\infty} \frac{t + 1}{t - 1} \cdot \frac{t^n - 1}{t^n + 1}$; $t > 0$, $t \neq 1$.

3. Berechnen Sie folgenden Grenzwert für die Fälle $k = \ell$ und $k < \ell$, wobei $k, \ell \in \mathbf{N}$:

$$\lim_{n\to\infty} \frac{\alpha_0 + \alpha_1 n + \alpha_2 n^2 + \ldots + \alpha_k n^k}{\beta_0 + \beta_1 n + \beta_2 n^2 + \ldots + \beta_\ell n^\ell}.$$

2.4 Häufungspunkte von Folgen

In Abschn. 2.2 hatten wir die Folge $\{d_n\}_{n\geqslant 1}$ mit $d_n = (-1)^n + \dfrac{1}{n}$ als Beispiel einer nicht konvergenten Folge. Andererseits sind $+1$ und -1 in gewisser Weise ausgezeichnete Werte in Bezug auf diese Folge: Die Teilfolge $\{d_{2n}\}_{n\geqslant 1}$ konvergiert gegen $+1$ und die Teilfolge $\{d_{2n+1}\}_{n\in\mathbf{N}}$ konvergiert gegen -1; oder anders ausgedrückt: Jede ϵ-Umgebung von $+1$ und jede ϵ-Umgebung von -1 enthalten unendlich viele Glieder der Folge $\{d_n\}_{n\geqslant 1}$.

Definition 2.5 *Enthält jede ϵ-Umgebung ($\epsilon > 0$) einer Zahl z, $U_\epsilon(z) = \{x \mid |x - z| < \epsilon\}$, unendlich viele Glieder einer Folge $\{a_n\}_{n\in\mathbf{N}}$, dann heißt z Häufungspunkt von $\{a_n\}_{n\in\mathbf{N}}$ (HP von $\{a_n\}_{n\in\mathbf{N}}$).*

Somit sind $+1$ und -1 Häufungspunkte von $\left\{(-1)^n + \dfrac{1}{n}\right\}_{n\geqslant 1}$. Eine Folge kann also mehr als einen Häufungspunkt haben. Für den Grenzwert a einer konvergenten Folge $\{a_n\}_{n\in\mathbf{N}}$ gilt bekanntlich, daß jede ϵ-Umgebung $U_\epsilon(a)$ fast alle Glieder der Folge enthält. Mithin liegen in $U_\epsilon(a)$ alle bis auf endlich viele, d. h. unendlich viele Glieder von $\{a_n\}_{n\in\mathbf{N}}$. Also ist der Grenzwert a auch Häufungspunkt der Folge. Es gilt sogar

Satz 2.11 *Der einzige HP einer C.F. ist ihr Grenzwert.*

B e w e i s : Sei $a = \displaystyle\lim_{n\to\infty} a_n$. Dann gilt:

$$\forall \epsilon > 0 \ \exists N(\epsilon): a_n \in U_\epsilon(a) \qquad \forall n > N(\epsilon),$$

d. h. $U_\epsilon(a)$ enthält unendlich viele Glieder der Folge. Da das für jedes $\epsilon > 0$ gilt, ist a HP von $\{a_n\}_{n \in \mathbf{N}}$. Wir müssen noch zeigen, daß die C.F. $\{a_n\}_{n \in \mathbf{N}}$ keinen anderen HP als ihren Grenzwert a haben kann.

Sei $b \in \mathbf{R}$ beliebig, aber von a verschieden $\Rightarrow |b - a| = \delta > 0. \Rightarrow U_{\frac{\delta}{2}}(b) \cap U_{\frac{\delta}{2}}(a) = \emptyset.$

$$a_n \to a \Rightarrow a_n \in U_{\frac{\delta}{2}}(a) \qquad \forall n > N\left(\frac{\delta}{2}\right)$$

$$\Rightarrow a_n \in U_{\frac{\delta}{2}}(b) \text{ höchstens für die endlich vielen Glieder } a_n \text{ mit } n \leqslant N\left(\frac{\delta}{2}\right).$$

Also kann b kein HP von $\{a_n\}_{n \in \mathbf{N}}$ sein. Da b beliebig unter der Bedingung $b \neq a$ gewählt werden kann, gibt es also für die C.F. $\{a_n\}_{n \in \mathbf{N}}$ keinen anderen HP als $a = \lim\limits_{n \to \infty} a_n$. $\blacksquare$

Während also eine C.F. nur einen HP hat, kann man im allgemeinen nicht erwarten, daß eine Folge mit nur einem HP eine C.F. ist. Nehmen wir z. B. für $n \geqslant 1$

$$a_n = [1 + (-1)^n] \cdot \left(1 - \frac{1}{n}\right) + [1 + (-1)^{n+1}] \cdot n$$

$$= \begin{cases} 2 \cdot \left(1 - \dfrac{1}{n}\right), & \text{falls n gerade} \\[2ex] 2 \cdot n & , \text{falls n ungerade.} \end{cases}$$

Die Teilfolge $\{a_{2n}\}_{n \geqslant 1}$ konvergiert gegen 2; also ist 2 HP der Folge $\{a_n\}_{n \geqslant 1}$, und zwar der einzige. Da die ungeraden Glieder unbeschränkt wachsen, kann aber $\{a_n\}_{n \geqslant 1}$ nach Satz 2.7 keine C.F. sein.

Natürlich gibt es auch Folgen, die keinen HP besitzen, z. B. $\{n^2\}_{n \in \mathbf{N}}$. Hingegen gilt der folgende

Satz 2.12 *Jede beschränkte Folge hat mindestens einen* HP.

B e w e i s : Gegeben sei die beschränkte Folge $\{d_n\}_{n \in \mathbf{N}}$, d. h. es gibt reelle Zahlen a_0 und b_0, $a_0 < b_0$ derart, daß

$$d_n \in [a_0, b_0] = I_0 \qquad \forall n \in \mathbf{N}.$$

Halbieren wir nun das Intervall I_0, so erhalten wir zwei neue Intervalle

$$I_0^u = \left[a_0, \frac{a_0 + b_0}{2}\right] \quad \text{und} \quad I_0^o = \left[\frac{a_0 + b_0}{2}, b_0\right],$$

und mindestens eines der beiden muß unendlich viele Glieder der Folge $\{d_n\}_{n \in \mathbf{N}}$ enthalten, da alle Folgenglieder, d. h. unendlich viele, in $I_0 = I_0^u \cup I_0^o$ enthalten sind. Wir wählen

$$I_1 = \begin{cases} I_0^u, & \text{falls } I_0^u \text{ unendlich viele Folgenglieder enthält} \\[1ex] I_0^o & \text{sonst} \end{cases}$$

$$= [a_1, b_1].$$

Offenbar gilt $a_1 \geqslant a_0$ und $b_1 \leqslant b_0$ sowie für die Intervalllängen

$$\ell_1 = b_1 - a_1 = \frac{1}{2}(b_0 - a_0) = \frac{1}{2}\ell_0.$$

Nun halbieren wir I_1 und erhalten

$$I_1^u = \left[a_1, \frac{a_1 + b_1}{2} \right] \quad \text{und} \quad I_1^o = \left[\frac{a_1 + b_1}{2}, b_1 \right],$$

und mindestens eines dieser beiden Intervalle enthält unendlich viele Glieder von $\{d_n\}_{n\in\mathbf{N}}$, da I_1 unendlich viele Glieder enthält. Dann wählen wir

$$I_2 = \begin{cases} I_1^u, & \text{falls } I_1^u \text{ unendlich viele Folgenglieder enthält} \\ I_1^o & \text{sonst} \end{cases}$$
$$= [a_2, b_2],$$

wobei $a_2 \geqslant a_1$, $b_2 \leqslant b_1$ und $\ell_2 = b_2 - a_2 = \frac{1}{2}(b_1 - a_1) = \frac{1}{4}\ell_0$.

So fahren wir fort mit Halbieren von Intervallen und Auswählen jeweils einer Hälfte mit unendlich vielen Gliedern von $\{d_n\}_{n\in\mathbf{N}}$.

Für das n-te so bestimmte Intervall $I_n = [a_n, b_n]$ gilt dann offenbar

$$a_n \geqslant a_{n-1}, \quad b_n \leqslant b_{n-1}, \quad a_n < b_n \quad (\text{d. h. } I_n \neq \emptyset \text{ und } \ell_n > 0)$$

und $\qquad \ell_n = b_n - a_n = \dfrac{1}{2^n}\ell_0.$

So erhalten wir eine monoton wachsende Folge $\{a_n\}_{n\in\mathbf{N}}$ und eine monoton fallende Folge $\{b_n\}_{n\in\mathbf{N}}$, die wegen

$$a_0 \leqslant a_n < b_n \leqslant b_0 \qquad \forall\, n \in \mathbf{N}$$

beide beschränkt sind. Nach Satz 2.6 existieren daher

$$a = \lim_{n\to\infty} a_n \quad \text{und} \quad b = \lim_{n\to\infty} b_n$$

und es gilt

$$|a - b| = |(a - a_n) + (a_n - b_n) + (b_n - b)|$$
$$\leqslant |a - a_n| + |a_n - b_n| + |b_n - b|$$
$$= |a - a_n| + \ell_0 \cdot \frac{1}{2^n} + |b_n - b|,$$

also $a = b$, da $\{|a - a_n|\}_{n\in\mathbf{N}}$, $\left\{\ell_0 \dfrac{1}{2^n}\right\}_{n\in\mathbf{N}}$ und $\{|b_n - b|\}_{n\in\mathbf{N}}$ Nullfolgen sind.

Wegen der Monotonie der Folgen gilt (vgl. Satz 2.6) $a = \sup\{a_n \mid n \in \mathbf{N}\}$ und $b = \inf\{b_n \mid n \in \mathbf{N}\}$, also $a_n \leqslant a = b \leqslant b_n \;\forall\, n \in \mathbf{N}$, d. h. $a = b \in I_n \;\forall\, n \in \mathbf{N}$. Wählen wir n so groß, daß die Intervalllänge $\ell_n = \dfrac{1}{2^n}\ell_0 < \epsilon$, dann gilt demzufolge $I_n \subset U_\epsilon(a)$, und folglich enthält $U_\epsilon(a)$ unendlich viele Glieder der Folge $\{d_n\}_{n\in\mathbf{N}}$, weil das für jedes I_n zutrifft. Da wir diesen Schluß für jedes $\epsilon > 0$ ziehen können, ist a ein HP von $\{d_n\}_{n\in\mathbf{N}}$. ∎

Im Beweis dieses Satzes haben wir ein Verfahren benutzt, das es in gewissen Fällen gestattet, die Lösung eines Problems beliebig genau zu bestimmen, nämlich die sogenannte I n t e r v a l l s c h a c h t e l u n g.

Definition 2.6 *Eine Folge nichtleerer, abgeschlossener Intervalle* $I_n = [a_n, b_n]$ *heißt* I n t e r v a l l s c h a c h t e l u n g, *wenn* $I_{n+1} \subset I_n \ \forall\, n \in \mathbf{N}$ *und* $\ell_n = (b_n - a_n) \to 0$.

Satz 2.13 *Zu jeder Intervallschachtelung* $\{I_n\}_{n\in\mathbf{N}}$ *gibt es genau eine Zahl* γ *mit* $\gamma \in I_n \ \forall\, n \in \mathbf{N}$.

B e w e i s : Nach Definition 2.6 gilt $I_n \ne \emptyset \ \forall\, n \in \mathbf{N}$ und

$$I_{n+1} \subset I_n \Rightarrow [a_{n+1}, b_{n+1}] \subset [a_n, b_n] \qquad \forall\, n \in \mathbf{N}$$

$$\Rightarrow a_{n+1} \geqslant a_n \ \text{ und } \ b_{n+1} \leqslant b_n \qquad \forall\, n \in \mathbf{N}$$

$$\Rightarrow a_0 \leqslant a_n \leqslant b_n \leqslant b_0 \qquad \forall\, n \in \mathbf{N}.$$

Folglich sind $\{a_n\}_{n\in\mathbf{N}}$ monoton wachsend, $\{b_n\}_{n\in\mathbf{N}}$ monoton fallend und beide Folgen beschränkt.

Nach Satz 2.6 existieren daher

$$a = \lim_{n \to \infty} a_n = \sup\{a_n \mid n \in \mathbf{N}\} \quad \text{und} \quad b = \lim_{n \to \infty} b_n = \inf\{b_n \mid n \in \mathbf{N}\}.$$

Insbesondere gilt danach

$$a \geqslant a_n \qquad \forall\, n \in \mathbf{N} \quad \text{und} \quad b \leqslant b_n \qquad \forall\, n \in \mathbf{N}.$$

Da $\{|a - a_n|\}_{n\in\mathbf{N}}$, $\{|b - b_n|\}_{n\in\mathbf{N}}$ und (vgl. Def. 2.6) $\{|b_n - a_n|\}_{n\in\mathbf{N}}$ Nullfolgen sind, folgt aus

$$|b - a| \leqslant |b - b_n| + |b_n - a_n| + |a_n - a|,$$

daß $b = a$ gelten muß. Damit gilt aber

$$a \in I_n \qquad \forall\, n \in \mathbf{N}, \quad \text{da } a \geqslant a_n \qquad \forall\, n \text{ und } a = b \leqslant b_n \qquad \forall\, n.$$

$\gamma = a$ hat also die behauptete Eigenschaft, allen Intervallen anzugehören.

Wegen $\ell_n = (b_n - a_n) \to 0$ kann es kein weiteres, von a verschiedenes Element mit dieser Eigenschaft geben. ∎

Betrachten wir noch einmal die Folge $\left\{(-1)^n + \dfrac{1}{n}\right\}_{n \geqslant 1}$, dann sind, wie wir schon wissen, -1 und $+1$ HP der Folge, und die Teilfolgen $\left\{(-1)^{2n} + \dfrac{1}{2n}\right\}_{n \geqslant 1}$ und $\left\{(-1)^{2n+1} + \dfrac{1}{2n+1}\right\}_{n\in\mathbf{N}}$ konvergieren gegen diese HP $+1$ bzw. -1. Daß wir hier nicht ganz zufällig auf derartige konvergente Teilfolgen gestoßen sind, zeigt der oft benutzte

Satz 2.14 *Ist α ein HP der Folge $\{a_n\}_{n\in\mathbb{N}}$, dann gibt es eine Teilfolge $\{a_{n_k}\}_{k\in\mathbb{N}}$ mit*

$$\lim_{k\to\infty} a_{n_k} = \alpha.$$

B e w e i s : Sei $\epsilon_k = \dfrac{1}{k}$; da α HP der Folge $\{a_n\}_{n\in\mathbb{N}}$ ist, enthält

$$U_{\epsilon_k}(\alpha) = \{x \mid \mid x - \alpha \mid < \epsilon_k\}$$

unendlich viele Glieder von $\{a_n\}_{n\in\mathbb{N}}$.
Sei n_1 so gewählt, daß

$$a_{n_1} \in U_{\epsilon_1}(\alpha);$$

danach sei $n_2 > n_1$ so gewählt, daß

$$a_{n_2} \in U_{\epsilon_2}(\alpha) \text{ usw.}$$

Allgemein sei $n_{k+1} > n_k$ so gewählt, daß

$$a_{n_{k+1}} \in U_{\epsilon_{k+1}}(\alpha);$$

da $U_{\epsilon_{k+1}}(\alpha)$ unendlich viele Folgenglieder enthält, ist eine solche Wahl stets möglich.
Für die so gebildete Teilfolge a_{n_k} gilt daher

$$\mid a_{n_k} - \alpha \mid < \frac{1}{k} \qquad \forall\, k \in \mathbb{N}, \quad \text{also } a_{n_k} \to \alpha. \qquad \blacksquare$$

Wie wir gesehen haben, kann eine Folge mehrere HP haben. Von besonderem Interesse sind häufig der größte und der kleinste davon, die deshalb eine spezielle Bezeichnung haben.

Definition 2.7 *Sei eine Folge $\{a_n\}_{n\in\mathbb{N}}$ gegeben. Ist $\{a_n\}_{n\in\mathbb{N}}$ beschränkt, dann heißen der kleinste HP* L i m e s   i n f e r i o r, *symbolisch* $\underline{\lim}\, a_n$, *und der größte HP* L i - *mes   superior, symbolisch* $\overline{\lim}\, a_n$, *der Folge.*
Ist die Folge nach unten unbeschränkt, dann setzt man $\underline{\lim}\, a_n = -\infty$; *ist die Folge nach oben unbeschränkt, dann setzt man* $\overline{\lim}\, a_n = +\infty$.

Damit gilt offenbar

$$\inf \{a_n \mid n \in \mathbb{N}\} \leqslant \underline{\lim}\, a_n \leqslant \overline{\lim}\, a_n \leqslant \sup \{a_n \mid n \in \mathbb{N}\},$$

wenn wir vereinbaren, daß für nach unten unbeschränkte Mengen $\mathfrak{M}$ gilt $\inf \mathfrak{M} = -\infty$ und analog für nach oben unbeschränkte Mengen $\sup \mathfrak{M} = +\infty$.
Wie wir wissen (Satz 2.7), ist jede C.F. beschränkt und hat (Satz 2.11) genau einen HP, nämlich ihren Grenzwert. Also gilt für eine C.F. $\{a_n\}_{n\in\mathbb{N}}$

$$\underline{\lim}\, a_n = \overline{\lim}\, a_n = \lim a_n.$$

Sind umgekehrt $\underline{\lim}\, a_n$ oder $\overline{\lim}\, a_n$ endlich und gilt $\underline{\lim}\, a_n = \overline{\lim}\, a_n$, dann ist nach Definition 2.7 die Folge $\{a_n\}_{n\in\mathbb{N}}$ beschränkt und hat nur einen HP

$$\alpha = \underline{\lim}\, a_n = \overline{\lim}\, a_n.$$

Ist $\epsilon > 0$ beliebig gewählt, dann enthält $U_\epsilon(\alpha)$ fast alle Glieder von $\{a_n\}_{n \in \mathbf{N}}$; denn lägen unendlich viele Glieder in der Menge $\{a_n \mid n \in \mathbf{N}\} - U_\epsilon(\alpha)$, dann gäbe es nach Satz 2.12 einen weiteren HP β mit $\mid \beta - \alpha \mid \geqslant \epsilon$ im Widerspruch zur Voraussetzung $\underline{\lim}\ a_n = \overline{\lim}\ a_n$. Also ist $\alpha = \lim a_n$.

Übungsaufgaben

1. Bestimmen Sie das Konvergenzverhalten bzw. die Häufungspunkte folgender Zahlenfolgen:

a) $\{1, \dfrac{1}{2}, \dfrac{1}{3}, 1, \dfrac{1}{4}, \dfrac{1}{5}, \dfrac{1}{6}, 1, \dfrac{1}{7}, \dfrac{1}{8}, \dfrac{1}{9}, \dfrac{1}{10}, 1, \dfrac{1}{11}, \dfrac{1}{12}, \dfrac{1}{13}, \dfrac{1}{14}, \dfrac{1}{15}, 1, \ldots\}$;

b) $\{1, -2, 1, 1, -3, 1, 1, 1, -4, 1, 1, 1, 1, -5, 1, 1, 1, 1, 1, -6, 1, \ldots\}$;

c) $\{0, 0.164, 0.164164, 0.164164164, 0.164164164164, \ldots\}$.

2. Seien $a_n = 2^{n(-1)^n}$, $n \in \mathbf{N}$, und $b_n = n(1 + (-1)^n)$, $n \in \mathbf{N}$. Bestimmen Sie die Häufungspunkte von $\{a_n\}_{n \in \mathbf{N}}$ und $\{b_n\}_{n \in \mathbf{N}}$, und geben Sie jeweils eine Teilfolge an, die gegen den entsprechenden Häufungspunkt konvergiert.

3. Sei $a_n = n \bmod 4 + \left(\dfrac{1}{2}\right)^n$, $n \in \mathbf{N}$ ($n \bmod 4$ ist der Rest, der sich bei Division von n durch 4 ergibt). Bestimmen Sie die Häufungspunkte, $\overline{\lim_{n \to \infty}}\ a_n$ und $\underline{\lim_{n \to \infty}}\ a_n$ der Folge $\{a_n\}_{n \in \mathbf{N}}$.

2.5 Unendliche Reihen

Eine Hypothek von Fr. 100000 soll in 20 Jahren in jährlich gleichen Raten zurückgezahlt werden. Nach einem Jahr, nach zwei Jahren, nach drei Jahren usw. und letztmals nach 20 Jahren ist also eine Rate r fällig. Der Barwert (Gegenwartswert) der Rate r nach ν Jahren ist $r \cdot \dfrac{1}{(1 + i)^\nu}$ beim Zinssatz i. Nehmen wir i = 4% an, dann muß also mit

$$v = \frac{1}{1 + i}$$

$$100000 = \sum_{\nu=1}^{20} r \cdot \frac{1}{(1 + i)^\nu} = r \cdot \sum_{\nu=1}^{20} v^\nu = r \left[\sum_{\nu=0}^{20} v^\nu - 1 \right] = r \left[\frac{1 - v^{21}}{1 - v} - 1 \right]$$

gelten, also

$$r = 100000 \left/ \left[\frac{1 - v^{21}}{1 - v} - 1 \right] \right. = 7358{,}18.$$

Wird ein Grundstück für 99 Jahre gepachtet (z. B. Erbpacht) und beträgt der Pachtzins jährlich gerade Fr. 7358,18, so entsprechen alle zukünftigen Zahlungen bei einem Zinssatz i = 4% dem Barwert

$$b = 7358{,}18 \left[\sum_{\nu=0}^{99} v^\nu - 1 \right] = 7358{,}18 \left[\frac{1 - v^{100}}{1 - v} - 1 \right] = 180166{,}50;$$

eine rund fünffache Laufzeit liefert bei diesem Zinssatz also nicht einmal den doppelten Barwert. Betrachten wir den Barwert b_n in Abhängigkeit von der Laufzeit n

$$b_n = 7358{,}18 \left[\sum_{\nu=0}^{n} v^\nu - 1 \right] = 7358{,}18 \left[\frac{1 - v^{n+1}}{1 - v} - 1 \right],$$

so sehen wir, daß wegen $0 < v < 1$ nach Satz 2.2 $v^n \to 0$ und damit nach Satz 2.10

$$b_n \to \hat{b} = 7358{,}18 \left[\frac{1}{1 - v} - 1 \right] = 183954{,}50,$$

d. h. bei einem Zinssatz von 4% kann man eine „ewige" Rente von Fr. 7358,18 jährlich mit Fr. 183954,50 finanzieren.

Wir haben hier einen speziellen Fall einer unendlichen Reihe $\sum\limits_{\nu=0}^{\infty} a_\nu$ mit $a_\nu = v^\nu$ kennengelernt. In Beispiel 2.1 hatten wir die Folge mit den Gliedern $s_n = \sum\limits_{\nu=0}^{n} \frac{1}{\nu!}$ untersucht und festgestellt, daß es sich um eine C.F. handelte; also existiert $\lim\limits_{n \to \infty} s_n = \sum\limits_{\nu=0}^{\infty} c_\nu$ mit $c_\nu = \frac{1}{\nu!}$. Auch hier haben wir mit $\sum\limits_{\nu=0}^{\infty} \frac{1}{\nu!}$ eine unendliche Reihe vor uns. Dabei hat allerdings der formale Ausdruck $\sum\limits_{\nu=0}^{\infty} a_\nu$ an sich noch keinen Sinn, denn wir können — auch mit schnellen Maschinen — nicht unendlich viele Additionen ausführen und haben bisher im allgemeinen nicht erklärt, was das Ergebnis von $\sum\limits_{\nu=0}^{\infty} a_\nu$ sein soll.

Definition 2.8 *Die* u n e n d l i c h e R e i h e $\sum\limits_{\nu=0}^{\infty} a_\nu$ *konvergiert gegen den Wert* s *(hat den Wert* s*), wenn die Folge* $\{s_n\}_{n \in \mathbf{N}}$ *mit* $s_n = \sum\limits_{\nu=0}^{n} a_\nu$ *,* $n \in \mathbf{N}$*, gegen* s *konvergiert. Dann benutzt man die Schreibweise*

$$s = \sum_{\nu=0}^{\infty} a_\nu.$$

Damit ist die Konvergenz von Reihen auf die Konvergenz von Folgen zurückgeführt. Demzufolge können wir Rechenregeln und Konvergenzkriterien für Reihen größtenteils aus den uns schon bekannten Aussagen über Folgen ableiten.

Satz 2.15 *Die Reihe* $\sum\limits_{\nu=0}^{\infty} a_\nu$ *konvergiert genau dann, wenn zu jedem* $\epsilon > 0$ *ein* $N(\epsilon)$ *existiert derart, daß für alle* $n > N(\epsilon)$ *und jedes* $p \in \mathbf{N}$*,* $p > 0$ *gilt*

$$\left| \sum_{\nu=n+1}^{n+p} a_\nu \right| < \epsilon.$$

B e w e i s : $\sum\limits_{\nu=0}^{\infty} a_\nu$ konvergiert genau dann nach Definition 2.8, wenn die Folge $\{s_n\}_{n \in \mathbf{N}}$

mit $s_n = \sum\limits_{\nu=0}^{n} a_\nu$ konvergiert. Das ist nach dem Cauchy-Kriterium (Satz 2.5) genau dann der Fall, wenn

$$\forall\, \epsilon > 0 \ \exists\, N(\epsilon): |s_{n+p} - s_n| < \epsilon \qquad \forall\, n > N(\epsilon) \text{ und } \forall\, p > 0.$$

Da $s_{n+p} - s_n = \sum\limits_{\nu=n+1}^{n+p} a_\nu$, ist damit der Satz bewiesen.   ∎

Damit eine Reihe $\sum\limits_{\nu=0}^{\infty} a_\nu$ konvergent ist, muß also gelten:

$$\forall\, \epsilon > 0 \ \exists\, N(\epsilon): \left| \sum\limits_{\nu=n+1}^{n+p} a_\nu \right| < \epsilon \qquad \forall\, n > N(\epsilon) \text{ und } \forall\, p > 0.$$

Insbesondere muß also gelten, wenn wir $p = 1$ wählen:

$$\forall\, \epsilon > 0 \ \exists\, N(\epsilon): |a_{n+1}| < \epsilon \qquad \forall\, n > N(\epsilon),$$

d. h. $\{a_n\}_{n\in\mathbb{N}}$, die Folge der Glieder der Reihe, muß eine Nullfolge sein, was wir folgendermaßen festhalten:

Korollar 2.16 *Notwendig für die Konvergenz der Reihe* $\sum\limits_{\nu=0}^{\infty} a_\nu$ *ist, daß* $a_n \to 0$.

Diese Bedingung ist allerdings nicht hinreichend für die Konvergenz der Reihe, wie das nächste Beispiel zeigt.

Beispiel 2.4 Gegeben sei die sogenannte h a r m o n i s c h e R e i h e $\sum\limits_{\nu=1}^{\infty} \dfrac{1}{\nu}$. Offenbar ist die nach Korollar 2.16 notwendige Bedingung wegen

$$\frac{1}{\nu} \to 0$$

erfüllt. Andererseits gilt

$$s_{2n} - s_n = \sum\limits_{\nu=n+1}^{2n} \frac{1}{\nu} \geqslant n \cdot \frac{1}{2n} = \frac{1}{2} \qquad \forall\, n \geqslant 1,$$

d. h. die Bedingung aus Satz 2.15 ist sicher nicht erfüllbar. Vielmehr gilt für

$$n_k = 2^k$$

$$s_{n_k} = \sum\limits_{\nu=1}^{n_k} \frac{1}{\nu} = 1 + \sum\limits_{\nu=n_0+1}^{n_1} \frac{1}{\nu} + \sum\limits_{\nu=n_1+1}^{n_2} \frac{1}{\nu} + \ldots + \sum\limits_{\nu=n_{k-1}+1}^{n_k} \frac{1}{\nu}$$

mit $\quad \sum\limits_{\nu=n_{\kappa-1}+1}^{n_\kappa} \dfrac{1}{\nu} \geqslant (n_\kappa - n_{\kappa-1}) \cdot \dfrac{1}{n_\kappa} = 2^{\kappa-1}(2-1) \cdot \dfrac{1}{2^\kappa} = \dfrac{1}{2}$ für alle $\kappa \geqslant 1$,

d. h. $s_{n_k} \geqslant 1 + \dfrac{k}{2}$. Für $k \to \infty$ d i v e r g i e r t die Reihe mithin (ist also nicht konvergent).

Für das Rechnen mit konvergenten Reihen gilt

Satz 2.17 *Seien* $\sum\limits_{\nu=0}^{\infty} a_\nu = s$ *und* $\sum\limits_{\nu=0}^{\infty} b_\nu = t$ *und* c *und* d *beliebige reelle Zahlen. Dann gilt*

$$\sum_{\nu=0}^{\infty} (c \cdot a_\nu + d \cdot b_\nu) = c \cdot s + d \cdot t.$$

B e w e i s : Nach Voraussetzung gilt

$$s_n = \sum_{\nu=0}^{n} a_\nu \to s \text{ und } t_n = \sum_{\nu=0}^{n} b_\nu \to t.$$

Nach Satz 2.10 gilt dann für beliebige c, d $\in$ **R** $\quad c \cdot s_n + d \cdot t_n \to c \cdot s + d \cdot t$. Wegen

$$c \cdot s_n + d \cdot t_n = c \sum_{\nu=0}^{n} a_\nu + d \sum_{\nu=0}^{n} b_\nu = \sum_{\nu=0}^{n} (c \cdot a_\nu + d_\nu)$$

folgt daraus die Behauptung. ∎

Neben dem im Satz 2.15 angegebenen allgemeinen, aber manchmal etwas umständlich nachprüfbaren Konvergenzkriterium für Reihen gibt es einige einfacher verifizierbare Kriterien, aus denen in vielen Fällen auf Konvergenz oder Divergenz geschlossen werden kann. Diese Kriterien beruhen auf dem Vergleich der zu beurteilenden Reihe mit einer schon als konvergent bzw. divergent bekannten Reihe. Als erstes wollen wir das sogenannte M a j o r a n t e n k r i t e r i u m einführen.

Satz 2.18 *Sei* $\sum\limits_{\nu=0}^{\infty} |b_\nu|$ *konvergent.*

a) *Falls* $|a_\nu| \leqslant |b_\nu| \ \forall \nu \in$ **N** $\Rightarrow \sum\limits_{\nu=0}^{\infty} a_\nu$ *konvergiert.*

b) $\exists \nu_0 \in$ **N**: $|b_\nu| > 0, |a_\nu| > 0$ *und* $\left|\dfrac{a_\nu + 1}{a_\nu}\right| \leqslant \left|\dfrac{b_\nu + 1}{b_\nu}\right| \ \forall \nu \geqslant \nu_0 \Rightarrow \sum\limits_{\nu=0}^{\infty} a_\nu$ *konvergiert.*

B e w e i s : Nach Voraussetzung gibt es für ein beliebiges $\epsilon > 0$ ein $N(\epsilon)$ so, daß

$$\sum_{\nu=n+1}^{n+p} |b_\nu| < \epsilon \ \forall n > N(\epsilon), \ \forall p > 0.$$

a) Da hier $|a_\nu| \leqslant |b_\nu| \ \forall \nu \in$ **N**, folgt

$$\left|\sum_{\nu=n+1}^{n+p} a_\nu\right| \leqslant \sum_{\nu=n+1}^{n+p} |a_\nu| \leqslant \sum_{\nu=n+1}^{n+p} |b_\nu| < \epsilon \qquad \forall n > N(\epsilon), p > 0.$$

Also ist $\sum\limits_{\nu=0}^{\infty} a_\nu$ konvergent.

b) Hier gilt $| b_\nu | > 0$ und $\left| \dfrac{a_{\nu+1}}{a_\nu} \right| \leqslant \left| \dfrac{b_{\nu+1}}{b_\nu} \right|$ $\forall \nu \geqslant \nu_0$. Folglich gilt für $\nu > \nu_0$

$$\left| \frac{a_\nu}{a_{\nu_0}} \right| = \left| \frac{a_{\nu_0+1}}{a_{\nu_0}} \cdot \frac{a_{\nu_0+2}}{a_{\nu_0+1}} \cdot \ldots \cdot \frac{a_\nu}{a_{\nu-1}} \right| \leqslant \left| \frac{b_{\nu_0+1}}{b_{\nu_0}} \cdot \frac{b_{\nu_0+2}}{b_{\nu_0+1}} \cdot \ldots \cdot \frac{b_\nu}{b_{\nu-1}} \right|$$

$$= \left| \frac{b_\nu}{b_{\nu_0}} \right|$$

und daher

$$| a_\nu | \leqslant \left| \frac{a_{\nu_0}}{b_{\nu_0}} \right| \cdot | b_\nu |.$$

Für alle $n > \max [\nu_0, N(\epsilon)]$ gilt damit für jedes $p > 0$

$$\left| \sum_{\nu=n+1}^{n+p} a_\nu \right| \leqslant \sum_{\nu=n+1}^{n+p} | a_\nu | \leqslant \left| \frac{a_{\nu_0}}{b_{\nu_0}} \right| \cdot \sum_{\nu=n+1}^{n+p} | b_\nu | < \left| \frac{a_{\nu_0}}{b_{\nu_0}} \right| \cdot \epsilon.$$

Da mit $\epsilon > 0$ auch $\left| \dfrac{a_{\nu_0}}{b_{\nu_0}} \right| \cdot \epsilon$ beliebig klein werden kann, ist $\displaystyle\sum_{\nu=1}^{\infty} a_\nu$ konvergent. ∎

Aus diesem Satz ergibt sich die

Folgerung *Ist $\displaystyle\sum_{\nu=0}^{\infty} a_\nu$ a b s o l u t   k o n v e r g e n t, d. h. $\displaystyle\sum_{\nu=0}^{\infty} | a_\nu |$ konvergiert, dann ist – wegen $| a_\nu | \leqslant | a_\nu | $ – auch $\displaystyle\sum_{\nu=0}^{\infty} a_\nu$ konvergent.*

Ist eine Reihe konvergent, aber nicht absolut konvergent, dann heißt sie b e d i n g t
k o n v e r g e n t.

Beispiel 2.5 Häufig wird zum Vergleich die g e o m e t r i s c h e   R e i h e $\displaystyle\sum_{\nu=0}^{\infty} q^\nu$
herangezogen. Hierfür ist

$$s_n = \sum_{\nu=0}^{n} q^\nu = \begin{cases} n + 1 & , \text{ falls } q = 1 \\[2mm] \dfrac{1 - q^{n+1}}{1 - q}, & \text{ falls } q \neq 1. \end{cases}$$

Ist $| q | < 1$, dann gilt $q^n \to 0$ (Satz 2.2) und folglich

$$s_n \to \frac{1}{1 - q}.$$

Für $q = 1$ ist $s_n = n + 1$ und daher $\{s_n\}_{n \in \mathbf{N}}$ nicht konvergent.

Für $q = -1$ erhalten wir mit $\{s_n\}_{n \in \mathbf{N}} = \{1, 0, 1, 0, 1, 0, 1, 0, \ldots\}$ auch keine konvergente Folge.

Und schließlich ist für $| q | > 1$ nach Satz 2.1 $\{q^n\}_{n \in \mathbf{N}}$ unbeschränkt. Folglich ist auch
$\{s_n\}_{n \in \mathbf{N}} = \left\{ \dfrac{1 - q^{n+1}}{1 - q} \right\}_{n \in \mathbf{N}}$ unbeschränkt und damit nicht konvergent (Satz 2.7).

Aus dem Konvergenzverhalten der geometrischen Reihe können wir nun das sogenannte Quotientenkriterium ableiten:

Satz 2.19 *Gibt es ein $v_0 \in \mathbf{N}$ so, daß für alle $v \geqslant v_0$ $a_v \neq 0$ und*

a) $\left| \dfrac{a_{v+1}}{a_v} \right| \leqslant q$ *mit festem* $q \in (0, 1)$, *dann ist* $\displaystyle\sum_{v=0}^{\infty} a_v$ *absolut konvergent;*

b) $\left| \dfrac{a_{v+1}}{a_v} \right| \geqslant 1$, *dann ist* $\displaystyle\sum_{v=0}^{\infty} a_v$ *divergent.*

B e w e i s : a) $\left| \dfrac{a_{v+1}}{a_v} \right| \leqslant q = \dfrac{q^{v+1}}{q^v}$, d. h. das Majorantenkriterium von Satz 2.18 b) ist

für die geometrische Reihe $\displaystyle\sum_{v=0}^{\infty} q^v$ erfüllt, die ihrerseits für $q \in (0, 1)$ konvergiert.

b) $\left| \dfrac{a_{v+1}}{a_v} \right| \geqslant 1 \; \forall v \geqslant v_0 \Rightarrow | a_v | \geqslant | a_{v_0} | > 0 \; \forall v \geqslant v_0$; damit ist die notwendige Konvergenzbedingung $a_v \to 0$ von Korollar 2.16 verletzt. ∎

Bei der Anwendung des Quotientenkriteriums hat man darauf zu achten, daß man tatsächlich ein festes q mit $0 < q < 1$ angeben kann so, daß für alle hinreichend großen v

$$\left| \frac{a_{v+1}}{a_v} \right| \leqslant q$$

gilt. Ist z. B. $a_v = \dfrac{1 + \dfrac{1}{v}}{2^v} = \dfrac{v+1}{v \cdot 2^v}$, so folgt

$$\frac{a_{v+1}}{a_v} = \frac{v+2}{(v+1) \cdot 2^{v+1}} \cdot \frac{v \cdot 2^v}{v+1} = \frac{1}{2} \cdot \frac{v(v+2)}{(v+1)^2} < \frac{1}{2} = q \qquad \forall v \geqslant 1;$$

also konvergiert $\displaystyle\sum_{v=1}^{\infty} \frac{v+1}{v \cdot 2^v}$.

Hingegen genügt es nicht zu zeigen, daß $\left| \dfrac{a_{v+1}}{a_v} \right| < 1$ für alle hinreichend großen v; denn auch für $a_v = \dfrac{1}{v}$ gilt

$$\frac{a_{v+1}}{a_v} = \frac{1}{v+1} \cdot v < 1 \; \forall v \geqslant 1;$$

aber $\displaystyle\sum_{v=1}^{\infty} a_v = \sum_{v=1}^{\infty} \frac{1}{v}$ ist die harmonische Reihe, die gemäß Beispiel 2.4 divergiert.

Auf dem Vergleich mit der geometrischen Reihe beruht ebenfalls das **W u r z e l k r i t e r i u m** :

Satz 2.20 *Sei* $a_v \geqslant 0 \; \forall v \in \mathbf{N}$.

a) $\exists v_0 \in \mathbf{N}: \sqrt[v]{a_v} \leqslant q \; \forall v \geqslant v_0$ *und* $q \in (0, 1)$ *fest* $\Rightarrow \displaystyle\sum_{v=0}^{\infty} a_v$ *konvergiert.*

b) $\sqrt[\nu]{a_\nu} \geq 1$ *für unendlich viele* $a_\nu \Rightarrow \sum\limits_{\nu=0}^{\infty} a_\nu$ *divergiert.*

B e w e i s : a) $\sqrt[\nu]{a_\nu} \leq q < 1 \Rightarrow a_\nu \leq q^\nu \ \forall \nu \geq \nu_0$. Damit folgt die Konvergenz von $\sum\limits_{\nu=0}^{\infty} a_\nu$

aus der Konvergenz der geometrischen Reihe für $0 < q < 1$ nach dem Majorantenkriterium.

b) $\sqrt[\nu]{a_\nu} \geq 1$ unendlich oft $\Rightarrow a_\nu \geq 1$ unendlich oft im Gegensatz zur notwendigen Konvergenzbedingung $a_\nu \to 0$ (Korollar 2.16). ∎

Es gibt Reihen, die zwar bedingt, aber nicht absolut konvergieren. In solchen Fällen kann das sogenannte L e i b n i z - K r i t e r i u m von Nutzen sein:

Satz 2.21 *Ist* $\{a_n\}_{n \in \mathbb{N}}$ *eine monoton fallende Nullfolge, dann konvergiert* $\sum\limits_{\nu=0}^{\infty} (-1)^\nu a_\nu$. *Es gilt die Fehlerabschätzung* $| s_n - s | \leq a_{n+1}$.

B e w e i s : Mit $s_n = \sum\limits_{\nu=0}^{n} (-1)^\nu a_\nu$ gilt für beliebige m, n $\in \mathbb{N}$

$$s_{2n} - s_{2m+1} = \sum_{\nu=0}^{2n} (-1)^\nu a_\nu - \sum_{\nu=0}^{2m+1} (-1)^\nu a_\nu$$

$$= \begin{cases} \sum\limits_{\nu=2(m+1)}^{2n} (-1)^\nu a_\nu = \sum\limits_{\nu=m+1}^{n} a_{2\nu} - \sum\limits_{\nu=m+1}^{n-1} a_{2\nu+1}, & \text{falls } n > m \\[2em] -\sum\limits_{\nu=2n+1}^{2m+1} (-1)^\nu a_\nu = \sum\limits_{\nu=n}^{m} a_{2\nu+1} - \sum\limits_{\nu=n+1}^{m} a_{2\nu}, & \text{falls } n \leq m. \end{cases}$$

Aus dieser Darstellung folgt, da $\{a_\nu\}_{\nu \in \mathbb{N}}$ eine monoton fallende Nullfolge ist,

$$s_{2n} \geq s_{2m+1} \qquad \forall \, m, n \in \mathbb{N},$$

und ferner

$$s_{2(n+1)} \leq s_{2n} \quad \text{und} \quad s_{2(m+1)+1} \geq s_{2m+1} \qquad \forall \, m, n \in \mathbb{N},$$

d. h. $\{s_{2n}\}_{n \in \mathbb{N}}$ fällt monoton und $\{s_{2m+1}\}_{m \in \mathbb{N}}$ wächst monoton, und beide Folgen sind beschränkt.

Folglich existiert $s = \lim\limits_{n \to \infty} s_{2n}$ und es gilt

$$s_{2m+1} \leq s \leq s_{2n} \qquad \forall \, m, n \in \mathbb{N}.$$

Schließlich gilt dann

$$| s - s_{2n} | = s_{2n} - s \leq s_{2n} - s_{2n+1} = a_{2n+1}$$

und $| s - s_{2m+1} | = s - s_{2m+1} \leq s_{2m+2} - s_{2m+1} = a_{2m+2},$

also $| s - s_n | \leq a_{n+1} \to 0$ und somit $\sum\limits_{\nu=0}^{\infty} (-1)^\nu a_\nu = s.$ ∎

Zum Abschluß dieses Abschnittes wollen wir noch einige Reihen auf ihr Konvergenzverhalten untersuchen.

Beispiel 2.6 a) Die Reihe $\sum\limits_{\nu=0}^{\infty} (-1)^{\nu} \dfrac{1}{\nu+1}$ — genannt alternierende harmonische Reihe — konvergiert sicher nicht absolut, wie wir in Beispiel 2.4 gesehen haben. Da aber $\left\{ \dfrac{1}{\nu+1} \right\}_{\nu\in\mathbf{N}}$ eine monoton fallende Nullfolge ist, können wir das Leibnizkriterium anwenden: $\sum\limits_{\nu=0}^{\infty} (-1)^{\nu} \dfrac{1}{\nu+1}$ konvergiert bedingt.

b) Wir haben schon früher gesehen (Beispiel 2.1), daß $\sum\limits_{\nu=0}^{\infty} \dfrac{1}{\nu!}$ konvergiert. Man kann zeigen, daß

$$\sum_{\nu=0}^{\infty} \frac{1}{\nu!} = e = 2{,}7182818\ldots\ .$$

Aus dem Majoranten-Kriterium folgt dann, daß auch $\sum\limits_{\nu=0}^{\infty} \dfrac{(-1)^{\nu}}{\nu!}$ konvergiert, und zwar, wie man zeigen kann, gegen $\dfrac{1}{e}$, d. h.

$$e^{-1} = \sum_{\nu=0}^{\infty} \frac{(-1)^{\nu}}{\nu!}\ .$$

c) Auf die Reihe $\sum\limits_{\nu=1}^{\infty} \dfrac{1}{\nu^2}$ ist keines der Kriterien der Sätze 2.18–2.20 anwendbar — Quotienten- und Wurzelkriterium sind nicht erfüllt und für das Majorantenkriterium fehlt uns (jedenfalls nach unseren Beispielen) eine geeignete Vergleichsreihe. Dennoch ist sie konvergent; denn für $s_n = \sum\limits_{\nu=1}^{n} \dfrac{1}{\nu^2}$ gilt

$$s_n < 3 - \frac{1}{n} \qquad \forall\, n \geqslant 1,$$

wie man sofort mit vollständiger Induktion zeigt:

$$s_1 = 1 < 3 - 1 = 2$$

und, falls $s_n < 3 - \dfrac{1}{n}$ für $n \geqslant 1$,

$$s_{n+1} = s_n + \frac{1}{(n+1)^2} < 3 - \frac{1}{n} + \frac{1}{(n+1)^2}$$

$$= 3 - \frac{n^2+n+1}{n(n+1)^2} < 3 - \frac{n(n+1)}{n(n+1)^2} = 3 - \frac{1}{n+1}\,;$$

d. h. $\{s_n\}_{n\geqslant 1}$ ist beschränkt, und $\{s_n\}_{n\geqslant 1}$ ist offensichtlich streng monoton wachsend; also ist $\sum\limits_{\nu=1}^{\infty} \dfrac{1}{\nu^2}$ konvergent.

Man kann zeigen, daß

$$\sum_{\nu=1}^{\infty} \frac{1}{\nu^2} = \frac{\pi^2}{6}$$

mit $\pi = 3,14159265\ldots$

Übungsaufgaben

1. Ein Pächter zahlt 10 Jahre lang Fr. 1200,– (zahlbar Ende Jahr) für eine Grundstücksparzelle. Welchen Betrag müßte er bei einer Verzinsung von 6% aufwenden, wenn er die gesamte Pacht auf einmal zu Beginn bezahlen würde?

2. Es soll entschieden werden, ob sich die Anschaffung einer Maschine lohnt, die Fr. 100000,– kostet, 5 Jahre lang nutzbar ist, mit einem Kalkulationszinsfuß von 8% zu verzinsen ist, einen Liquidationserlös von Fr. 2000,– sowie eine Differenz investitionsbedingter Ein- und Auszahlungen von jährlich Fr. 24000,– erwarten läßt.

3. Welchen gleichbleibenden Betrag muß ein Schuldner bei einem Zinssatz von 8% jährlich (Ende Jahr) zurückzahlen, um seine Anfangsschuld von Fr. 5000,– in 5 Jahren zu tilgen?

4. Eine einmalige Investitionsausgabe I verursacht bei gegebener Grenzkonsumquote $c = \dfrac{\Delta C}{\Delta E}$ (C = Konsum, E = Einkommen) in der nächsten Einkommensperiode eine zusätzliche Konsumausgabe von $c \cdot I$ (aufgrund des um ΔE erhöhten Einkommens). Diese ihrerseits erzeugt in der darauffolgenden Periode eine um $c^2 I$ erhöhte Konsumausgabe usw.

Die gesamte durch die einmalige Investition ausgelöste Einkommenserhöhung ist die Summe einer geometrischen Reihe und wird in der makroökonomischen Theorie mit Hilfe des sogenannten Multiplikatoreffekts erklärt.

Welches ist die gesamte durch eine einmalige Investitionsausgabe von Fr. 50000,– resultierende Einkommenserhöhung, wenn c = 0.6 ist?

5. Zeigen Sie mit Hilfe von Satz 2.15 die Konvergenz der Reihe $\displaystyle\sum_{\nu=0}^{\infty} \frac{(-1)^{\nu}}{3^{\nu}}$.

6. Untersuchen Sie die Konvergenz folgender Reihen:

a) $\displaystyle\sum_{\nu=0}^{\infty} \frac{1}{\sqrt{\ln(\nu+2)}}$ (Hinweis: $\ln(\nu+2) < \nu+1$); b) $\displaystyle\sum_{\nu=1}^{\infty} \frac{1}{\nu^2+1}$;

c) $\displaystyle\sum_{\nu=1}^{\infty} \frac{\left(\sin \nu \cdot \dfrac{\pi}{2}\right)^{\nu}}{\nu^{\nu}}$; d) $\displaystyle\sum_{\nu=0}^{\infty} \frac{2^{\nu}}{\nu!}$; e) $\displaystyle\sum_{\nu=0}^{\infty} (-1)^{\nu} \frac{\nu}{(\nu+1)^2}$;

f) $\displaystyle\sum_{\nu=1}^{\infty} \frac{\ln \nu}{2\nu^3 - 1}$ (Hinweis: $\ln n < n$, $n = 1, 2, \ldots$; $1 + \dfrac{1}{2^2} + \dfrac{1}{3^2} + \ldots$ ist konvergent).

7. Zeigen Sie, daß folgende Reihen divergent sind:

a) $\dfrac{1}{2} + \dfrac{2}{3} + \dfrac{3}{4} + \dfrac{4}{5} + \ldots$; b) $\dfrac{4}{1 \cdot 3} + \dfrac{4^2}{2 \cdot 3^2} + \dfrac{4^3}{3 \cdot 3^3} + \dfrac{4^4}{4 \cdot 3^4} + \ldots$;

c) $\dfrac{1}{0,5} + \dfrac{1}{1,5} + \dfrac{1}{2,5} + \dfrac{1}{3,5} + \ldots$.

8. Beweisen Sie: Falls die Reihen $\sum\limits_{\nu=0}^{\infty} a_\nu$ und $\sum\limits_{\nu=0}^{\infty} b_\nu$ mit $a_\nu \geqslant 0$, $b_\nu \geqslant 0$ konvergieren,

so konvergiert auch die Reihe $\sum\limits_{\nu=0}^{\infty} a_\nu b_\nu$.

3 Funktionen einer Veränderlichen

Da Begriffe wie Kostenfunktion, Produktionsfunktion, Gewinnfunktion, Nutzenfunktion, Nachfragefunktion etc. in der Ökonomie gang und gäbe sind, erscheint es angezeigt, sich zunächst einmal mit dem Begriff der Funktion und den Eigenschaften der gebräuchlichsten Klassen von Funktionen vertraut zu machen, bevor man davon in Anwendungen Gebrauch macht.

3.1 Grundbegriffe

Die folgende Situation ist nicht frei erfunden: Ein Bauer will die Äpfel aus seiner eigenen Ernte direkt an die Konsumenten verkaufen und bietet wie folgt an:

„Boskop Fr. 1,20/kg; ab 5 kg Fr. 1,15/kg; ab 10 kg Fr. 1,10/kg.“

Nehmen wir an, er sei nicht bereit, weniger als 1 kg zu verkaufen, und seine gesamte Ernte betrage 500 kg, dann können wir also, wenn vor uns noch niemand gekauft hat, eine Menge x (gemessen in kg) kaufen, wobei $x \in D = [1,500]$ sein muß. Für jedes $x \in D$ steht nach obigem Angebot eindeutig fest, daß wir dafür den Betrag

$$K(x) = \begin{cases} 1{,}2 \ \cdot x, & \text{falls} \ \ 1 \leqslant x < 5 \\ 1{,}15 \cdot x, & \text{falls} \ \ 5 \leqslant x < 10 \\ 1{,}1 \ \cdot x, & \text{falls} \ 10 \leqslant x \leqslant 500 \end{cases}$$

zu bezahlen haben. Damit ist K eine Funktion, die jedem $x \in D = [1,500]$ eindeutig einen reellen Wert zuordnet.

Definition 3.1 *Sei* $D \subset \mathbf{R}$, $D \neq \emptyset$ *und sei f eine Abbildung, die jedem* $x \in D$ *eindeutig eine reelle Zahl zuordnet, symbolisch* $f : D \to \mathbf{R}$, *dann ist f eine auf dem* D e f i n i - t i o n s b e r e i c h D *definierte* F u n k t i o n . *Für irgendein* $x \in D$ *ist die zugeordnete Zahl* f(x) *der* W e r t *der Funktion f an der Stelle* x.

Zwei Funktionen $f : D_f \to \mathbf{R}$ *und* $g : D_g \to \mathbf{R}$ *heißen gleich,* f = g, *genau dann, wenn ihre Definitionsbereiche übereinstimmen, also*

$$D_f = D_g,$$

und wenn

$$f(x) = g(x) \qquad \forall \, x \in D_f \, (= D_g).$$

Bei konkreten Beispielen ist der Definitionsbereich einer Funktion nicht immer explizit angegeben; dann besteht er aus allen reellen Zahlen, für die die Abbildung eindeutig bestimmte reelle Bilder besitzt.

Beispiel 3.1 a) Gegeben sei die Vorschrift

$$f(x) = \sqrt{x}.$$

Da der Definitionsbereich nicht explizit angegeben ist, müssen wir feststellen, für welche $x \in \mathbf{R}$ die Vorschrift einen eindeutigen reellen Wert zuordnet. Das ist offenbar genau für alle $x \geqslant 0$ der Fall. Die Funktion f mit $f(x) = \sqrt{x}$ hat also den Definitionsbereich $D_f = [0, \infty)$.

b) Haben wir die Vorschrift

$$\phi(x) = \begin{cases} 1, & \text{falls x rational} \\ 0 & \text{sonst,} \end{cases}$$

dann ist, da jede beliebige reelle Zahl x entweder rational oder irrational ist, die Funktion ϕ auf dem Definitionsbereich $D_\phi = \mathbf{R}$ erklärt.

c) Die Vorschrift

$$g(x) = \frac{1}{\sqrt{(x-1)(x-2)}}$$

liefert offenbar nur dann reelle Zahlen, wenn der Nenner nicht verschwindet und $(x-1)(x-2) \geqslant 0$ gilt, also für $x < 1$ oder $x > 2$. Damit ist der Definitionsbereich von g $D_g = (-\infty, 1) \cup (2, \infty)$.

Es ist manchmal nützlich, sich eine Vorstellung zu verschaffen über den Verlauf einer Funktion. Ist man an den Funktionswerten an endlich vielen bestimmten Stellen des Definitionsbereiches interessiert, dann hilft hier die W e r t e t a b e l l e ; will man den Verlauf in einem bestimmten Intervall veranschaulichen, dann leistet das die g r a p h i s c h e D a r s t e l l u n g der Funktion. Für die Funktion

$$h(x) = x^2 + 1$$

finden wir beides in Fig. 3.1.

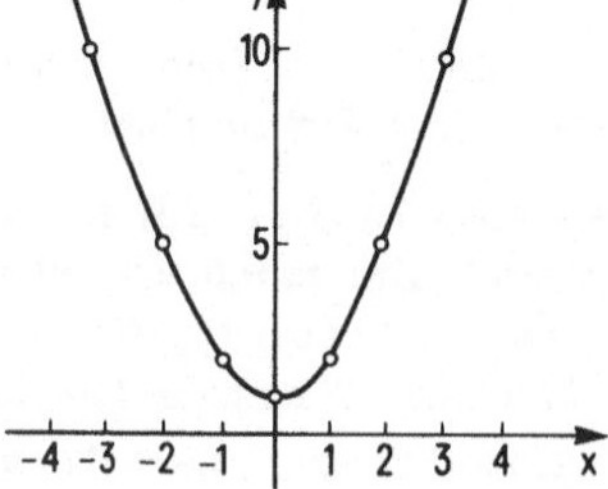

x	−3	−2	−1	0	1	2	3
h(x)	10	5	2	1	2	5	10

Fig. 3.1 Wertetabelle und graphische Darstellung

Die Menge der Punkte in der x-y-Ebene, die von der graphischen Darstellung einer Funktion f überdeckt werden, also $\{(x, y) \mid x \in D_f, y = f(x)\}$, heißt der G r a p h von f; in

Fig. 3.1 ist das die eingezeichnete Parabel, die man sich nach beiden Seiten fortgesetzt denken muß. Die Menge der reellen Zahlen, die als Wert einer gegebenen Funktion f überhaupt auftreten, also $W_f = \{y \mid \exists\, x \in D_f : y = f(x)\}$ heißt W e r t e b e r e i c h von f; im Beispiel von Fig. 3.1 haben wir also $W_h = \{y \mid y \geqslant 1\}$.

Sind f und g zwei Funktionen mit den Definitionsbereichen D_f bzw. D_g, dann ist es naheliegend, daß man unter f + g die Funktion versteht, die jedem $x \in D_f \cap D_g$ den Wert f(x) + g(x) zuordnet. Analog definiert man $f - g$, $f \cdot g$ und $\frac{f}{g}$, wobei $\frac{f}{g}$ im allgemeinen nur für diejenigen $x \in D_f \cap D_g$ mit $g(x) \neq 0$ erklärt ist. Schließlich kann man Funktionen noch auf eine weitere Art miteinander verknüpfen.

Ist $W_g \subset D_f$, dann versteht man unter $f \circ g : D_g \to \mathbf{R}$ die Funktion, die jedem $x \in D_g$ den Wert f(g(x)) zuordnet; man bestimmt also zunächst y = g(x) und wendet dann darauf f an, was wegen der Voraussetzung $W_g \subset D_f$ möglich ist.

Sehen wir uns diese Verknüpfungen von Funktionen zur Verdeutlichung noch einmal an einem Beispiel an:

$$f(x) = x^2, \quad D_f = \mathbf{R}; \qquad g(x) = \frac{1}{\sqrt{x-1}}, \quad D_g = (1, \infty)$$

Dann sind

$$[f + g]\,(x) = x^2 + \frac{1}{\sqrt{x-1}}, \quad D_{f+g} = (1, \infty),$$

$$[f - g]\,(x) = x^2 - \frac{1}{\sqrt{x-1}}, \quad D_{f-g} = (1, \infty),$$

$$[f \cdot g]\,(x) = \frac{x^2}{\sqrt{x-1}}, \qquad D_{f \cdot g} = (1, \infty),$$

$$\left[\frac{f}{g}\right]\,(x) = x^2 \cdot \sqrt{x-1}, \qquad D_{\frac{f}{g}} = (1, \infty),$$

und

$$[f \circ g]\,(x) = f(g(x)) = [g(x)]^2 = \left[\frac{1}{\sqrt{x-1}}\right]^2 = \frac{1}{x-1}, \quad D_{f \circ g} = (1, \infty).$$

Addition und Multiplikation von Funktionen sind kommutativ, d. h. $f + g = g + f$ und $f \cdot g = g \cdot f$, wegen derselben Eigenschaft dieser Operationen in den reellen Zahlen. Hingegen ist die Zusammensetzung $f \circ g$ nicht kommutativ. Selbst wenn $D_f = (1, \infty)$, so daß $W_f = (1, \infty) \subset D_g$, dann ist

$$[g \circ f]\,(x) = g(x^2) = \frac{1}{\sqrt{x^2 - 1}}, \quad \text{was mit} \quad [f \circ g]\,(x) = \frac{1}{x-1}$$

offenbar nicht übereinstimmt.

Ordnet eine Abbildung stets zwei verschiedenen Elementen auch zwei verschiedene Bilder zu, dann heißt sie i n j e k t i v oder e i n e i n d e u t i g . Insbesondere ist also eine Funktion f eineindeutig, wenn für alle Paare (x, y) mit $x \in D_f$, $y \in D_f$ und $x \neq y$ auch $f(x) \neq f(y)$ gilt.

Eine in den Anwendungen häufig anzutreffende Eigenschaft von Funktionen ist die Monotonie. In ökonomischen Modellen trifft man z. B. oft auf die Annahme zunehmender, d. h. monoton wachsender Grenzkosten oder abnehmender, d. h. monoton fallender Grenzerträge. Man nimmt dort also an, daß mit wachsendem Produktionsoutput die Grenzkosten steigen oder mit zunehmendem Faktoreinsatz die Grenzerträge jedenfalls nicht steigen. Allgemein sei eine Funktion $f : D \to \mathbf{R}$ gegeben.

Gilt für beliebige $x \in D$, $y \in D$ mit $x < y$ stets

$$f(x) \leqslant f(y), \quad \text{dann ist f monoton wachsend};$$

$$f(x) < f(y), \quad \text{dann ist f streng monoton wachsend};$$

$$f(x) \geqslant f(y), \quad \text{dann ist f monoton fallend};$$

$$f(x) > f(y), \quad \text{dann ist f streng monoton fallend}.$$

Hieraus folgt sofort

Satz 3.1 *Streng monotone Funktionen sind injektiv.*

B e w e i s : Sei $f : D \to \mathbf{R}$ streng monoton wachsend.
Für beliebige voneinander verschiedene Elemente x und y von D gilt entweder

$$x > y \Rightarrow f(x) > f(y) \quad \text{oder} \quad x < y \Rightarrow f(x) < f(y),$$

d. h. aus $x \neq y$ folgt $f(x) \neq f(y)$. Also ist f injektiv. Analog folgt die Behauptung für streng monoton fallende Funktionen. ∎

Daß nicht nur streng monotone Funktionen eineindeutig sind, zeigt das folgende Beispiel:

$$D = [0, 2], f(x) = \begin{cases} x, & \text{falls } x \leqslant 1 \\ -1 - x, & \text{falls } x > 1. \end{cases}$$

Man sieht am Graphen in Fig. 3.2 ohne weiteres, daß diese Funktion eineindeutig und nicht monoton ist.

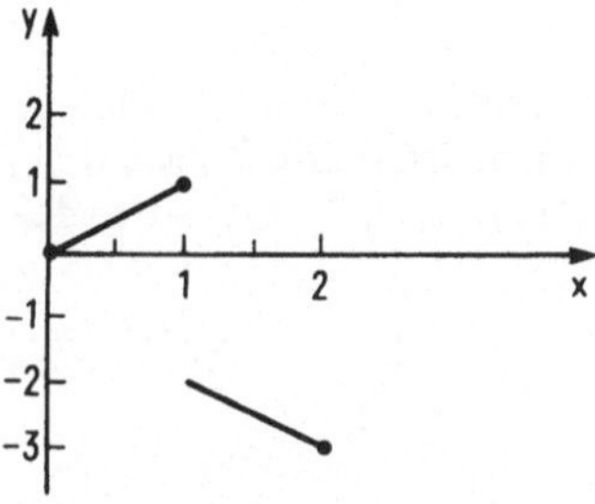

Fig. 3.2 Eineindeutige Funktion

Eine Funktion f heißt g e r a d e genau dann, wenn stets mit $x \in D_f$ auch $-x \in D_f$ und $f(-x) = f(x)$ gilt.

Entsprechend heißt f u n g e r a d e , wenn stets aus $x \in D_f$ auch $-x \in D_f$ und $f(-x)$ = $-f(x)$ folgt.

So sind beispielsweise

$$f : \mathbf{R} \to \mathbf{R} \quad \text{mit } f(x) = x^2 \text{ gerade,}$$

$$g : \mathbf{R} \to \mathbf{R} \quad \text{mit } g(x) = x \text{ ungerade und}$$

$$h : \mathbf{R} \to \mathbf{R} \quad \text{mit } h(x) = x + 1 \text{ weder gerade noch ungerade.}$$

Eine Funktion f heißt p e r i o d i s c h mit der P e r i o d e $T > 0$, wenn $D = \mathbf{R}$ (allenfalls auch $D = [0, \infty)$) und $f(x + T) = f(x) \quad \forall x \in D$.

In einem elementaren Lagerhaltungsmodell wird z. B. angenommen, daß der Lagerbestand $h(t)$ ausgehend von einem festgelegten Maximalbestand S mit der Zeit entsprechend einer festen Bedarfsrate $\alpha > 0$ abnimmt, bis ein Minimalbestand s erreicht wird. Dann wird das Lager sofort wieder auf den Maximalbestand S aufgefüllt, und der Prozeß beginnt von Neuem. In Fig. 3.3 ist dieser Vorgang dargestellt.

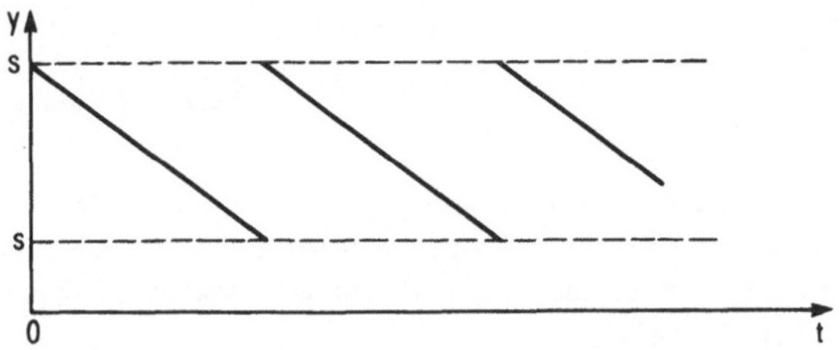

Fig. 3.3 (s, S)-Lagerhaltungspolitik

Wir haben also zu Beginn von $t = 0$ an $h(t) = S - \alpha \cdot t$, bis erstmals bei t_1 der Minimalbestand $h(t_1) = S - \alpha \cdot t_1 = s$ erreicht würde; also ist $t_1 = \dfrac{S - s}{\alpha}$. Bei t_1 wird sofort auf S aufgefüllt, also $h(t_1) = S$ gesetzt. Für $t > t_1$ nimmt dann der Lagerbestand wieder gemäß der Bedarfsrate α ab, also $h(t) = S - \alpha(t - t_1)$, bis zum zweiten Mal bei t_2 wieder $h(t_2) = S - \alpha(t_2 - t_1) = s$ würde, also bis $t_2 = t_1 + \dfrac{S - s}{\alpha}$ usw. Offensichtlich haben wir hier eine periodische Funktion

$$h(t) = S - \alpha(t - nT), \quad \text{falls } nT \leqslant t < (n + 1)T, n \in \mathbf{N},$$

mit der Periode $T = \dfrac{S - s}{\alpha}$; denn für ein beliebiges $t \in [0, \infty)$ existiert genau ein $n \in \mathbf{N}$ so, daß $nT \leqslant t < (n + 1)T$. Folglich ist dann $(n + 1)T \leqslant t + T < (n + 2)T$ und daher

$$h(t + T) = S - \alpha(t + T - (n + 1)T) = S - \alpha(t - nT) = h(t).$$

Beispiel 3.2 Die Paradebeispiele periodischer Funktionen sind die t r i g o n o m e t r i s c h e n Funktionen S i n u s , K o s i n u s , T a n g e n s und K o t a n g e n s , abgekürzt sin, cos, tan und cot.

Zur Definition gehen wir aus von einem Kreis um den Koordinatenursprung mit dem Radius 1, dem sogenannten Einheitskreis, wie in Fig. 3.4. Zeichnen wir nun einen Winkel x, gemessen im Bogenmaß, so ein, daß die Schenkel sich im Kreismittelpunkt schneiden und der eine Schenkel in positiver Richtung der ersten Koordinatenachse liegt, dann wird durch den anderen Schenkel der Kreis in einem Punkt B geschnitten, dessen rechtwinklige Koordinaten eindeutig festliegen. Die Ordinate von B heißt sin x, die Abszisse cos x.

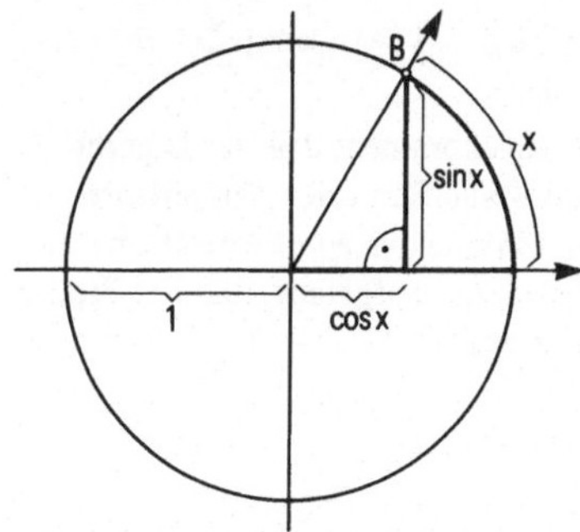

Fig. 3.4
Sinus und Kosinus im Einheitskreis

Lassen wir den Punkt B einmal in positiver Richtung (links herum) ganz um den Kreis laufen, dann ist die zurückgelegte Strecke gerade der Kreisumfang 2π (mit $\pi = 3,14159265 \ldots$) und der Punkt kommt wieder in seine Ausgangslage, hat also dieselben Koordinaten wie zuvor. Also gilt

$$\sin (x + 2\pi) = \sin x \quad \text{und} \quad \cos (x + 2\pi) = \cos x;$$

mit anderen Worten Sinus und Kosinus sind periodische Funktionen mit der Periode $T = 2\pi$. Der Verlauf der Funktionen ist in Fig. 3.5 skizziert.

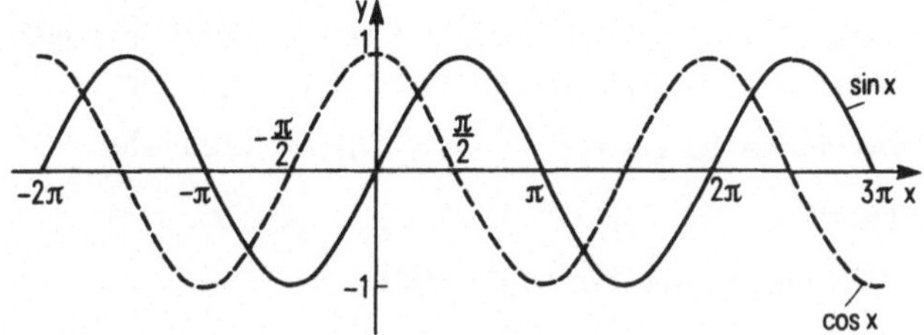

Fig. 3.5 Verlauf von Sinus und Kosinus

Man sieht ohne weiteres, daß der Sinus ungerade, also $\sin (-x) = -\sin x$, und der Kosinus gerade, also $\cos (-x) = \cos x$, ist.

Aus der in der Schule gelehrten Geometrie der Dreiecke folgen die Formeln (vgl. Lemma 4.6):

$$\sin^2 x + \cos^2 x = 1 \qquad \forall\, x \in \mathbf{R} \tag{3.1}$$

$$\sin (x + y) = \sin x \cos y + \cos x \sin y \qquad \forall\, x, y \in \mathbf{R}$$
$$\cos (x + y) = \cos x \cos y - \sin x \sin y \qquad \forall\, x, y \in \mathbf{R}. \qquad (3.2)$$

Aus (3.2) folgt dann insbesondere

$$\sin \left(x + \frac{\pi}{2} \right) = \cos x \quad \text{bzw.} \quad \cos \left(x - \frac{\pi}{2} \right) = \sin x \qquad (3.3)$$

und $\qquad \sin (x + \pi) = -\sin x \quad \text{bzw.} \quad \cos (x + \pi) = -\cos x. \qquad (3.4)$

Da $\cos x \neq 0$ für alle $x \neq \left(q + \dfrac{1}{2} \right) \pi, q \in \mathbf{Z}$, ist

$$\tan x = \frac{\sin x}{\cos x} \quad \text{für } x \neq \left(q + \frac{1}{2} \right) \pi, q \in \mathbf{Z},$$

definiert.

Andererseits ist $\sin x = 0$ nur für $x = q \cdot \pi, q \in \mathbf{Z}$, so daß

$$\cot x = \frac{\cos x}{\sin x} \quad \text{für } x \neq q \cdot \pi, q \in \mathbf{Z},$$

definiert ist.

Nach (3.4) gilt dann

$$\tan (x + \pi) = \frac{\sin (x + \pi)}{\cos (x + \pi)} = \frac{-\sin x}{-\cos x} = \tan x$$

und $\qquad \cot (x + \pi) = \dfrac{\cos (x + \pi)}{\sin (x + \pi)} = \dfrac{-\cos x}{-\sin x} = \cot x;$

also haben Tangens und Kotangens die Periode $T = \pi$. Der Verlauf dieser Funktionen ist in Fig. 3.6 skizziert.

Für das praktische Rechnen sind P o l y n o m e besonders wichtig, d. h. Funktionen $f : \mathbf{R} \to \mathbf{R}$ von der Form

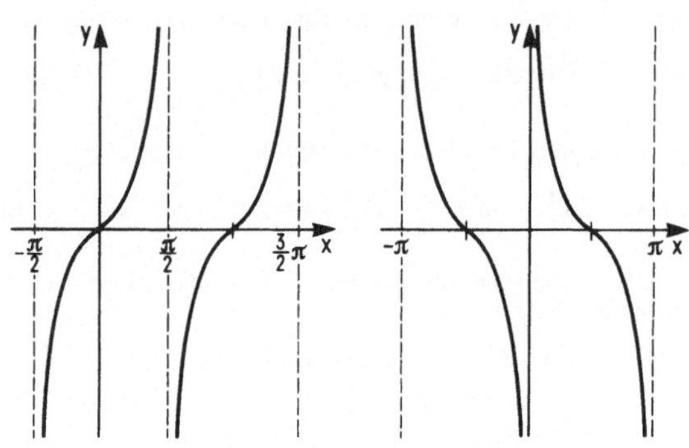

Fig. 3.6 Tangens   Kotangens

$$f(x) = a_0 + a_1 x + a_2 x^2 + \ldots + a_n x^n$$

mit fest gegebenen Koeffizienten $a_i \in \mathbf{R}$, $i = 0, 1, \ldots, n$. Ein solches Polynom ist vom Grade n, wenn $a_n \neq 0$.

Aus Polynomen lassen sich die **r a t i o n a l e n   F u n k t i o n e n** $g : D_g \to \mathbf{R}$ bilden gemäß

$$g(x) = \frac{a_0 + a_1 x + a_2 x^2 + \ldots + a_n x^n}{b_0 + b_1 x + \ldots + b_m x^m} \, ,$$

wobei $D_g = \{x \in \mathbf{R} \mid b_0 + b_1 x + \ldots + b_m x^m \neq 0\}$.

Schließlich heißt $h : D \to \mathbf{R}$ eine **a l g e b r a i s c h e   F u n k t i o n**, wenn endlich viele rationale Funktionen mit demselben Definitionsbereich $R_i : D \to \mathbf{R}$, $i = 0, 1, \ldots, n$, existieren so, daß

$$R_0(x) + R_1(x) \cdot h(x) + R_2(x) \cdot h^2(x) + \ldots + R_n(x) \cdot h^n(x) \equiv 0$$

(d. h. $= 0 \quad \forall x \in D$) gilt.

Beispielsweise ist $f : [0, \infty) \to \mathbf{R}$ mit $f(x) = x^{\frac{1}{n}} = \sqrt[n]{x}$ algebraisch, denn mit $R_0(x) = x$, $R_i(x) \equiv 0$, $1 \leqslant i < n$, und $R_n(x) \equiv -1$ gilt

$$R_0(x) + R_n(x) f^n(x) = x - (x^{\frac{1}{n}})^n \equiv 0.$$

Ebenso sind Potenzen mit beliebigen rationalen Exponenten algebraische Funktionen, denn auf $D_h = (0, \infty)$ gilt für $h(x) = x^{\frac{m}{n}}$, $m \in \mathbf{Z}$, $n \in \mathbf{N}$, $n \geqslant 1$

$$x^m - (h(x))^n \equiv 0.$$

Andererseits sind $\sin x$, $\cos x$, $\tan x$ und $\cot x$ keine algebraischen Funktionen.

Übungsaufgaben

1. Bestimmen Sie Definitions- und Wertebereich folgender Funktionen:

a) $f(x) = \sqrt{\cos 3x}$;   b) $g(x) = \log (\sin \sqrt{x})$;   c) $h(x) = \dfrac{x^2 - 1}{||x| - 1|}$.

2. Überprüfen Sie, ob folgende Funktionen gerade bzw. ungerade sind:

a) $f(x) = 2x^3 - \sin x$;   b) $g(x) = \cos x \cdot \sin^2 x$;   c) $h(x) = \dfrac{x}{x^2 - 2x + 5}$.

3. Untersuchen Sie, ob folgende Funktionen periodisch sind, und bestimmen Sie gegebenenfalls die kleinste Periode:

a) $f(x) = |\cos 2x|$;   b) $g(x) = \sin x \cdot \cos x$;   c) $h(x) = \sin^2 x$;   d) $i(x) = \sin x^2$.

3.2 Konvergenz und Stetigkeit von Funktionen

Es kommt vor, daß eine Funktion f in einem Punkt x_0 folgende Eigenschaft hat: Wenn man sich dem Punkt x_0 beliebig nähert, dann strebt der Funktionswert gegen eine bestimmte Zahl a. Wir müssen diesen Sachverhalt noch präziser fassen, um Mißverständnisse zu vermeiden.

Definition 3.2 *Für die Funktion* $f : D_f \to \mathbf{R}$ *gilt* $\lim\limits_{x \to x_0} f(x) = a$ *genau dann, wenn es eine*

ϵ-*Umgebung* $U_\epsilon(x_0)$ *gibt derart, daß* $U_\epsilon(x_0) - \{x_0\} \subset D_f$, *und wenn f ü r j e d e Folge* $\{y_n\}_{n \in \mathbf{N}}$ *mit* $y_n \in D_f - \{x_0\}$ $\forall\, n \in \mathbf{N}$ *und* $y_n \to x_0$ *gilt* $f(y_n) \to a$.

Es gilt $\lim\limits_{x \to x_0 - 0} f(x) = a$, *wenn für ein* $\epsilon > 0$ $(x_0 - \epsilon, x_0) \subset D_f$, *und wenn für jede Folge* $\{y_n\}_{n \in \mathbf{N}}$ *mit* $y_n \in D_f$, $y_n < x_0$ *und* $y_n \to x_0$ *gilt* $f(y_n) \to a$.

Analog gilt $\lim\limits_{x \to x_0 + 0} f(x) = a$, *wenn für ein* $\epsilon > 0$ $(x_0, x_0 + \epsilon) \subset D_f$, *und wenn für jede Folge* $\{y_n\}_{n \in \mathbf{N}}$ *mit* $y_n \in D_f$, $y_n > x_0$ *und* $y_n \to x_0$ *gilt* $f(y_n) \to a$.

Man nennt $\lim\limits_{x \to x_0} f(x)$ *den* G r e n z w e r t *der Funktion f an der Stelle* x_0, $\lim\limits_{x \to x_0 - 0} f(x)$ *den* l i n k s s e i t i g e n *und* $\lim\limits_{x \to x_0 + 0} f(x)$ *den* r e c h t s s e i t i g e n G r e n z w e r t *der Funktion f an der Stelle* x_0.

Damit sind Grenzwerte von Funktionen auf Grenzwerte von Zahlenfolgen zurückgeführt. Nach Definition 3.2 existiert der Grenzwert einer Funktion an einer Stelle genau dann, wenn dort der linksseitige und der rechtsseitige Grenzwert existieren und einander gleich sind.

Analog wie für Folgen und Reihen haben wir auch hier ein Konvergenzkriterium.

Satz 3.2 *Es gilt* $\lim\limits_{x \to x_0} f(x) = a$ *genau dann, wenn zu jedem* $\epsilon > 0$ *eine Zahl* $\delta(\epsilon) > 0$ *existiert mit folgender Eigenschaft: Für jedes* $x \neq x_0$ *mit* $|x - x_0| < \delta(\epsilon)$ *gilt* $|f(x) - a| < \epsilon^{1)}$.

B e w e i s : Wir zeigen zunächst, daß die angegebene Bedingung notwendig ist. Sei also $\lim\limits_{x \to x_0} f(x) = a$. Folglich gibt es ein $\epsilon_0 > 0$ so, daß $U_{\epsilon_0}(x_0) - \{x_0\} \subset D_f$ (nach Definition 3.2).

Im Gegensatz zur Behauptung nehmen wir nun an, es gebe ein $\epsilon > 0$, derart daß für jedes $\delta > 0$ ein $x \neq x_0$ mit $|x - x_0| < \delta$ und $|f(x) - a| \geq \epsilon$ existiert.

Wählen wir $\{\delta_n\}_{n \geq 1} = \left\{\dfrac{1}{n}\right\}_{n \geq 1}$, dann gilt von einem n an $\dfrac{1}{n} < \epsilon_0$, also gilt

$\left(x_0 - \dfrac{1}{n}, x_0 + \dfrac{1}{n}\right) - \{x_0\} \subset D_f$. Dann gibt es zu jedem dieser n ein $x_n \in \left(x_0 - \dfrac{1}{n}, x_0 + \dfrac{1}{n}\right)$ $- \{x_0\}$ so, daß $|f(x_n) - a| \geq \epsilon$. Also gilt $x_n \to x_0$ und $f(x_n) \nrightarrow a$ entgegen der Voraussetzung;

---

[1]) Das impliziert auch, daß $U_{\delta(\epsilon)}(x_0) - \{x_0\} \subset D_f$.

folglich war die Annahme falsch. Also muß gelten:

$$\forall\, \epsilon > 0 \;\; \exists\, \delta(\epsilon) > 0 : |f(x) - a| < \epsilon \qquad \forall\, x \neq x_0 \text{ mit } |x - x_0| < \delta(\epsilon),$$

wie behauptet.

Wir zeigen nun, daß die Bedingung hinreichend ist. Wir setzen also voraus, daß

$$\forall\, \epsilon > 0 \;\; \exists\, \delta(\epsilon) > 0 : |f(x) - a| < \epsilon \qquad \forall\, x \neq x_0 \text{ mit } |x - x_0| < \delta(\epsilon).$$

Sei $y_n \in D_f$, $y_n \neq x_0$ $\forall\, n \in \mathbf{N}$ und $y_n \to x_0$.

Nach Definition 2.3 folgt: $\forall\, \delta > 0$ $\exists\, N(\delta) : |y_n - x_0| < \delta$ $\forall\, n > N(\delta)$. Speziell gilt also für das vorausgesetzte $\delta(\epsilon)$, daß ein $N(\delta(\epsilon))$ existiert derart, daß $|y_n - x_0| < \delta(\epsilon)$ $\forall\, n > N(\delta(\epsilon))$, wobei dann gleichzeitig nach Voraussetzung $|f(y_n) - a| < \epsilon$ $\forall\, n > N(\delta(\epsilon))$. Damit gilt aber $f(y_n) \to a$, da $\epsilon > 0$ beliebig war. $\blacksquare$

Wir wollen das Konvergenzverhalten einiger spezieller Funktionen näher untersuchen.

Beispiel 3.3 a) Gegeben sei das M o n o m

$$h(x) = x^k, \; k \in \mathbf{N} \text{ fest.}$$

Sei $x_0 \in \mathbf{R}$ fest gewählt. Ist $\{y_n\}_{n\in\mathbf{N}}$ eine beliebige Folge mit $y_n \neq x_0$ $\forall\, n \in \mathbf{N}$ und $y_n \to x_0$, dann folgt nach Satz 2.10

$$h(y_n) = y_n^k \to x_0^k = h(x_0).$$

Also gilt $\lim\limits_{x \to x_0} h(x) = h(x_0)$. Wegen der Rechenregeln für konvergente Folgen (Satz 2.10) gilt damit für jedes P o l y n o m

$$p(x) = \sum_{\nu = 0}^{k} a_\nu x^\nu \text{ auch } \lim_{x \to x_0} p(x) = p(x_0)$$

und für jede r a t i o n a l e F u n k t i o n

$$r(x) = \frac{p(x)}{q(x)},$$

wobei neben dem Polynom $p(x)$ ein weiteres Polynom $q(x)$ gegeben ist,

$$\lim_{x \to x_0} r(x) = r(x_0), \quad \text{sofern } q(x_0) \neq 0.$$

b) Für $g(x) = \cos x$ wollen wir das Konvergenzverhalten bei $x = 0$ untersuchen.

An Fig. 3.7 sehen wir noch einmal, was $\cos x$ am Einheitskreis bedeutet, nämlich die Abszisse des Punktes B, der von A den Abstand x, gemessen auf dem Kreisbogen, hat. Für irgend eine Folge $\{x_n\}_{n\in\mathbf{N}}$, $x_n \neq 0$ $\forall\, n$, mit $x_n \to 0$ muß dann offensichtlich $\cos x_n \to \cos A = 1$ gelten, also

$$\lim_{x \to 0} \cos x = 1.$$

c) Betrachten wir nun die Funktion

$$f(x) = \frac{\sin x}{x}.$$

In $x = 0$ ist f nicht definiert, da $\frac{0}{0}$ nicht bestimmt ist. Wir fragen also: Existiert $\lim\limits_{x \to 0} f(x)$?

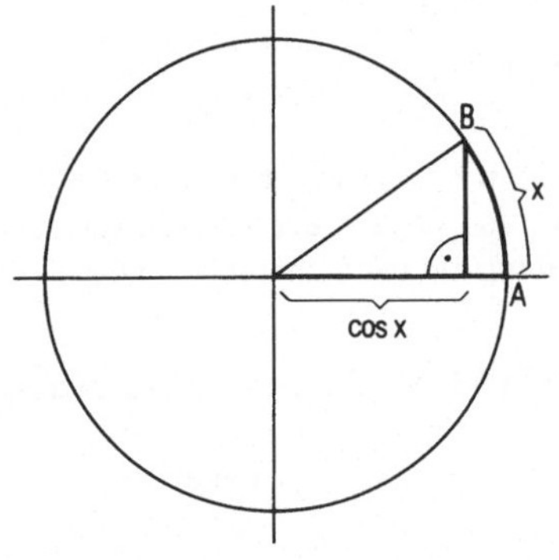

Fig. 3.7 Kosinus

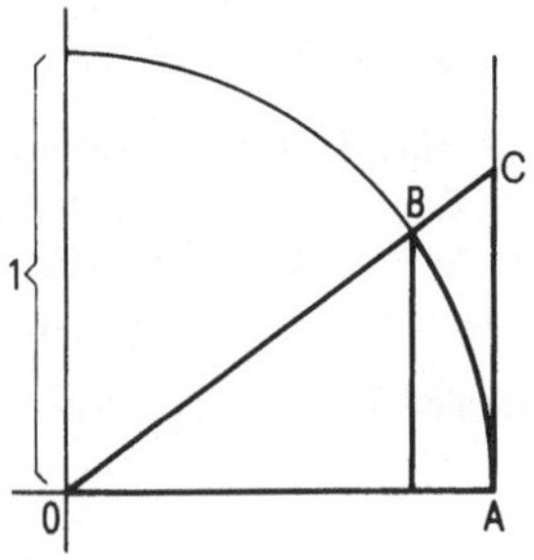

Fig. 3.8 $\dfrac{\sin x}{x}$

Wir können uns daher sicher auf $x \in \left(-\dfrac{\pi}{2}, \dfrac{\pi}{2}\right)$ beschränken und wählen zunächst

$x \in \left(0, \dfrac{\pi}{2}\right)$. Symbolisieren wir in Fig. 3.8 das Dreieck OAB mit $\triangle$ OAB, den Kreissektor

OAB mit $\sphericalangle$ OAB und das Dreieck OAC mit $\triangle$ OAC, und bezeichnen wir die jeweilige Fläche mit F, dann gilt

$$F(\triangle \, OAB) = \frac{1}{2} \sin x < F(\sphericalangle \, OAB) = \frac{x}{2\pi} \cdot \pi = \frac{x}{2} < F(\triangle \, OAC) = \frac{1}{2} \tan x$$

$$\Rightarrow \frac{1}{2} \sin x < \frac{1}{2} x < \frac{1}{2} \tan x \Rightarrow 1 < \frac{x}{\sin x} < \frac{1}{\cos x} \Rightarrow \cos x < \frac{\sin x}{x} < 1.$$

Analog folgen die letzten Ungleichungen, falls $x \in \left(-\dfrac{\pi}{2}, 0\right)$. Folglich gilt

$$\left| \frac{\sin x}{x} - 1 \right| < 1 - \cos x$$

und daher nach b) $-\lim\limits_{x \to 0} (1 - \cos x) = 0 -$

$$\lim\limits_{x \to 0} \frac{\sin x}{x} = 1.$$

d) Für die Funktion

$$g(x) = \frac{\tan x}{x},$$

die für $x = 0$ nicht definiert ist, gilt danach

$$\lim_{x \to 0} \frac{\tan x}{x} = 1,$$

da $\dfrac{\tan x}{x} = \dfrac{\sin x}{x} \cdot \dfrac{1}{\cos x}$ und daher unter Verwendung von Definition 3.2 und Satz 2.10

$$\lim_{x \to 0} \frac{\tan x}{x} = \left(\lim_{x \to 0} \frac{\sin x}{x} \right) \cdot \left(\lim_{x \to 0} \frac{1}{\cos x} \right) = 1 \cdot 1.$$

Mit Hilfe der Konvergenz können wir nun auch E x p o n e n t i a l f u n k t i o n e n einführen, die in den Anwendungen häufig benutzt werden, etwa in der Statistik zur Darstellung spezieller Wahrscheinlichkeitsverteilungen oder in der Ökonomie bei der Modellierung von Wachstumsprozessen.

Beispiel 3.4 Sei $a > 0$ konstant. Dann wissen wir, daß für $n \in \mathbb{N}$ $a^n = \underbrace{a \cdot a \cdot \ldots \cdot a}_{n\text{-mal}}$ ist und

$$a^{-n} = \frac{1}{a^n}$$

bedeutet. Ferner ist uns bekannt, daß für $r = \dfrac{p}{q} \in \mathbb{Q}\ (q \neq 0)$

$$a^r = a^{\frac{p}{q}} = (a^p)^{\frac{1}{q}} = \sqrt[q]{a^p}$$

ist. Speziell für $a^{\frac{1}{n}} = \sqrt[n]{a}$ gilt

$$\lim_{n \to \infty} a^{\frac{1}{n}} = 1, \tag{3.5}$$

wie man folgendermaßen zeigt: Falls $a > 1$ gilt, ist auch $a^{\frac{1}{n}} > 1\ \ \forall n \geqslant 1$, und für $m > n$ ist $a^{\frac{1}{m}} < a^{\frac{1}{n}}$, d. h. die Folge $\{a^{\frac{1}{n}}\}_{n \geqslant 1}$ ist monoton fallend und beschränkt.

Für beliebiges $\epsilon > 0$ setzen wir $N(\epsilon) = \dfrac{a-1}{\epsilon}$; dann gilt für alle $n > N(\epsilon)$ mit der Bernoulli'schen Ungleichung

$$a < 1 + n \cdot \epsilon \leqslant (1 + \epsilon)^n$$

und folglich

$$1 < a^{\frac{1}{n}} < 1 + \epsilon,$$

also $|a^{\frac{1}{n}} - 1| < \epsilon$ und somit $a^{\frac{1}{n}} \to 1$.

Ist $a \in (0, 1)$, dann ist $b = \dfrac{1}{a} > 1$ und

$$a^{\frac{1}{n}} = \frac{1}{b^{\frac{1}{n}}} \cdot$$

Wie soeben gezeigt wurde, gilt dann $b^{\frac{1}{n}} \to 1$ und folglich auch $a^{\frac{1}{n}} \to 1$.

Ist $a > 1$ und $r = \dfrac{p}{q} \in \mathbf{Q}$ mit $|r| < \dfrac{1}{n}$ für ein $n \in \mathbf{N}$, dann gilt

$$a^{-\frac{1}{n}} < a^r < a^{\frac{1}{n}}.$$

Falls $a < 1$ ist, erhalten wir statt dessen

$$a^{\frac{1}{n}} < a^r < a^{-\frac{1}{n}}.$$

Unter Verwendung von (3.5) folgt daraus:

$$r_n \in \mathbf{Q} \qquad \forall\, n \in \mathbf{N},\ r_n \to 0 \Rightarrow \lim_{n \to \infty} a^{r_n} = 1. \tag{3.6}$$

Sei nun $\{r_n\}_{n \in \mathbf{N}}$ mit $r_n \in \mathbf{Q}$ eine C.F. mit $r_n \to x \in \mathbf{R}$. Dann ist $\{a^{r_n}\}_{n \in \mathbf{N}}$ auch eine C.F.; denn mit $n > m$ gilt

$$|a^{r_n} - a^{r_m}| = a^{r_m}|a^{r_n - r_m} - 1|,$$

die C.F. $\{r_m\}_{m \in \mathbf{N}}$ ist beschränkt (Satz 2.7) und folglich auch

$$\{a^{r_m}\}_{m \in \mathbf{N}} \quad \text{und} \quad |a^{r_n - r_m} - 1| \to 0 \quad \text{für } n > m \text{ und } m \to \infty$$

wegen (3.6). Also hat $\{a^{r_n}\}_{n \in \mathbf{N}}$ einen Grenzwert $\gamma = \lim\limits_{n \to \infty} a^{r_n}$.

Wir zeigen nun, daß dieser Grenzwert unabhängig ist von der Wahl der gegen x konvergierenden Folge rationaler Zahlen. Sei also $\{s_n\}_{n \in \mathbf{N}}$ mit $s_n \in \mathbf{Q}$ eine weitere Folge mit $\lim\limits_{n \to \infty} s_n = x$. Dann existiert analog wie oben

$$\delta = \lim_{n \to \infty} a^{s_n}.$$

Wir wollen also zeigen, daß $\delta = \gamma$ gilt. Das folgt aber aus

$$|\delta - \gamma| \leqslant |\delta - a^{s_n}| + |a^{s_n} - a^{r_n}| + |a^{r_n} - \gamma|$$
$$= |\delta - a^{s_n}| + a^{r_n}|a^{s_n - r_n} - 1| + |a^{r_n} - \gamma|,$$

da $|\delta - a^{s_n}| \to 0$, $|a^{r_n} - \gamma| \to 0$ sowie $s_n - r_n \to 0$ und daher $|a^{s_n - r_n} - 1| \to 0$ nach (3.6), weshalb, da $\{a^{r_n}\}_{n \in \mathbf{N}}$ beschränkt ist, auch $a^{r_n}|a^{s_n - r_n} - 1| \to 0$ nach Satz 2.9.

Da es zu jeder beliebigen reellen Zahl x konvergente Folgen rationaler Zahlen r_n mit $\lim\limits_{n \to \infty} r_n = x$ gibt – z. B. mit Hilfe der Intervallschachtelung $\{I_n\}_{n \in \mathbf{N}}$ mit $x \in I_n$ $\forall\, n$ und rationalen Intervallgrenzen für alle I_n konstruierbar –, läßt sich die E x p o n e n t i a l - f u n k t i o n zur Basis $a > 0$ jetzt wie folgt erklären:

Zu $x \in \mathbf{R}$ sei $\{r_n\}_{n \in \mathbf{N}}$, $r_n \in \mathbf{Q}$ $\forall\, n$, eine C.F. mit $\lim\limits_{n \to \infty} r_n = x$. Dann ist

$$a^x = \lim_{n \to \infty} a^{r_n}.$$

Damit ist mit $\phi(x) = a^x$ die Exponentialfunktion für alle reellen x erklärt, also $\phi : \mathbf{R} \to \mathbf{R}$.

In den Anwendungen kommt am meisten die s p e z i e l l e E x p o n e n t i a l f u n k - t i o n mit

$$\phi(x) = e^x$$

vor, wobei e = 2,7182818 ... = $\sum\limits_{\nu=0}^{\infty} \dfrac{1}{\nu!}$, wie in Beispiel 2.6 erwähnt. Deshalb ist in der

Regel, wenn nur von „der Exponentialfunktion" die Rede ist, $\phi(x) = e^x$ gemeint, deren Graph in Fig. 3.9 veranschaulicht ist.

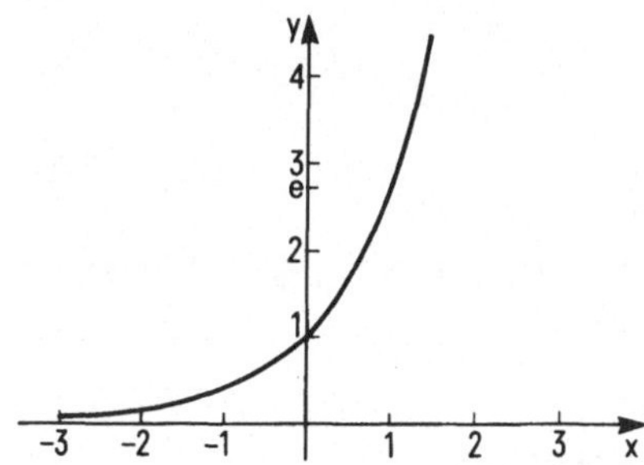

Fig. 3.9
Exponentialfunktion $\phi(x) = e^x$

In Definition 3.2 haben wir $\lim\limits_{x \to x_0} f(x)$ erklärt, d. h. wir haben den Fall behandelt, in dem die Veränderliche x im Definitionsbereich der Funktion gegen eine feste Stelle x_0 strebt, und gefragt, ob dann die zugehörigen Funktionswerte f(x) auch gegen eine feste Zahl a streben. In Anwendungen ist man daneben häufig am sogenannten asymptotischen Verhalten einer Funktion interessiert, d. h. man will wissen, ob die Funktionswerte etwa einem bestimmten Wert zustreben, wenn die Veränderliche x unbeschränkt wächst. Diese Fragestellung tritt z. B. auf bei dynamischen ökonomischen Modellen, an denen unter anderem untersucht wird, ob (und wie schnell) ein Gleichgewichtszustand angenähert wird, oder bei Warteschlangenmodellen, die Auskunft darüber geben sollen, ob ein Bedienungssystem (Billettschalter, Produktionskette, Computersystem und dergleichen) sich im Laufe der Zeit einem stationären Zustand nähert und wie der gekennzeichnet ist. Zur Präzisierung geben wir

Definition 3.3 *Sei* f : D → **R** *gegeben und* [b, ∞) ⊂ D, *wobei* b *eine geeignete reelle Konstante ist. Es gilt* $\lim\limits_{x \to \infty} f(x) = a$, a ∈ **R** *fest, genau dann, wenn für jede monoton wachsende, nach oben unbeschränkte Folge* $\{y_n\}_{n \in \mathbf{N}}$, $y_n \geqslant b$ ∀ n ∈ **N**, *gilt* :

$$f(y_n) \to a.$$

Analog zu Satz 3.2 haben wir auch für diesen Konvergenzbegriff ein notwendiges und hinreichendes Kriterium.

Satz 3.3 $\lim\limits_{x \to \infty} f(x) = a \iff \forall \epsilon > 0 \; \exists \gamma(\epsilon) : |f(x) - a| < \epsilon \; \forall x > \gamma(\epsilon).$

B e w e i s : Sei $\lim\limits_{x \to \infty} f(x) = a$. Gäbe es ein $\epsilon > 0$ so, daß für jedes $\gamma \in \mathbf{R}$ ein $x > \gamma$ mit

$|f(x) - a| \geqslant \epsilon$ existierte, dann könnten wir sofort eine Folge $\{x_n\}_{n \in \mathbf{N}}$ mit $x_{n+1} \geqslant x_n + 1$ $\forall$ n und $|f(x_n) - a| \geqslant \epsilon$ $\forall$ n konstruieren, was $\lim\limits_{x \to \infty} f(x) = a$ widersprechen würde. Also muß gelten:

$$\forall \epsilon > 0 \; \exists \; \gamma(\epsilon) : |f(x) - a| < \epsilon \qquad \forall x > \gamma(\epsilon).$$

Sei nun umgekehrt diese Bedingung erfüllt. Ist $\{y_n\}_{n \in \mathbf{N}}$ eine monoton wachsende, nach oben unbeschränkte Folge und $\epsilon > 0$ beliebig gewählt, dann ist von einem n_ϵ an $y_n > \gamma(\epsilon)$ $\forall$ n $> n_\epsilon$ und daher

$$|f(y_n) - a| < \epsilon \qquad \forall n > n_\epsilon, \quad \text{d. h. } f(y_n) \to a.$$

Da dieser Schluß für jede monoton wachsende, nach oben unbeschränkte Folge gezogen werden kann, gilt gemäß Definition 3.3 $\lim\limits_{x \to \infty} f(x) = a$. ■

Wir wollen gleich das asymptotische Verhalten einiger spezieller Funktionen untersuchen.

Beispiel 3.5 a) Sei $f(x) = \dfrac{\sin x}{x}$. Da $-1 \leqslant \sin x \leqslant +1$ $\forall$ x > 0, gilt für alle $x > \gamma(\epsilon) = \dfrac{1}{\epsilon}$ ($\epsilon > 0$ beliebig)

$$\left| \frac{\sin x}{x} \right| \leqslant \frac{1}{x} < \epsilon,$$

woraus nach Satz 3.3 $\lim\limits_{x \to \infty} \dfrac{\sin x}{x} = 0$ folgt.

b) Sei $g(x) = \dfrac{1}{x}$, $D_g = [1, \infty)$. Mit $\gamma(\epsilon) = \dfrac{1}{\epsilon}$ gilt wieder für alle $x > \gamma(\epsilon)$

$$|g(x)| = \frac{1}{x} < \epsilon, \quad \text{also } \lim\limits_{x \to \infty} \frac{1}{x} = 0.$$

c) Sei $\phi(x) = a^x$ mit $0 < a < 1$. Dann gilt – vgl. Beispiel 3.4 –

$$a^x > 0 \qquad \forall x > 0 \quad \text{und} \quad a^x < a^y, \quad \text{falls } x > y.$$

Sei $\{y_n\}_{n \in \mathbf{N}}$ monoton wachsend und nach oben unbeschränkt. Da $a \in (0, 1)$, ist $a = \dfrac{1}{1 + h}$ mit $h > 0$. Für beliebiges $\epsilon \in (0, 1)$ sei $N_\epsilon > \dfrac{1}{h} \left(\dfrac{1}{\epsilon} - 1 \right)$, $N_\epsilon \in \mathbf{N}$. Dann gilt für fast alle y_n, daß $y_n \geqslant N_\epsilon$. Also gilt für fast alle n nach Bernoulli

$$a^{y_n} \leqslant a^{N_\epsilon} = \frac{1}{(1 + h)^{N_\epsilon}} \leqslant \frac{1}{1 + N_\epsilon \cdot h} < \epsilon,$$

also $a^{y_n} \to 0$.

Da $\{y_n\}_{n \in \mathbf{N}}$ eine beliebige monotone unbeschränkte Folge war, gilt also

$$\lim\limits_{x \to \infty} a^x = 0, \quad \text{falls } a \in (0, 1). \tag{3.7}$$

d) Sei $h(x) = \dfrac{\tan x}{x}$, $x > 0$. Aus Beispiel 3.2 wissen wir, daß $\tan x$ in

$$I_n = \left((2n + 1)\,\frac{\pi}{2},\, (2n + 3)\,\frac{\pi}{2}\right),\ n = 0, 1, 2, \ldots,\ \text{alle reellen Zahlen als Werte annimmt.}$$

Folglich existiert für jedes $n \in \mathbf{N}$ ein $x_n \in I_n$ mit $\tan x_n \geqslant (2n + 3)\,\dfrac{\pi}{2}$. Damit ist, da

wegen $x_n \in I_n$ stets $x_n < (2n + 3)\,\dfrac{\pi}{2}$ gilt,

$$h(x_n) = \frac{\tan x_n}{x_n} > 1 \qquad \forall\, n \in \mathbf{N}.$$

$\{x_n\}_{n \in \mathbf{N}}$ ist offensichtlich monoton wachsend und unbeschränkt.

Sei nun $y_n = (2n + 2)\,\dfrac{\pi}{2} = (n + 1) \cdot \pi \in I_n,\ \forall\, n \in \mathbf{N}$. Dann ist

$$h(y_n) = \frac{\tan (n + 1)\pi}{(n + 1)\pi} = 0 \qquad \forall\, n \in \mathbf{N}.$$

Da auch $\{y_n\}_{n \in \mathbf{N}}$ unbeschränkt monoton wächst, folgt aus $h(x_n) > 1$ und $h(y_n) = 0\ \forall\, n \in \mathbf{N}$, daß

$$\lim_{x \to \infty} \frac{\tan x}{x} \quad \text{nicht existiert.}$$

Mit Hilfe des Konvergenzbegriffes für Funktionen nach Definition 3.2 können wir nun erklären, was wir unter Stetigkeit von Funktionen verstehen.

Definition 3.4 *Die Funktion* $f : D_f \to \mathbf{R}$ *heißt* s t e t i g i m P u n k t e x_0 *(oder einfacher*: s t e t i g in x_0) *genau dann, wenn* $x_0 \in D_f$ *und* $\lim\limits_{x \to x_0} f(x) = f(x_0)$. *Gilt*

$\lim\limits_{x \to x_0 - 0} f(x) = f(x_0)$, *dann heißt* f l i n k s s e i t i g s t e t i g *in* x_0; *ist* $\lim\limits_{x \to x_0 + 0} f(x) = f(x_0)$, *dann ist* f r e c h t s s e i t i g *stetig in* x_0.

Die Funktion $f : D_f \to \mathbf{R}$ *heißt* s t e t i g, *wenn sie in jedem Punkte* $x \in D_f$ *stetig ist.*

Ist die Funktion f *auf einem Intervall* $I = [a, b]$, $a < b$, *definiert, also* $f : I \to \mathbf{R}$, *dann heißt* f s t e t i g a u f I, *wenn* f *stetig in jedem* $x \in (a, b)$, *rechtsseitig stetig in* a *und linksseitig stetig in* b *ist.*

Aus Satz 3.2 erhalten wir nun sofort ein Kriterium für die Stetigkeit einer Funktion in einem Punkte.

Satz 3.4 *Die Funktion* $f : D_f \to \mathbf{R}$ *ist stetig in* $x_0 \in D_f$ *genau dann, wenn zu jedem* $\epsilon > 0$ *eine Zahl* $\delta(x_0, \epsilon) > 0$ *existiert mit folgender Eigenschaft: Für jedes* $x \in \mathbf{R}$ *mit* $|x - x_0| < \delta(x_0, \epsilon)$ *gilt* $|f(x) - f(x_0)| < \epsilon$.

B e w e i s : Nach Satz 3.2 gilt:

$$\lim_{x \to x_0} f(x) = a \iff \forall\, \epsilon > 0\ \exists\, \delta(\epsilon) : |f(x) - a| < \epsilon \qquad \forall\, x \neq x_0 \text{ mit } |x - x_0| < \delta(\epsilon)$$

Ersetzen wir hier a durch $f(x_0)$ und $\delta(\epsilon)$ durch $\delta(x_0, \epsilon)$, um anzudeuten, daß die Größe von $\delta(\epsilon)$ im allgemeinen von der Stetigkeitsstelle x_0 abhängt, dann folgt die Behauptung. (Die Bedingung $x \neq x_0$ aus Satz 3.2 ist hier natürlich gegenstandslos, da jetzt $x_0 \in D_f$ sicher gelten muß.) ■

Ist die Größe $\delta(x_0, \epsilon)$ dieses Satzes unabhängig von x_0, dann heißt f g l e i c h m ä ß i g s t e t i g in D_f.

Beispiel 3.6 a) Sei $p : \mathbf{R} \to \mathbf{R}$ ein P o l y n o m höchstens k-ten Grades, also

$$p(x) = \sum_{\nu = 0}^{k} a_\nu x^\nu,$$

dann gilt nach Beispiel 3.3a) für beliebiges $x_0 \in \mathbf{R}$

$$\lim_{x \to x_0} p(x) = p(x_0),$$

d. h. *Polynome sind stetige Funktionen.*

Ferner hatten wir dort gezeigt, daß für r a t i o n a l e F u n k t i o n e n $r(x) = \dfrac{p(x)}{q(x)}$, wo p und q Polynome sind, gilt

$$\lim_{x \to x_0} r(x) = r(x_0), \quad \text{falls } q(x_0) \neq 0.$$

Also sind *rationale Funktionen stetig in allen Punkten x, in denen der Nenner* $q(x) \neq 0$ *ist.*

b) Sei mit $a > 0$ die in Beispiel 3.4 eingeführte E x p o n e n t i a l f u n k t i o n gemäß

$$\phi(x) = a^x$$

gegeben. Sei $x_0 \in \mathbf{R}$ beliebig, aber fest gewählt und $x \neq x_0$. Dann existieren rationale Folgen $\{r_n\}_{n \in \mathbf{N}}$ und $\{s_n\}_{n \in \mathbf{N}}$ derart, daß $r_n \to x_0$, $s_n \to x$ und alle r_n und s_n zwischen x_0 und x liegen. Ferner gilt wegen der Monotonie von ϕ für alle ξ zwischen x_0 und x

$$\phi(\xi) \leqslant \max\,[\phi(x_0), \phi(x)] = M.$$

Damit gilt

$$\begin{aligned}
|\phi(x) - \phi(x_0)| &\leqslant |\phi(x) - \phi(s_n)| + |\phi(s_n) - \phi(r_n)| + |\phi(r_n) - \phi(x_0)| \\
&= |\phi(x) - \phi(s_n)| + a^{r_n} \cdot |a^{s_n - r_n} - 1| + |\phi(r_n) - \phi(x_0)| \\
&\leqslant |\phi(x) - \phi(s_n)| + M \cdot |a^{s_n - r_n} - 1| + |\phi(r_n) - \phi(x_0)|.
\end{aligned}$$

Aus $|x - x_0| < \delta$ folgt sofort für alle $n \in \mathbf{N}$ $|s_n - r_n| < \delta$; wählt man also $\epsilon > 0$ und $\delta(\epsilon)$ hinreichend klein und x so, daß $|x - x_0| < \delta(\epsilon)$, dann ist nach (3.6) auch

$M \cdot |a^{s_n - r_n} - 1| < \dfrac{\epsilon}{2}$. Nach Definition der Exponentialfunktion gilt ferner

$$|\phi(x) - \phi(s_n)| \to 0 \quad \text{und} \quad |\phi(r_n) - \phi(x_0)| \to 0.$$

Folglich gilt, falls $|x - x_0| < \delta(\epsilon)$,

$$|\phi(x) - \phi(x_0)| < \epsilon.$$

Da $x_0 \in \mathbf{R}$ beliebig war, ist also die E x p o n e n t i a l f u n k t i o n nach Satz 3.4 s t e t i g.

c) D i e in Beispiel 3.2 eingeführten t r i g o n o m e t r i s c h e n F u n k t i o n e n S i n u s und K o s i n u s sind *überall stetig*; folglich ist der T a n g e n s wegen

$$\tan x = \frac{\sin x}{\cos x} \textit{ stetig} \text{ für alle x mit } \cos x \neq 0, \text{ d. h. für } x \neq \left(q + \frac{1}{2}\right)\pi, q \in \mathbf{Z}; \text{ und analog}$$

ist der K o t a n g e n s *stetig für alle* $x \neq q \cdot \pi, q \in \mathbf{Z}$.

Allgemein können wir festhalten, daß die üblichen Verknüpfungen stetiger Funktionen stets wieder stetige Funktionen liefern. Das ist eine unmittelbare Konsequenz des Satzes 2.10 über die Rechenregeln für konvergente Folgen. Genau gilt

Satz 3.5 *Seien die Funktionen* $f : D \to \mathbf{R}$ *und* $g : D \to \mathbf{R}$ *in* $x_0 \in D$ *stetig. Dann sind die Funktionen* $f + g$, $f \cdot g$ *und, falls* $g(x_0) \neq 0$, *auch* $\dfrac{f}{g}$ *in* x_0 *stetig.*

B e w e i s : Für eine beliebige Folge $\{y_n\}_{n \in \mathbf{N}}$ mit $y_n \to x_0$, $y_n \in D$ $\forall n$, gilt nach Voraussetzung

$$\lim_{n \to \infty} f(y_n) = f(x_0) \quad \text{und} \quad \lim_{n \to \infty} g(y_n) = g(x_0).$$

Nach Satz 2.10 gelten daher

$$\lim_{n \to \infty} [f(y_n) + g(y_n)] = f(x_0) + g(x_0),$$

$$\lim_{n \to \infty} [f(y_n) \cdot g(y_n)] = f(x_0) \cdot g(x_0)$$

und, falls $g(x_0) \neq 0$,

$$\lim_{n \to \infty} \left[\frac{f(y_n)}{g(y_n)}\right] = \frac{f(x_0)}{g(x_0)}.$$

Unter Beachtung von Definition 3.2 und Definition 3.4 ist damit die Behauptung bewiesen. ∎

In Abschn. 3.1 hatten wir neben den arithmetischen Verknüpfungen von Funktionen auch noch die Verknüpfung $f \circ g$ gemäß $f \circ g(x) = f(g(x))$ kennengelernt, die ebenfalls stetigkeitserhaltend ist. Es gilt nämlich

Satz 3.6 *Seien die Funktionen* $f : D_f \to \mathbf{R}$ *und* $g : D_g \to \mathbf{R}$ *gegeben, und seien g in* $x_0 \in D_g$ *und f in* $y_0 = g(x_0) \in D_f$ *stetig. Dann ist* $f \circ g$ *in* x_0 *stetig.*

B e w e i s : Nach Voraussetzung gilt

$$\lim_{x \to x_0} g(x) = g(x_0),$$

d. h. für eine beliebige Folge $\{z_n\}_{n\in\mathbf{N}}$ mit $z_n \to x_0$, $z_n \in D_g$ $\forall$ n, gilt

$$\lim_{n\to\infty} g(z_n) = g(x_0) = y_0.$$

Folglich gibt es zu jedem $\epsilon > 0$ ein $N(\epsilon)$ derart, daß $g(z_n) \in U_\epsilon(y_0)$ $\forall$ $n > N(\epsilon)$. Folglich sind fast alle $g(z_n) \in D_f$, da f in y_0 stetig ist (vgl. Definition 3.2 und Definition 3.4), und es gilt

$$\lim_{n\to\infty} f(g(z_n)) = f(y_0) = f(g(x_0)).$$

Da die Folge $\{z_n\}_{n\in\mathbf{N}}$ beliebig gewählt werden kann unter den Bedingungen $z_n \to x_0$ und $z_n \in D_g$ $\forall$ n, gilt also

$$\lim_{x\to x_0} f(g(x)) = f(g(x_0)).$$ ∎

Wir haben in Definition 1.7 festgehalten, was wir unter dem Minimum und dem Maximum einer Menge $\mathfrak{M} \subset \mathbf{R}$ verstehen. Betrachten wir nun eine Funktion $f : D_f \to \mathbf{R}$ auf einer Menge $M \subset D_f$, dann verstehen wir unter dem M i n i m u m   v o n   f   a u f   M den Wert

$$\min_{x\in M} f(x) = \min \{y \mid \exists\, x \in M : y = f(x)\},$$

also den kleinsten der auf M angenommenen Funktionswerte, sofern $\min\{y \mid \exists\, x \in M : y = f(x)\}$ existiert. Analog ist das M a x i m u m   v o n   f   a u f   M definiert als

$$\max_{x\in M} f(x) = \max \{y \mid \exists\, x \in M : y = f(x)\}.$$

Natürlich müssen Minimum und Maximum, die sogenannten E x t r e m a , einer Funktion auf einer Menge M nicht existieren, selbst dann nicht, wenn M beschränkt ist. Betrachten wir etwa die gemäß

$$f(x) = \frac{1}{x} \text{ auf } M = [-2,0) \cup (0,2]$$

gegebene Funktion. Dann sehen wir sofort (vgl. Fig. 3.10), daß $\min\limits_{x\in M} f(x)$ und $\max\limits_{x\in M} f(x)$

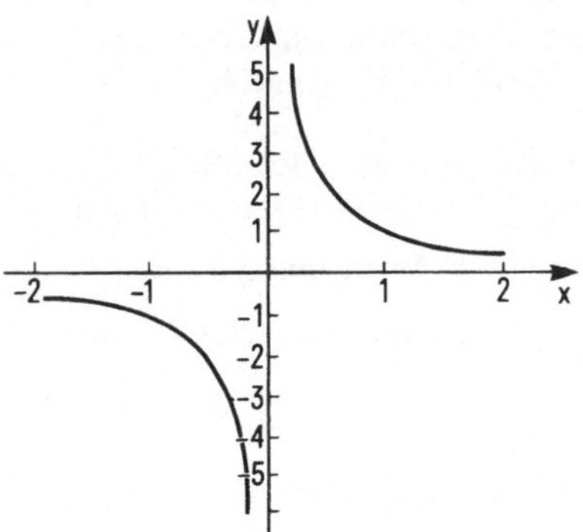

Fig. 3.10

Die Funktion $f(x) = \dfrac{1}{x}$

nicht existieren, denn offenbar sind $x_n = -\dfrac{1}{n} \in M$ und $z_n = \dfrac{1}{n} \in M$ für alle natürlichen

$n \geqslant 1$ und $f(x_n) = -n$ sowie $f(z_n) = n$ für alle $n \in \mathbf{N}$ mit $n \geqslant 1$.

Die Funktionswerte sind also auf M nach unten und nach oben unbeschränkt.

Aber auch, wenn die gegebene Funktion über der fraglichen Menge beschränkt ist, müssen die Extrema nicht existieren. So hat die durch

$$g(x) = \begin{cases} \dfrac{1}{2}, & \text{falls } x = 0 \text{ oder } x = 1 \\[2mm] x^2, & \text{falls } 0 < x < 1 \end{cases}$$

auf dem Intervall I = [0, 1] definierte Funktion weder ein Maximum noch ein Minimum, denn sup $\{g(x) \mid x \in [0, 1]\} = 1$ und inf $\{g(x) \mid x \in [0, 1]\} = 0$ werden nicht als Funktionswerte angenommen. Man beachte, daß hier g auf I nicht stetig ist, da

$$\lim_{x \to 0+0} g(x) = 0 \neq g(0) \quad \text{und} \quad \lim_{x \to 1-0} g(x) = 1 \neq g(1).$$

Ohne Zweifel ist die Frage nach Existenz und Lage der Extrema einer gegebenen Funktion auch bei ökonomischen Problemen von besonderer Wichtigkeit. Begriffe wie Kostenminimierung, Gewinnmaximierung, Nutzenmaximierung etc. trifft man entsprechend häufig in der ökonomischen Literatur an. Ein erstes wesentliches und oft benutztes Ergebnis liefert der folgende Existenzsatz.

Satz 3.7 *Sei die Funktion f auf dem nichtleeren, abgeschlossenen Intervall* I = [a, b] *stetig. Dann existieren ein* $x_0 \in I$ *und ein* $y_0 \in I$ *derart, daß*

$$f(x_0) = \max_{x \in I} f(x) \quad \text{und} \quad f(y_0) = \min_{x \in I} f(x).$$

B e w e i s : Wir zeigen zunächst: Der Wertebereich

$$W_f = \{y \mid \exists\, x \in I : y = f(x)\}$$

ist beschränkt. Wäre nämlich W_f unbeschränkt, dann gäbe es zu jedem $n \in \mathbf{N}$ ein $x_n \in I$ derart, daß $|f(x_n)| > n$. Da I beschränkt ist, ist auch die Folge $\{x_n\}_{n \in \mathbf{N}}$ beschränkt und hat deshalb nach Satz 2.12 einen Häufungspunkt $\alpha \in I$, und nach Satz 2.14 gibt es eine Teilfolge $\{x_{n_k}\}_{k \in \mathbf{N}}$ mit $\lim\limits_{k \to \infty} x_{n_k} = \alpha$.

Da f stetig ist auf I, folgt $f(x_{n_k}) \to f(\alpha)$ und daraus $|f(x_{n_k})| \to |f(\alpha)|$, was der Annahme $|f(x_{n_k})| > n_k \ \forall\, k \in \mathbf{N}$ widerspricht.

Also ist W_f beschränkt, und nach Satz 1.15 existieren

$$\beta = \inf W_f \quad \text{und} \quad \gamma = \sup W_f.$$

Da $\beta = \inf W_f$, muß es $y_n \in W_f$ geben derart, daß

$$0 \leqslant y_n - \beta < \frac{1}{n} \qquad \forall\, n \in \mathbf{N},\, n \geqslant 1.$$

Also gibt es − nach Definition von W_f − auch $\xi_n \in I$ so, daß

$$0 \leqslant f(\xi_n) - \beta < \frac{1}{n} \qquad \forall\, n \in \mathbf{N},\, n \geqslant 1.$$

Da $\{\xi_n\}_{n \geqslant 1}$ wegen $\xi_n \in I \ \forall\, n$ eine beschränkte Folge ist, enthält sie wieder nach Satz 2.12 und Satz 2.14 eine konvergente Teilfolge $\{\xi_{n_k}\}_{k \in \mathbf{N}}$; für $\lim\limits_{k \to \infty} \xi_{n_k} = y_0 \in I$

gilt dann wegen der vorausgesetzten Stetigkeit von f

$$f(y_0) = \lim_{k \to \infty} f(\xi_{n_k}),$$

wobei dann

$$0 \leqslant f(y_0) - \beta = \lim_{k \to \infty} [f(\xi_{n_k}) - \beta] \leqslant \lim_{k \to \infty} \frac{1}{n_k} = 0,$$

also $\qquad f(y_0) = \beta = \min\limits_{x \in I} f(x).$

Analog zeigt man die Existenz des Maximums. ∎

Der Leser möge beachten, daß dieser Satz lediglich die Existenz der Extrema einer stetigen Funktion auf einem abgeschlossenen Intervall garantiert. Es wird nichts darüber ausgesagt, ob es etwa nur eine oder aber mehrere Stellen im Intervall gibt, an denen das Minimum angenommen wird, und schon gar nichts erfahren wir aus diesem Satz darüber, wie wir die oft mühselige Aufgabe der Bestimmung eines Extremums lösen können.

Betrachten wir etwa das Polynom

$$p(x) = 1 + 8\,x^2 - 4\,x^4$$

auf dem Intervall $I = [-1,2;\, 1,2]$, dann wissen wir wohl, daß p auf I mindestens ein Minimum und ein Maximum besitzt; aber wir können nicht ohne weiteres sehen, wie groß diese Werte sind und wo sie angenommen werden. Später werden wir ermitteln können, daß

$$\min_{x \in I} p(x) = p(0) = 1 \quad \text{und} \quad \max_{x \in I} p(x) = p(1) = p(-1) = 5$$

sind.

Die Lösung angewandter Probleme führt oft zur Frage nach der Lösbarkeit (und Lösungen) von Gleichungen oder Gleichungssystemen. Ist etwa auf einem Intervall $I = [a, b]$ die Funktion $f : I \to \mathbf{R}$ sowie eine Konstante γ gegeben, dann ist die Aufgabe,

$$\text{ein } x \in I \text{ mit } f(x) = \gamma$$

zu bestimmen, offenbar gleichbedeutend mit der Aufgabe,

$$\text{ein } x \in I \text{ mit } f(x) - \gamma = 0$$

zu finden, d. h. wir suchen eine N u l l s t e l l e der Funktion $g : I \to \mathbf{R}$, die vermöge $g(x) = f(x) - \gamma \ \forall\, x \in I$ definiert ist. Diese Aufgabe muß im allgemeinen nicht lösbar sein. Beispielsweise haben auf dem Intervall $I = [1,3]$ weder die überall stetige Funktion

$$g(x) = x^2$$

noch die in $x_0 = 2$ unstetige Funktion

$$h(x) = \begin{cases} \dfrac{1}{2} - x, & \text{falls } 1 \leqslant x \leqslant 2 \\[2ex] \dfrac{1}{2} + x, & \text{falls } 2 < x \leqslant 3 \end{cases}$$

eine Nullstelle. Für stetige Funktionen gilt jedoch

Satz 3.8 *Sei* f *eine auf* I = [a, b] *stetige Funktion und gelte* $f(a) \cdot f(b) < 0$, *d. h.* f(a) *und* f(b) *sind von Null verschieden und haben entgegengesetztes Vorzeichen. Dann hat* f *in* I *eine Nullstelle.*

B e w e i s : Ohne Einschränkung der Allgemeinheit können wir annehmen, daß

$$f(a) < 0 \quad \text{und} \quad f(b) > 0$$

gelten. Nun wenden wir das folgende i t e r a t i v e V e r f a h r e n an:

i) Wir setzen $a_0 = a$, $b_0 = b$, $I_0 = [a_0, b_0]$ und $k = 0$.

ii) Wir bestimmen $c = \dfrac{a_k + b_k}{2}$.

iii) Falls $f(c) = 0$, hören wir auf; wir haben eine Nullstelle gefunden.

Falls $f(c) < 0$, setzen wir $a_{k+1} = c$, $b_{k+1} = b_k$ und $I_{k+1} = [a_{k+1}, b_{k+1}]$;

falls $f(c) > 0$, setzen wir $a_{k+1} = a_k$, $b_{k+1} = c$ und $I_{k+1} = [a_{k+1}, b_{k+1}]$.

Wir ersetzen k durch $k + 1$ und beginnen wieder mit Schritt ii).

Nun sind zwei Fälle möglich: Entweder endet dieses Verfahren nach endlich vielen Schritten in iii) mit $f(c) = 0$; dann haben wir nichts mehr zu beweisen, da wir eine Nullstelle von f in I bestimmt haben; oder das Verfahren läuft unbegrenzt weiter.

Dann ist $\{I_k\}_{k \in \mathbf{N}}$ eine Intervallschachtelung gemäß Definition 2.6, und nach Satz 2.13 existiert genau eine Zahl γ mit $\gamma \in I_k \;\; \forall\, k \in \mathbf{N}$, wobei

$$\gamma = \lim_{k \to \infty} a_k = \lim_{k \to \infty} b_k.$$

Nach Konstruktion in i) und iii) gilt

$$f(a_k) < 0 \quad \text{und} \quad f(b_k) > 0 \qquad \forall\, k \in \mathbf{N}$$

und folglich wegen der Stetigkeit von f

$$f(\gamma) = \lim_{k \to \infty} f(a_k) \leqslant 0$$

und $f(\gamma) = \lim\limits_{k \to \infty} f(b_k) \geqslant 0$,   also $f(\gamma) = 0$.   ∎

Das in diesem Beweis benutzte Verfahren ist die sogenannte B i s e k t i o n , die man zur näherungsweisen Nullstellenbestimmung unter den im Satz angegebenen Voraussetzungen benutzen kann. Das Verfahren ist sehr einfach, denn man hat in jedem Zyklus lediglich ein Intervall zu halbieren, einen Funktionswert zu berechnen und einen Vorzeichenvergleich auszuführen. Allerdings konvergiert dieses Verfahren im allgemeinen nur sehr langsam.

Suchen wir z. B. eine Nullstelle von

$$\phi(x) = x^2 - 2 \text{ in } I = [1,2],$$

so erhalten wir

$$I_0 = [1,2]$$
$$I_1 = [1; 1,5]$$
$$I_2 = [1,25; 1,5]$$
$$I_3 = [1,375; 1,5]$$
$$I_4 = [1,375; 1,4375] \text{ mit der Länge } \ell_4 = 0,0625 = 2^{-4}.$$

Wählen wir irgend ein $\xi \in I_4$ als Näherungswert der Nullstelle, so wissen wir nur — da ja die wahre Nullstelle $\gamma \in I_4$ —, daß $|\xi - \gamma| < 0,0625$.

Nun haben wir diese Aufgabe schon früher behandelt: Die gesuchte Nullstelle ist offenbar $\gamma = \sqrt{2}$. In Beispiel 2.2 hatten wir gesehen, daß ein anderes Iterationsverfahren, nämlich das Newton-Verfahren, nach vier Schritten eine Näherung a_4 mit einem Fehler von $|a_4 - \gamma| < 10^{-8}$ liefert, also erheblich schneller konvergiert.

Aus Satz 3.8 ergibt sich ohne weiteres der sogenannte Z w i s c h e n w e r t s a t z.

Satz 3.9 *Sei f eine auf* I = [a, b] *stetige Funktion. Dann nimmt f auf I jeden Wert zwischen* α = f(a) *und* β = f(b) *an.*

B e w e i s : Ohne Einschränkung der Allgemeinheit sei $\alpha < \beta$. Für ein beliebiges $\gamma \in (\alpha, \beta)$ gilt für

$$h(x) = f(x) - \gamma$$

$$h(a) = \alpha - \gamma < 0 \quad \text{und} \quad h(b) = \beta - \gamma > 0.$$

Da mit f auch h : I $\to$ **R** stetig ist, hat h nach Satz 3.8 eine Nullstelle $\xi \in I$:

$$h(\xi) = f(\xi) - \gamma = 0 \Rightarrow f(\xi) = \gamma.$$
∎

Übungsaufgaben

1. Bestimmen Sie folgende Grenzwerte:

a) $\lim\limits_{x \to 0} \dfrac{(x + 2)^2 - 4}{x}$;   b) $\lim\limits_{x \to \infty} \dfrac{3x^3 - 4x^2 + 8}{5x^3 - 3x - 2}$;   c) $\lim\limits_{x \to a} \dfrac{x^4 - a^4}{x - a}$;

d) $\lim\limits_{x \to 0} \dfrac{\sin x \cdot \cos x}{x}$;   e) $\lim\limits_{x \to 0} \dfrac{1 - \cos x}{\sin x}$.

2. Beweisen Sie mit Hilfe von Satz 3.2:

a) $\lim\limits_{x \to 1} \dfrac{x+1}{x} = 2$;   b) $\lim\limits_{x \to 0} (x+1)^4 = 1$.

3. Geben Sie die Intervalle an, in denen folgende Funktionen stetig sind:

a) $f(x) = \begin{cases} \sin \dfrac{1}{x}, & \text{falls } x \neq 0 \\[2mm] 0, & \text{falls } x = 0; \end{cases}$ b) $g(x) = \begin{cases} x \cdot \sin \dfrac{1}{x}, & \text{falls } x \neq 0 \\[2mm] 0, & \text{falls } x = 0; \end{cases}$

c) $h(x) = \begin{cases} \dfrac{x^2 - 2x + 1}{x^3 - x}, & \text{falls } x \neq \pm 1,\ x \neq 0 \\[2mm] 5, & \text{falls } x = 0,\ x = -1 \\[2mm] 0, & \text{falls } x = 1; \end{cases}$

d) $i(x) = \begin{cases} \dfrac{(x^2 + \pi x - 2\pi^2)\,(1 - \sin x)}{(x - \pi)\cos x}, & \text{falls } x \neq \dfrac{\pi}{2},\ x \neq \pi \\[2mm] 0, & \text{falls } x = \dfrac{\pi}{2} \\[2mm] -3\pi, & \text{falls } x = \pi. \end{cases}$

4. Überprüfen Sie, ob für a bzw. b Werte so festgelegt werden können, daß folgende Funktionen überall stetig werden:

a) $f(x) = \begin{cases} \dfrac{2x^2 + x - 1}{4x^2 - 1}, & \text{falls } |x| \neq \dfrac{1}{2} \\[2mm] a, & \text{falls } x = \dfrac{1}{2} \\[2mm] b, & \text{falls } x = -\dfrac{1}{2}; \end{cases}$ b) $g(x) = \begin{cases} \dfrac{1 + x}{1 + x^3}, & \text{falls } x \neq -1 \\[2mm] a, & \text{falls } x = -1. \end{cases}$

5. Zeigen Sie, daß die Funktion $f(x) = \sqrt{x}$ in $D_f := [1, \infty)$ gleichmäßig stetig ist.

6. Sei $f(x)$ eine in x_0 stetige Funktion.
Zeigen Sie, daß dann auch $g(x) := |f(x)|$ in x_0 stetig ist.

7. Berechnen Sie mittels Bisektion eine Näherung der Nullstelle von $f(x) = 2 - \dfrac{2}{3}x - e^x$.
(Hinweis: $f(0{,}5) = 0{,}017945$; $f(0{,}7) = -0{,}480419$.)

3.3 Umkehrfunktionen

In Abschn. 3.1 haben wir festgehalten, daß eine Funktion $f : D \to \mathbf{R}$ eineindeutig ist genau dann, wenn für beliebige $x \in D$ und $y \in D$ mit $x \neq y$ stets $f(x) \neq f(y)$ gilt. Danach entspricht jedem Element des Wertebereiches $W_f = \{z \mid \exists\, x \in D : z = f(x)\}$ genau ein Element des Definitionsbereiches D. Also ist durch die eineindeutige Funktion $f : D \to W_f$

auch, und zwar eindeutig, eine Funktion $\phi : W_f \to D$ bestimmt mit der Eigenschaft $\phi(f(x)) = x \quad \forall\, x \in D$ oder, wie man auch schreibt, $\phi \circ f = \mathrm{id}$, wobei $\mathrm{id} : D \to D$ die sogenannte I d e n t i t ä t auf D ist, d. h. die Funktion mit $\mathrm{id}(x) = x \quad \forall\, x \in D$.

Definition 3.5 *Sei* f : D $\to$ W *injektiv. Dann heißt die eindeutig bestimmte Funktion* ϕ : W $\to$ D, *die die Bedingung* $\phi \circ f = \mathrm{id}$ *auf D erfüllt, die* U m k e h r f u n k t i o n *von f und wird mit* f^{-1} *bezeichnet.*

Während also f dem beliebigen Wert $x_0 \in D$ den Wert $f(x_0) \in W$ zuordnet, wird durch f^{-1} dem Wert $f(x_0) \in W$ der Wert $x_0 \in D$ zugeordnet. Der Punkt $P = (x_0, f(x_0))$ des Graphen von f kann also dem Punkt $P' = (f(x_0), x_0)$ des Graphen von f^{-1} zugeordnet werden. Wie man Fig. 3.11 entnehmen kann, erhält man demnach den Graphen von f^{-1} durch Spiegelung des Graphen von f an der Geraden $y = x$, der sogenannten 45°-Geraden.

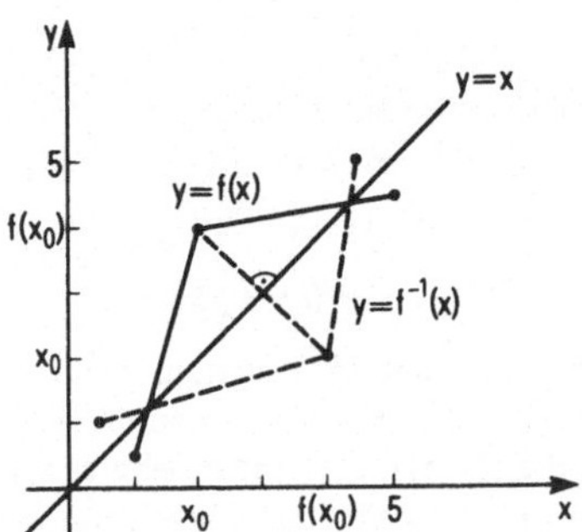

Fig. 3.11
Umkehrfunktion

Nach Satz 3.1 sind streng monotone Funktionen injektiv. Folglich besitzen streng monotone Funktionen auch Umkehrfunktionen. Ferner gilt

Satz 3.10 *Sei* ϕ : D $\to$ **R** *eine streng monoton wachsende Funktion mit Wertebereich* W. *Dann ist* ϕ^{-1} : W $\to$ **R** *auch streng monoton wachsend.*

(Die analoge Aussage gilt für streng monoton fallende Funktionen.)

B e w e i s : Nach Voraussetzung gilt für alle $x_i \in D$, $i = 1,2$, mit $x_1 < x_2$ auch $\phi(x_1) < \phi(x_2)$. Seien nun $y_i \in W$, $i = 1,2$, und $y_1 < y_2$. Dann gilt für $z_i = \phi^{-1}(y_i)$, $i = 1,2$, daß $\phi(z_i) = y_i$, $i = 1,2$.

Wäre nun $z_1 \geqslant z_2$, dann wäre wegen der Monotonie von ϕ auch $y_1 = \phi(z_1) \geqslant \phi(z_2) = y_2$ entgegen der Voraussetzung, daß $y_1 < y_2$. Also muß

$$\phi^{-1}(y_1) = z_1 < z_2 = \phi^{-1}(y_2)$$

gelten. ∎

Zum Abschluß dieses Abschnittes wollen wir nun einige Beispiele von Umkehrfunktionen kennenlernen.

Beispiel 3.7 a) Sei $f(x) = ax + b$, $a \neq 0$, d. h. f : **R** $\to$ **R** ist streng monoton, $D_f = \mathbf{R}$ und $W_f = \mathbf{R}$. Mittels f^{-1} ordnen wir dann einem beliebigen $y \in W_f = \mathbf{R}$ dasjenige $x \in D_f = \mathbf{R}$

zu, das den Funktionswert $f(x) = y$ liefert, also $y = ax + b \Rightarrow x = \dfrac{1}{a}\,y - \dfrac{b}{a}$. Mithin ist $f^{-1} : \mathbf{R} \to \mathbf{R}$ bestimmt durch

$$f^{-1}(x) = \frac{1}{a}\,x - \frac{b}{a}.$$

b) Sei $g(x) = x^n$, $n \in \mathbf{N}$, $n \geq 1$. Nach Satz 1.10 ist $g : D \to \mathbf{R}$ auf $D_g = [0, \infty)$ streng monoton wachsend, und nach der Bernoulli'schen Ungleichung ist $W_g = [0, \infty)$. Zu beliebigem $y \in W_g$ liefert g^{-1} dasjenige $x \in D_g$, für das $g(x) = y$, also

$$y = x^n,\ x \geq 0 \Rightarrow x = \sqrt[n]{y},$$

d. h. $g^{-1} : W_g \to D_g$ ist bestimmt durch

$$g^{-1}(x) = \sqrt[n]{x}.$$

c) Sei $K : D \to \mathbf{R}$ eine Kostenfunktion, die angibt, wieviel für die Produktion der Menge x eines Gutes aufzuwenden ist. Wir nehmen an, daß die verfügbare Menge durch $M > 0$ beschränkt ist. Dann ist $D = [0, M]$. Sei K gegeben durch

$$\begin{aligned} K(x) &= \alpha x^2 + \beta x + \gamma \\ &= (\alpha x + \beta)x + \gamma \end{aligned}$$

mit geeigneten Konstanten $\alpha > 0$, $\beta > 0$, $\gamma > 0$. $K(0) = \gamma > 0$ bedeutet, daß Fixkosten auch dann entstehen, wenn nichts produziert wird, und $p(x) = \alpha x + \beta$ heißt, daß der „Preis" des Gutes mit zunehmender Menge steigt, mit anderen Worten daß wir zunehmende Grenzkosten haben. Dann ist $W_K = [\gamma, \alpha M^2 + \beta M + \gamma]$.

Fragen wir nun, welche Gütermenge wir für einen Betrag $G \in W_K$ herstellen können, dann fragen wir nach der Umkehrfunktion von K. Wir suchen also $x \in D$ so, daß

$$\alpha x^2 + \beta x + \gamma = G \Rightarrow x^2 + \frac{\beta}{\alpha}\,x + \frac{\gamma - G}{\alpha} = 0 \Rightarrow x = -\frac{\beta}{2\alpha} \pm \sqrt{\frac{\beta^2}{4\alpha^2} + \frac{G - \gamma}{\alpha}}$$

unter Verwendung der Lösungsformel für die quadratische Gleichung $\xi^2 + p\xi + q = 0$, die bekanntlich die zwei Lösungen $\xi = -\dfrac{p}{2} \pm \sqrt{\dfrac{p^2}{4} - q}$ hat. Da für $G \in W_K$ sicher $G \geq \gamma$ gilt und für $x \in D$ stets $x \geq 0$ gelten muß, kommt nur die Lösung

$$x = -\frac{\beta}{2\alpha} + \sqrt{\frac{\beta^2}{4\alpha^2} + \frac{G - \gamma}{\alpha}}$$

in Frage. Also haben wir

$$K^{-1}(x) = -\frac{\beta}{2\alpha} + \sqrt{\frac{\beta^2}{4\alpha^2} + \frac{x - \gamma}{\alpha}}.$$

d) Speziell zu erwähnen sind die U m k e h r f u n k t i o n e n der t r i g o n o m e t r i - s c h e n F u n k t i o n e n. Wie wir aus Beispiel 3.2 wissen, sind die trigonometrischen Funktionen periodisch, d. h. es gibt verschiedene Argumente mit denselben Funktionswerten, so daß diese Funktionen zunächst nicht injektiv sind. Dem können wir aber abhelfen, indem wir uns auf geeignete Intervalle als Definitionsbereiche beschränken. So sind, wie wir Figur 3.5 und Figur 3.6 in Beispiel 3.2 entnehmen können, die Funktionen

$$f : D_f \to W_f \text{ mit } D_f = \left[-\frac{\pi}{2}, \frac{\pi}{2}\right], W_f = [-1, 1] \text{ und } f(x) = \sin x \quad \forall x \in D_f$$

streng monoton wachsend;

$$g : D_g \to W_g \text{ mit } D_g = [0, \pi], W_g = [-1,1] \text{ und } g(x) = \cos x \quad \forall x \in D_g$$

streng monoton fallend;

$$h : D_h \to W_h \text{ mit } D_h = \left(-\frac{\pi}{2}, \frac{\pi}{2}\right), W_h = \mathbf{R} \text{ und } h(x) = \tan x \quad \forall x \in D_h$$

streng monoton wachsend;

$$k : D_k \to W_k \text{ mit } D_k = (0, \pi), W_k = \mathbf{R} \text{ und } k(x) = \cot x \quad \forall x \in D_k$$

streng monoton fallend

und damit allesamt injektiv nach Satz 3.1.

Die Umkehrfunktionen existieren demzufolge und werden mit A r c u s s i n u s , A r c u s k o s i n u s , A r c u s t a n g e n s und A r c u s k o t a n g e n s bezeichnet.

Definitions- und Wertebereiche dieser Funktionen ergeben sich aus dem oben Gesagten zu

$$\text{arcsin:} \quad [-1,1] \to \left[-\frac{\pi}{2}, \frac{\pi}{2}\right]$$

$$\text{arccos:} \quad [-1,1] \to [0, \pi]$$

$$\text{arctan:} \quad \mathbf{R} \to \left(-\frac{\pi}{2}, \frac{\pi}{2}\right)$$

$$\text{arccot:} \quad \mathbf{R} \to (0, \pi).$$

Auf Taschenrechnern findet man statt der hier angegebenen Bezeichnungen der Umkehrfunktionen auch $\sin^{-1}$, $\cos^{-1}$ usw.

Wegen ihrer besonderen Bedeutung in den Anwendungen wollen wir die Logarithmen als Umkehrfunktionen von Exponentialfunktionen in einem eigenen Beispiel behandeln.

Beispiel 3.8 Sei $a > 0$ und $a \neq 1$ konstant. Die in Beispiel 3.4 eingeführte Exponentialfunktion

$$f : \mathbf{R} \to (0, \infty) \quad \text{mit } f(x) = a^x \qquad \forall x \in \mathbf{R}$$

ist streng monoton wachsend, falls $a > 1$, und streng monoton fallend, falls $a < 1$, also injektiv. Folglich existiert ihre Umkehrfunktion und wird als L o g a r i t h m u s   z u r   B a s i s   a bezeichnet:

$$f^{-1}(x) = \log_a x.$$

Ist speziell $a = e = 2{,}71828183\ldots$, spricht man vom natürlichen Logarithmus (logarithmus naturalis):

$$f^{-1}(x) = \ln x.$$

Definitions- und Wertebereich sind danach

$$\log_a : (0, \infty) \to \mathbf{R}.$$

Nach Satz 3.10 ist

$$\log_a x \text{ streng monoton wachsend, falls } a > 1,$$

$$\text{und} \quad \text{streng monoton fallend,} \quad \text{falls } a < 1.$$

Wenn $z = a^x$ ist, dann ist also

$$x = \log_a z,$$

d. h. es gilt für beliebige $z \in (0, \infty)$

$$z = a^{\log_a z}.$$

Daraus ergeben sich die wesentlichsten Regeln für das Rechnen mit Logarithmen:
i) Seien $x > 0$ und $y > 0$. Dann ist

$$x = a^{\log_a x} \quad \text{und} \quad y = a^{\log_a y}$$

und daher

$$x \cdot y = (a^{\log_a x})(a^{\log_a y}) = a^{\log_a x + \log_a y} \Rightarrow \log_a(x \cdot y) = \log_a x + \log_a y.$$

ii) Seien $x > 0$ und $\lambda \in \mathbf{R}$ beliebig. Dann ist $x = a^{\log_a x}$ und daher

$$x^\lambda = (a^{\log_a x})^\lambda = a^{\lambda \cdot \log_a x} \Rightarrow \log_a x^\lambda = \lambda \cdot \log_a x.$$

iii) Sei $x > 0$ und seien a, b konstant, $a > 0$, $b > 0$, $a \neq 1$ und $b \neq 1$. Dann haben wir $b = a^{\log_a b}$ und daher

$$x = a^{\log_a x} = b^{\log_b x}$$

$$= (a^{\log_a b})^{\log_b x} = a^{\log_a b \cdot \log_b x} \Rightarrow \log_a x = \log_a b \cdot \log_b x,$$

womit wir Logarithmen zu verschiedenen Basen ineinander umrechnen können. Beispielsweise folgt hieraus mit $a = e$ und $b = 10$

$$\ln x = \ln 10 \cdot \log_{10} x$$

für die Umrechnung von 10-er-Logarithmen in natürliche Logarithmen oder umgekehrt, wobei speziell mit $x = e$ folgt

$$\ln e = 1 = \ln 10 \cdot \log_{10} e, \text{ d. h. } \ln 10 = \frac{1}{\log_{10} e}.$$

Auf manchen Taschenrechnern finden wir ln sowie log für $\log_{10}$.

Übungsaufgaben

1. Bestimmen Sie die Umkehrfunktionen folgender Funktionen:
a) $f(x) = 2^x + a$;   b) $g(x) = \ln \ln x$, $x \in (1, \infty)$;

c) $h(x) = \dfrac{1 + x^4}{1 - x^4}$, $x \in [0, 1)$.

2.
$$\text{Sei } f(x) = \begin{cases} 1 + x, & \text{falls } -1 \leqslant x \leqslant 0 \\ \cos x, & \text{falls } 0 < x < \pi \\ -1, & \text{falls } x \geqslant \pi. \end{cases}$$

a) Existiert die Umkehrfunktion $f^{-1}(x)$ von $f(x)$?
b) Gibt es Mengen $M \subset [-1, \infty)$ so, daß die Funktion $g(x) := f(x)$, $x \in M$ eine Umkehrfunktion $g^{-1}(x)$ hat?

3. Bestimmen Sie die Umkehrfunktion von $f(x) = \dfrac{e^x + e^{-x}}{2}$, $x \in [0, \infty)$. (Hinweis: $f(x)$ ist eineindeutig und $W_f = [1, \infty)$. Führen Sie eine neue Variable $t := e^x$ ein.)

4 Differentialrechnung

Will man sich einen genaueren Überblick über den Verlauf einer gegebenen Funktion, insbesondere über Lage und Art von Extremalstellen (Maximum oder Minimum) verschaffen, so reichen die bisher eingeführten Charakterisierungen von Funktionen im allgemeinen nicht aus. Beispielsweise läßt die Wertetabelle (Tab. 4.1) für $\phi(x) = 3x^2 - 2x$ mit $D_\phi = [0, 0,5]$ nur vermuten, daß das Minimum in der Nähe von $x = 0,3$ liegt; und aus der graphischen Darstellung Fig. 4.1 ist auch bei sorgfältigem Zeichnen nicht mit

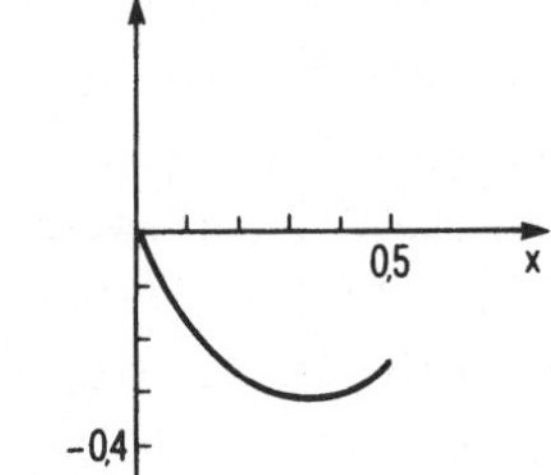

Fig. 4.1

Sicherheit zu entnehmen, daß das Minimum tatsächlich bei $x = \dfrac{1}{3} = 0,333 \ldots$ angenommen wird. In dieser Situation kann die Differentialrechnung weiterhelfen.

Tab. 4.1

x	0	0,1	0,2	0,3	0,4	0,5
$\phi(x)$	0	−0,17	−0,28	−0,33	−0,32	−0,25

4.1 Die Ableitung

Im folgenden sei $D_f \subset \mathbf{R}$ ein Intervall, ein Halbstrahl oder die ganze reelle Zahlengerade, kurz: D_f sei zusammenhängend. Wir wollen uns nun an einer beliebigen Stelle $x_0 \in D_f$ eine Information darüber beschaffen, wie sich die Funktion in einer Umgebung dieser Stelle verhält, d. h. ob sie steigt oder fällt oder konstant bleibt, um dann daraus Schlußfolgerungen zu ziehen z. B. darüber, ob x_0 ein Minimum oder Maximum von f sein kann oder nicht. Eine derartige Information liefert die auch im Alltag unter verschiedenen Bezeichnungen gebräuchliche Steigung oder der Differenzenquotient.

Definition 4.1 *Sei $x_0 \in D_f$ fest gewählt. Die Funktion*

$$\Delta_{x_0} : [D_f - \{x_0\}] \to \mathbf{R},$$

die durch

$$\Delta_{x_0}(x) = \frac{f(x) - f(x_0)}{x - x_0}, \quad x \neq x_0,$$

gegeben ist, heißt D i f f e r e n z e n q u o t i e n t *von f zwischen x_0 und x.*

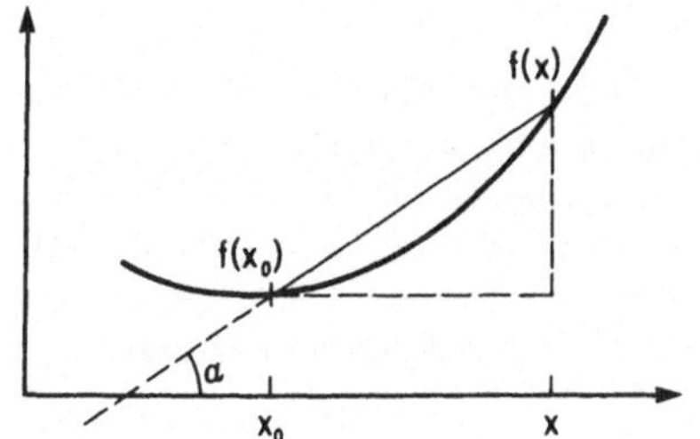

Fig. 4.2

Der Differenzenquotient läßt sich wie in Fig. 4.2 veranschaulichen. Danach ist der Differenzenquotient von f zwischen x und x_0 die Steigung $\tan \alpha$ der Sekante durch den Graphen von f in den Punkten $(x_0, f(x_0))$ und $(x, f(x))$.

Beispiel 4.1 Der Kilometerzähler eines Autos zeigt zu jedem Zeitpunkt $t \in [t_1, t_2]$ die mit dem Auto bis dahin zurückgelegte Wegstrecke $s(t)$ an. Dabei können t_1 und t_2 beispielsweise den Zeitpunkten der ersten Inbetriebnahme bzw. des Wiederverkaufs entsprechen. Dann ist der Differenzenquotient

$$\Delta_{t_0}(t) = \frac{s(t) - s(t_0)}{t - t_0}, \qquad t \neq t_0, \tag{4.1}$$

offenbar die Durchschnittsgeschwindigkeit des Wagens zwischen den Zeitpunkten t_0 und t.

Beispiel 4.2 Verursacht die Produktion der Menge x eines Gutes die Kosten $K(x)$, dann stellt der Differenzenquotient

$$\Delta_{x_0}(x) = \frac{K(x) - K(x_0)}{x - x_0}, \qquad x \neq x_0, \tag{4.2}$$

den durchschnittlichen Kostenzuwachs bei einer Produktionssteigerung von x_0 nach x bzw. von x nach x_0 (falls $x_0 > x$) dar.

Beispiel 4.3 Nehmen wir in Fortsetzung von Beispiel 4.2 an, das Gut werde auf dem Markt von einem Monopolisten angeboten, der nach den üblichen Annahmen den Preis $p(x)$ senken muß, wenn er den Absatz x steigern will. Der Gewinn ist dann

$$G(x) = p(x) \cdot x - K(x) \tag{4.3}$$

und daher der Differenzenquotient

$$\Delta_{x_0}(x) = \frac{G(x) - G(x_0)}{x - x_0}, x \neq x_0,$$

die durchschnittliche Änderung des Gewinnes.

Eine einfache Rechnung liefert

$$\Delta_{x_0}(x) = p(x) + \frac{p(x) - p(x_0)}{x - x_0} x_0 - \frac{K(x) - K(x_0)}{x - x_0}. \tag{4.4}$$

Läßt man nun in Definition 4.1 x gegen x_0 streben, so wird man erwarten, daß in Fig. 4.2 die Sekante in eine Tangente an den Graphen von f im Punkt $(x_0, f(x_0))$ übergeht. Allerdings muß die Tangente und damit ihre Steigung nicht eindeutig bestimmt sein, wie man Fig. 4.3 entnehmen kann.

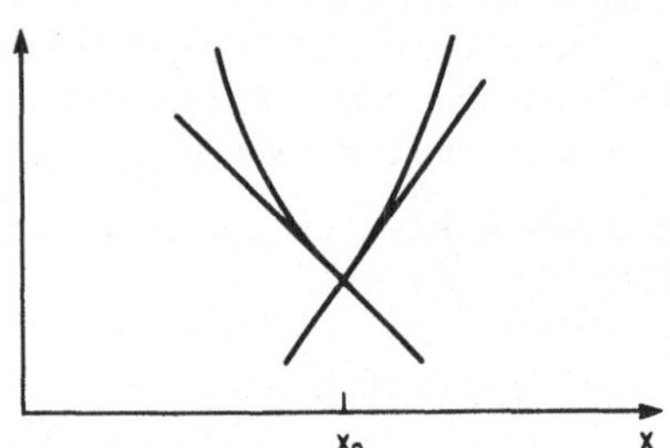

Fig. 4.3

Falls jedoch der Graph einer Funktion f in einem Punkt $(x_0, f(x_0))$ eine eindeutig bestimmte Tangente besitzt, dann nennt man deren Steigung die Ableitung von f in x_0.

Definition 4.2 *Sei für ein $\epsilon > 0$ $U_\epsilon(x_0) \subset D_f$. Die Funktion f heißt* d i f f e r e n z i e r - b a r i n x_0, *wenn*

$$\lim_{x \to x_0} \Delta_{x_0}(x) = \lim_{x \to x_0} \frac{f(x) - f(x_0)}{x - x_0}$$

existiert.

$$f'(x_0) = \frac{df(x_0)}{dx} = \lim_{x \to x_0} \frac{f(x) - f(x_0)}{x - x_0} \tag{4.5}$$

heißt D i f f e r e n t i a l q u o t i e n t *oder* A b l e i t u n g *von* f *(nach* x*) in* x_0.

Bezeichnet man mit y den Funktionswert f(x), so ist auch die Schreibweise y' oder $\dfrac{dy}{dx}$ für die Ableitung von f in x üblich, also

$$y' = \frac{dy}{dx} = f'(x).$$

In Fig. 4.4 wird die Ableitung veranschaulicht. Nach dem oben Gesagten gibt also der Differentialquotient in x_0 die Steigung tan α der Tangente an den Graphen von f im Punkt $(x_0, f(x_0))$ an.

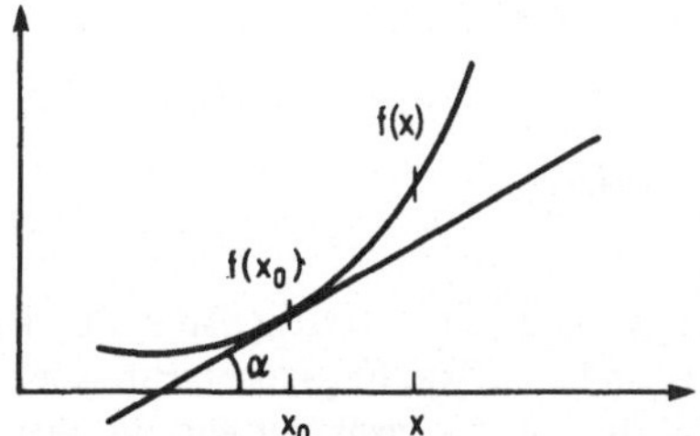

Fig. 4.4

Greifen wir auf die Beispiele 1–3 zurück, so sehen wir, daß der Begriff des Differential-quotienten auch außerhalb der Mathematik sehr gebräuchlich ist, obwohl dort andere Bezeichnungen dafür verwendet werden. Dabei setzen wir die Differenzierbarkeit aller beteiligten Funktionen voraus.

Beispiel 4.4 Sei s(t) die bis zum Zeitpunkt t mit einem Wagen zurückgelegte Strecke. Dann ist (vgl. (4.1))

$$v(t_0) = s'(t_0) = \lim_{t \to t_0} \frac{s(t) - s(t_0)}{t - t_0} \tag{4.6}$$

die (momentane) Geschwindigkeit des Wagens im Zeitpunkt t_0, die vom Tachometer angezeigt wird.

Beispiel 4.5 Sind K(x) die Kosten für die Produktion der Menge x eines Gutes, dann sind (vgl. (4.2))

$$K'(x_0) = \frac{dK(x_0)}{dx} = \lim_{x \to x_0} \frac{K(x) - K(x_0)}{x - x_0} \tag{4.7}$$

die G r e n z k o s t e n in x_0. In ökonomischen Darstellungen findet man oft, die Grenzkosten seien die Kosten für die letzte oder für die nächste zusätzlich produzierte Einheit, also gemäß (4.2)

$$\Delta_{x_0-1}(x_0) = \frac{K(x_0) - K(x_0 - 1)}{1} \quad \text{oder} \quad \Delta_{x_0}(x_0 + 1) = \frac{K(x_0 + 1) - K(x_0)}{1},$$

was im allgemeinen nicht mit (4.7) übereinstimmt. Wie man aber leicht feststellt, handelt es sich hier nur um eine näherungsweise Interpretation von (4.7) und nicht um eine andere Begriffsbildung. Wir kommen darauf bei der Behandlung des Mittelwertsatzes in Abschnitt 4.2 zurück.

Beispiel 4.6 Setzen wir Beispiel 4.5 fort und nehmen wie in Beispiel 4.3 an, das Gut werde von einem Monopolisten auf dem Markt angeboten, dann muß nach den üblichen Annahmen der Preis $p(x)$ mit zunehmendem Absatz x sinken. Für den Gewinn $G(x)$ nach (4.3) folgt aus (4.4) in x_0 (Existenz aller Grenzwerte und $\lim_{x \to x_0} p(x) = p(x_0)$ vorausgesetzt)

$$G'(x_0) = p(x_0) + p'(x_0) \cdot x_0 - K'(x_0), \tag{4.8}$$

was als m a r g i n a l e r G e w i n n bezeichnet wird. Der Gewinn (4.3) ergibt sich aus Erlös

$$E(x) = p(x) \cdot x$$

abzüglich Kosten $K(x)$. Bezeichnet man die Ableitung von E in x_0

$$E'(x_0) = p(x_0) + p'(x_0) \cdot x_0 \tag{4.9}$$

als G r e n z e r l ö s , dann ist also der marginale Gewinn gleich dem Grenzerlös abzüglich Grenzkosten. Dabei liegt im allgemeinen nach (4.9) der Grenzerlös in x_0 unter dem Preis $p(x_0)$, da nach obiger Annahme für $x > x_0$ stets $p(x) < p(x_0)$ und daher

$$\frac{p(x) - p(x_0)}{x - x_0} < 0 \quad \text{für } x > x_0$$

gilt, woraus

$$p'(x_0) = \lim_{x \downarrow x_0} \frac{p(x) - p(x_0)}{x - x_0} \leqslant 0$$

folgt.

Wir wollen nun für einige spezielle Funktionen feststellen, ob oder an welchen Stellen sie gemäß Definition 4.2 differenzierbar sind.

Beispiel 4.7 Gegeben sei die konstante Funktion

$$f(x) \equiv c, \; c \text{ konstant}, \; D_f = \mathbf{R}. \tag{4.10}$$

Sei $x_0 \in \mathbf{R}$ beliebig gewählt. Dann ist

$$U_\epsilon(x_0) \subset D_f = \mathbf{R} \qquad \forall \epsilon > 0$$

und $\quad \Delta_{x_0}(x) = \dfrac{f(x) - f(x_0)}{x - x_0} = \dfrac{c - c}{x - x_0} = 0 \qquad \forall x \neq x_0.$

Also ist nach (4.5)

$$f'(x_0) = \lim_{x \to x_0} \Delta_{x_0}(x) = 0, \tag{4.11}$$

d. h. die Ableitung der konstanten Funktion verschwindet überall.

Beispiel 4.8 Sei α eine beliebige reelle Konstante, $n \geqslant 1$ eine natürliche Zahl und

$$g(x) = \alpha x^n, \, D_g = \mathbf{R}. \tag{4.12}$$

Für beliebiges $x_0 \in \mathbf{R}$ ist

$$U_\epsilon(x_0) \subset D_g = \mathbf{R} \qquad \forall \, \epsilon > 0$$

und $\qquad \Delta_{x_0}(x) = \dfrac{\alpha x^n - \alpha x_0^n}{x - x_0} = \alpha \, \dfrac{x^n - x_0^n}{x - x_0}.$

Setzen wir $h = x - x_0$, d. h. $x = x_0 + h$, dann folgt[1])

$$\Delta_{x_0}(x) = \frac{\alpha}{h} \left[(x_0 + h)^n - x_0^n \right] = \frac{\alpha}{h} \left[\sum_{\nu = 0}^{n} \binom{n}{\nu} x_0^{n-\nu} h^\nu - x_0^n \right]$$

$$= \frac{\alpha}{h} \left[\sum_{\nu = 1}^{n} \binom{n}{\nu} x_0^{n-\nu} h^\nu \right] = \alpha \cdot \sum_{\nu = 1}^{n} \binom{n}{\nu} x_0^{n-\nu} h^{\nu - 1}$$

$$= \alpha \cdot n x_0^{n-1} + \alpha h \sum_{\nu = 2}^{n} \binom{n}{\nu} x_0^{n-\nu} h^{\nu - 2}.$$

Nun ist offenbar $x \to x_0$ gleichbedeutend mit $h \to 0$ und

$$\lim_{h \to 0} \alpha h \sum_{\nu = 2}^{n} \binom{n}{\nu} x_0^{n-\nu} h^{\nu - 2} = 0.$$

Folglich gilt für beliebiges $x_0 \in \mathbf{R}$

$$g'(x_0) = \lim_{x \to x_0} \Delta_{x_0}(x) = \alpha \cdot n \cdot x_0^{n-1}. \tag{4.13}$$

Speziell für $\alpha = 1$ ergibt sich hieraus, daß

$$g(x) = x^n \text{ den Differentialquotienten } g'(x) = n x^{n-1}$$

hat.

Beispiel 4.9 Betrachten wir schließlich die Funktion

$$h(x) = |x|, \qquad D_h = \mathbf{R}. \tag{4.14}$$

---

[1]) Hier wird die Formel $(a + b)^n = \displaystyle\sum_{\nu = 0}^{n} \binom{n}{\nu} a^\nu b^{n-\nu}$ verwandt, von deren allgemeinen

Gültigkeit man sich leicht überzeugt (Vollständige Induktion!).

Dann können wir h auch folgendermaßen schreiben:

$$h(x) = \begin{cases} x, & \text{falls } x \geq 0 \\ -x, & \text{falls } x < 0. \end{cases} \qquad (4.15)$$

Sei nun $x_0 \in \mathbf{R}$ beliebig. Da $D_h = \mathbf{R}$, folgt

$$U_\epsilon(x_0) \subset D_h \qquad \forall\, \epsilon > 0.$$

Nun müssen wir drei Fälle unterscheiden:

i) $x_0 > 0$: Dann gilt für $\epsilon_1 \in (0, x_0)$ und $x \in U_{\epsilon_1}(x_0)$ auch $x > 0$. Folglich gilt nach (4.15)

$$h(x) = |x| = x \qquad \forall\, x \in U_{\epsilon_1}(x_0)$$

und somit durch Vergleich mit (4.12) und (4.13) für $\alpha = 1$, $n = 1$

$$h'(x_0) = 1, \quad \text{falls } x_0 > 0. \qquad (4.16)$$

ii) $x_0 < 0$: Für $\epsilon_2 \in (0, |x_0|)$ gilt hier für $x \in U_{\epsilon_2}(x_0)$ auch $x < 0$ und somit

$$h(x) = |x| = -x \qquad \forall\, x \in U_{\epsilon_2}(x_0).$$

Für $\alpha = -1$, $n = 1$ folgt dann aus (4.13)

$$h'(x_0) = -1, \quad \text{falls } x_0 < 0. \qquad (4.17)$$

iii) $x_0 = 0$: Hier erhalten wir für den Differenzenquotienten nach (4.15)

$$\Delta_{x_0}(x) = \frac{h(x) - h(x_0)}{x - x_0} = \frac{|x|}{x} = \begin{cases} +1, & \text{falls } x > 0 \\ -1, & \text{falls } x < 0 \end{cases}$$

und somit

$$\lim_{x \to x_0 + 0} \Delta_{x_0}(x) = +1 \quad \text{und} \quad \lim_{x \to x_0 - 0} \Delta_{x_0}(x) = -1$$

d. h. $\lim_{x \to x_0} \Delta_{x_0}(x)$ existiert nicht. Nach Definition 4.2 ist also $h(x) = |x|$ in $x_0 = 0$ nicht differenzierbar!

In Beispiel 4.6 haben wir vorausgesetzt, daß $p(x)$ in x_0 differenzierbar und stetig ist ($\lim_{x \to x_0} p(x) = p(x_0)$). Tatsächlich war der zweite Teil dieser Voraussetzung überflüssig.

Satz 4.1 *Ist die Funktion* f *in* x_0 *differenzierbar, dann ist* f *in* x_0 *stetig.*

B e w e i s : Nach Voraussetzung ist f in x_0 differenzierbar. Gemäß Definition 4.2 existiert also

$$\lim_{x \to x_0} \Delta_{x_0}(x) = f'(x_0),$$

wobei nach Definition 4.1

$$\Delta_{x_0}(x) = \frac{f(x) - f(x_0)}{x - x_0}, \qquad x \neq x_0.$$

Lösen wir die letzte Gleichung nach f(x) auf, so haben wir

$$f(x) = f(x_0) + (x - x_0)\Delta_{x_0}(x)$$

und folglich

$$\lim_{x \to x_0} f(x) = \lim_{x \to x_0} [f(x_0) + (x - x_0)\Delta_{x_0}(x)]$$

$$= \lim_{x \to x_0} f(x_0) + [\lim_{x \to x_0} (x - x_0)] \cdot [\lim_{x \to x_0} \Delta_{x_0}(x)]$$

$$= f(x_0) + 0 \cdot f'(x_0) = f(x_0). \qquad \blacksquare$$

Man beachte, daß die Aussage nicht umkehrbar ist, d. h. im allgemeinen folgt aus der Stetigkeit an einer Stelle nicht die Differenzierbarkeit an dieser Stelle. In Beispiel 4.9 ist $h(x) = |x|$ überall stetig, denn es gilt ja

$$|h(x) - h(x_0)| = ||x| - |x_0|| \leqslant |x - x_0|$$

und somit

$$\lim_{x \to x_0} |h(x) - h(x_0)| = 0, \quad \text{d. h.} \quad \lim_{x \to x_0} h(x) = h(x_0).$$

Insbesondere ist $h(x)$ auch in $x_0 = 0$ stetig, aber — wie wir gesehen haben — dort nicht differenzierbar.

Wird eine Funktion g aus endlich vielen anderen Funktionen $\phi_1, \phi_2, \ldots, \phi_n$ zusammengesetzt, wie etwa in Beispiel 4.3 der Gewinn

$$G(x) = p(x) \cdot x - K(x) \quad \text{aus} \quad \phi_1(x) = p(x), \quad \phi_2(x) = x, \quad \phi_3(x) = K(x)$$

gemäß $G(x) = \phi_1(x) \cdot \phi_2(x) - \phi_3(x)$, dann können wir natürlich versuchen, die Ableitung von $g(x)$ in x_0 durch Grenzübergang am Differenzenquotienten zu bestimmen. Sind uns aber die „Komponenten" $\phi_1, \phi_2, \ldots, \phi_n$ bereits gründlich bekannt einschließlich ihrer Ableitungen, dann wäre es sicher zweckmäßig, wenn wir aus dieser Information unmittelbar auf die Ableitung von g schließen könnten, ohne die manchmal doch mühsame Limesbildung ausführen zu müssen. Die folgenden Sätze geben die Regeln an, nach denen die Ableitung von g für spezielle Arten der Zusammensetzung, die allerdings in den Anwendungen wohl die wichtigsten sind, bestimmt werden kann. Zum Beweis ist jeweils nur der Differenzenquotient mittels einfacher Umformungen in eine geeignete Gestalt zu bringen (Bruchrechnung!).

Satz 4.2 *Seien die Funktionen f und g in x_0 differenzierbar. Sind α und β beliebige Konstanten, dann ist auch die Funktion $h = \alpha f + \beta g$ in x_0 differenzierbar, und es gilt*

$$\frac{dh(x_0)}{dx} = h'(x_0) = \alpha \cdot f'(x_0) + \beta \cdot g'(x_0).$$

B e w e i s : Da f und g in x_0 differenzierbar sind, existieren ein $\epsilon_1 > 0$ und ein $\epsilon_2 > 0$ so, daß $U_{\epsilon_1}(x_0) \subset D_f$ und $U_{\epsilon_2}(x_0) \subset D_g$. Mit $\epsilon = \min\{\epsilon_1, \epsilon_2\} > 0$ ist folglich $U_\epsilon(x_0) \subset D_h$.

Der Differenzenquotient von h zwischen x und x_0 ist

$$\Delta_{x_0}(x) = \frac{h(x) - h(x_0)}{x - x_0} = \frac{\alpha f(x) + \beta g(x) - \alpha f(x_0) - \beta g(x_0)}{x - x_0}$$

$$= \alpha \frac{f(x) - f(x_0)}{x - x_0} + \beta \frac{g(x) - g(x_0)}{x - x_0}.$$

Danach ist

$$h'(x_0) = \lim_{x \to x_0} \Delta_{x_0}(x) = \alpha \cdot \lim_{x \to x_0} \frac{f(x) - f(x_0)}{x - x_0} + \beta \cdot \lim_{x \to x_0} \frac{g(x) - g(x_0)}{x - x_0}$$

$$= \alpha f'(x_0) + \beta g'(x_0). \qquad \blacksquare$$

Beispiel 4.10 Gegeben sei das Polynom

$$p(x) = \sum_{n=0}^{N} a_n x^n, \qquad D_p = \mathbf{R},\, a_n \text{ konstant } \forall\, n. \qquad (4.18)$$

Die Funktion

$$\phi_n(x) = a_n x^n, \qquad n \geqslant 0,$$

hat in einem beliebigen $x_0 \in \mathbf{R}$ die Ableitung

$$\phi_0'(x_0) = 0 \quad \text{bzw.} \quad \phi_n'(x_0) = n a_n x^{n-1}, \qquad n > 0, \qquad (4.19)$$

wie wir aus Beispiel 4.7 (n = 0) und Beispiel 4.8 (n > 0) wissen. Folglich ist nach obigem Satz

$$p'(x_0) = \sum_{n=1}^{N} n a_n x_0^{n-1}, \qquad (4.20)$$

da für n = 0 der erste Summand $\phi_0'(x_0) = 0$ wird nach (4.19).

Wird die Funktion g als Produkt der Funktionen $\phi_1, \phi_2, \ldots, \phi_n$ definiert, dann kommt beim Differenzieren die nachfolgende P r o d u k t r e g e l zur Anwendung.

Satz 4.3 *Seien die Funktionen* f *und* g *in* x_0 *differenzierbar. Dann ist* h = f · g *in* x_0 *differenzierbar, und es gilt*

$$\frac{dh(x_0)}{dx} = h'(x_0) = f'(x_0) \cdot g(x_0) + f(x_0) \cdot g'(x_0).$$

B e w e i s : Nach Voraussetzung ist für ein $\epsilon > 0$
$U_\epsilon(x_0) \subset D_f$ und $U_\epsilon(x_0) \subset D_g$, also auch $U_\epsilon(x_0) \subset D_h$.
Der Differenzenquotient von h zwischen x und x_0 ist

$$\Delta_{x_0}(x) = \frac{h(x) - h(x_0)}{x - x_0} = \frac{f(x) \cdot g(x) - f(x_0) \cdot g(x_0)}{x - x_0}$$

$$= g(x) \frac{f(x) - f(x_0)}{x - x_0} + f(x_0) \frac{g(x) - g(x_0)}{x - x_0}$$

und folglich, unter Verwendung von Satz 4.1,

$$\lim_{x \to x_0} \Delta_{x_0}(x) = \lim_{x \to x_0} g(x) \cdot \lim_{x \to x_0} \frac{f(x) - f(x_0)}{x - x_0} + f(x_0) \cdot \lim_{x \to x_0} \frac{g(x) - g(x_0)}{x - x_0}$$

$$= g(x_0) \cdot f'(x_0) + f(x_0) \cdot g'(x_0)$$

entsprechend der Behauptung.   ∎

Die nachfolgende Regel erlaubt uns auch, einen Quotienten aus zwei Funktionen zu differenzieren.

Satz 4.4 *Sei die Funktion* f *in* x_0 *differenzierbar und* $f(x_0) \neq 0$. *Dann ist auch* $g = \dfrac{1}{f}$ *in* x_0 *differenzierbar, und es gilt*

$$g'(x_0) = - \frac{f'(x_0)}{f^2(x_0)}.$$

B e w e i s : Der Differenzenquotient von g zwischen x_0 und x ist

$$\Delta_{x_0}(x) = \frac{g(x) - g(x_0)}{x - x_0} = \frac{\dfrac{1}{f(x)} - \dfrac{1}{f(x_0)}}{x - x_0} = \frac{1}{f(x) \cdot f(x_0)} \cdot \frac{f(x_0) - f(x)}{x - x_0},$$

und folglich gilt

$$\lim_{x \to x_0} \Delta_{x_0}(x) = \lim_{x \to x_0} \frac{1}{f(x) \cdot f(x_0)} \cdot \lim_{x \to x_0} \left(- \frac{f(x) - f(x_0)}{x - x_0} \right) = - \frac{f'(x_0)}{f^2(x_0)}$$

wie behauptet.   ∎

Aus der Produktregel und Satz 4.4 ergibt sich sofort die Q u o t i e n t e n r e g e l.

Korollar 4.5 *Seien die Funktionen* f *und* g *in* x_0 *differenzierbar und* $g(x_0) \neq 0$. *Dann ist auch* $h = \dfrac{f}{g}$ *in* x_0 *differenzierbar und*

$$h'(x_0) = \frac{g(x_0) \, f'(x_0) - f(x_0) \, g'(x_0)}{g^2(x_0)}.$$

B e w e i s : Schreiben wir

$$h = \frac{f}{g} = \frac{1}{g} \cdot f = \phi \cdot f \quad \text{mit } \phi = \frac{1}{g},$$

dann ist nach der Produktregel

$$h'(x_0) = \phi(x_0) \, f'(x_0) + f(x_0) \, \phi'(x_0)$$

und nach Satz 4.4

$$\phi'(x_0) = - \frac{g'(x_0)}{g^2(x_0)},$$

also $\quad h'(x_0) = \dfrac{f'(x_0)}{g(x_0)} - \dfrac{f(x_0)\,g'(x_0)}{g^2(x_0)} = \dfrac{g(x_0)\,f'(x_0) - f(x_0)\,g'(x_0)}{g^2(x_0)}$

wie behauptet. ∎

Beispiel 4.11 Gegeben sei die Funktion

$$f(x) = x^{-n}, \ D_f = \mathbf{R} - \{0\}, \ n \geqslant 1, \tag{4.21}$$

d. h. $f = \dfrac{1}{g}$ mit $g(x) = x^n$.

Sei $x_0 \neq 0$ und folglich $g(x_0) \neq 0$. Nach (4.13) ist dann

$$g'(x_0) = nx^{n-1}$$

und folglich nach Satz 4.4

$$f'(x_0) = -\frac{g'(x_0)}{g^2(x_0)} = -\frac{nx^{n-1}}{x^{2n}} = -\frac{n}{x^{n+1}},$$

also $\quad f'(x_0) = -nx^{-n-1}$. $\tag{4.22}$

Um die Ableitungen der trigonometrischen Funktionen zu bestimmen, benötigen wir die sogenannten A d d i t i o n s t h e o r e m e.

Lemma 4.6 *Für beliebige Winkel α und β gilt*

$$\cos(\alpha + \beta) = \cos\alpha \cos\beta - \sin\alpha \sin\beta$$

$$\sin(\alpha + \beta) = \sin\alpha \cos\beta + \cos\alpha \sin\beta.$$

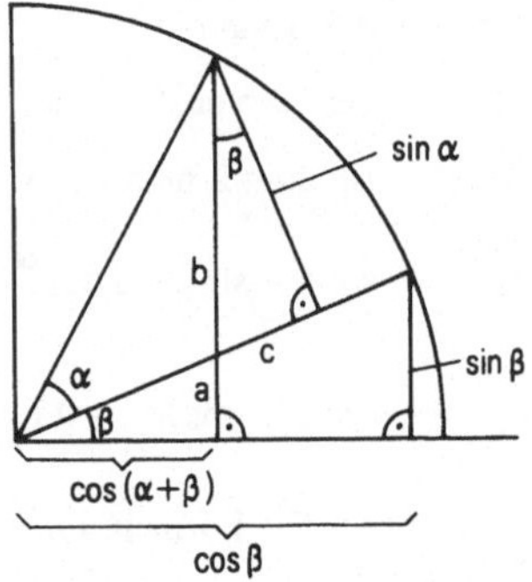

Fig. 4.5

B e w e i s : Aus dem Einheitskreis in Fig. 4.5 entnehmen wir — für $0 < \alpha, \beta, \alpha + \beta < \dfrac{\pi}{2}$ —

$$\frac{\sin\beta}{a} = \frac{\cos\beta}{\cos(\alpha+\beta)} \Rightarrow a = \frac{\sin\beta \cos(\alpha+\beta)}{\cos\beta}$$

$$\frac{\sin\alpha}{b} = \cos\beta \Rightarrow b = \frac{\sin\alpha}{\cos\beta} \Rightarrow \sin(\alpha+\beta) = a + b = \frac{\sin\beta \cos(\alpha+\beta) + \sin\alpha}{\cos\beta}.$$

Ferner gilt ebenso offensichtlich

$$\frac{\cos(\alpha+\beta)}{\cos\beta} = \frac{a}{\sin\beta} = \frac{\cos\alpha - c}{1}$$

und wegen $\dfrac{c}{\sin \alpha} = \tan \beta \Rightarrow c = \sin \alpha \, \tan \beta$ folgt

$$\frac{\cos (\alpha + \beta)}{\cos \beta} = \cos \alpha - \sin \alpha \, \frac{\sin \beta}{\cos \beta},$$

also $\cos (\alpha + \beta) = \cos \alpha \cos \beta - \sin \alpha \sin \beta.$

Damit folgt

$$\sin (\alpha + \beta) = \frac{\sin \beta \cos (\alpha + \beta) + \sin \alpha}{\cos \beta} = \frac{\sin \beta [\cos \alpha \cos \beta - \sin \alpha \sin \beta] + \sin \alpha}{\cos \beta}$$

$$= \frac{\sin \alpha [1 - \sin^2 \beta] + \sin \beta \cos \alpha \cos \beta}{\cos \beta}.$$

Wegen $1 - \sin^2 \beta = \cos^2 \beta$ haben wir also

$$\sin (\alpha + \beta) = \sin \alpha \cos \beta + \cos \alpha \sin \beta.$$

Man macht sich leicht an einer Skizze klar, daß die Behauptung auch für Winkel außerhalb $\left(0, \dfrac{\pi}{2}\right)$ zutrifft.   ∎

Aus Lemma 4.6 folgt sofort

Korollar 4.7 Es gilt

a) $\cos 2\alpha = \cos^2 \alpha - \sin^2 \alpha$

b) $\sin 2\alpha = 2 \sin \alpha \cos \alpha$

c) $\sin \alpha - \sin \beta = 2 \sin \dfrac{\alpha - \beta}{2} \cos \dfrac{\alpha + \beta}{2}$

d) $\cos \alpha - \cos \beta = - 2 \sin \dfrac{\alpha + \beta}{2} \sin \dfrac{\alpha - \beta}{2}.$

B e w e i s : Die Formeln für $\cos 2\alpha$ und $\sin 2\alpha$ folgen sofort aus Lemma 4.6, wenn wir $\beta = \alpha$ setzen.

Behauptung c) ergibt sich wie folgt. Unter Verwendung von Lemma 4.6 ist

$$\sin \alpha = \sin \left[\frac{\alpha + \beta}{2} + \frac{\alpha - \beta}{2} \right] = \sin \frac{\alpha + \beta}{2} \cos \frac{\alpha - \beta}{2} + \sin \frac{\alpha - \beta}{2} \cos \frac{\alpha + \beta}{2}$$

$$\sin \beta = \sin \left[\frac{\alpha + \beta}{2} - \frac{\alpha - \beta}{2} \right] = \sin \frac{\alpha + \beta}{2} \cos \frac{\alpha - \beta}{2} - \sin \frac{\alpha - \beta}{2} \cos \frac{\alpha + \beta}{2}$$

und danach

$$\sin \alpha - \sin \beta = 2 \sin \frac{\alpha - \beta}{2} \cos \frac{\alpha + \beta}{2}.$$

Bahauptung d) verifiziert man analog.   ∎

Nunmehr können wir die trigonometrischen Funktionen differenzieren.

Beispiel 4.12 Gegeben sei die Funktion

$$\phi(x) = \sin x. \tag{4.23}$$

Nach Korollar 4.7 c) erhalten wir den Differenzenquotienten

$$\Delta_{x_0}(x) = \frac{\sin x - \sin x_0}{x - x_0} = \frac{2 \sin \frac{x - x_0}{2} \cos \frac{x + x_0}{2}}{x - x_0} = \frac{\sin \frac{x - x_0}{2}}{\frac{x - x_0}{2}} \cdot \cos \frac{x + x_0}{2}$$

und damit gemäß Beispiel 3.3 iii) und Beispiel 3.6 iii)

$$\lim_{x \to x_0} \Delta_{x_0}(x) = \lim_{x \to x_0} \frac{\sin \frac{x - x_0}{2}}{\frac{x - x_0}{2}} \cdot \lim_{x \to x_0} \cos \frac{x + x_0}{2} = \cos x_0,$$

also $\phi'(x_0) = \cos x_0.$ $\tag{4.24}$

Beispiel 4.13 Für die Funktion

$$\psi(x) = \cos x \tag{4.25}$$

ergibt sich analog mit Korollar 4.7 d)

$$\Delta_{x_0}(x) = \frac{\cos x - \cos x_0}{x - x_0} = -\frac{2 \sin \frac{x + x_0}{2} \sin \frac{x - x_0}{2}}{x - x_0} = -\frac{\sin \frac{x - x_0}{2}}{\frac{x - x_0}{2}} \sin \frac{x + x_0}{2}$$

und somit nach Beispiel 3.3 iii)

$$\lim_{x \to x_0} \Delta_{x_0}(x) = -\lim_{x \to x_0} \frac{\sin \frac{x - x_0}{2}}{\frac{x - x_0}{2}} \cdot \lim_{x \to x_0} \sin \frac{x + x_0}{2} = -\sin x_0,$$

also $\psi'(x_0) = -\sin x_0.$ $\tag{4.26}$

Da wir nun die Ableitungen von $\sin x$ und $\cos x$ kennen, können wir auch die Ableitungen von $\tan x$ und $\cot x$ gemäß Korollar 4.5 berechnen.

Beispiel 4.14 Für die Funktion

$$f(x) = \tan x = \frac{\sin x}{\cos x} = \frac{\phi(x)}{\psi(x)} \tag{4.27}$$

mit $\phi(x) = \sin x$ und $\psi(x) = \cos x$ ist nach Korollar 4.5 an einer beliebigen Stelle x_0, für die $\psi(x_0) \neq 0$ gilt,

$$f'(x_0) = \frac{\psi(x_0)\phi'(x_0) - \phi(x_0)\psi'(x_0)}{\psi^2(x_0)},$$

woraus mit (4.24) und (4.26) folgt

$$f'(x_0) = \frac{\cos^2 x_0 + \sin^2 x_0}{\cos^2 x_0},$$

also $$f'(x_0) = \frac{1}{\cos^2 x_0} = 1 + \tan^2 x_0 \quad \forall x_0 : \cos x_0 \neq 0. \tag{4.28}$$

Analog ergibt sich für

$$g(x) = \cot x = \frac{\cos x}{\sin x} \tag{4.29}$$

$$g'(x_0) = \frac{-\sin^2 x_0 - \cos^2 x_0}{\sin^2 x_0},$$

also $$g'(x_0) = -\frac{1}{\sin^2 x_0} = -(1 + \cot^2 x_0) \quad \forall x_0 : \sin x_0 \neq 0. \tag{4.30}$$

Schließlich wollen wir noch die Ableitung der Exponentialfunktion angeben.

Beispiel 4.15 Sei also

$$f(x) = a^x, \quad a > 0. \tag{4.31}$$

Es gilt, wobei wir aus Platzgründen auf den Beweis verzichten,

$$\lim_{h \to 0} \frac{a^h - 1}{h} = \ln a. \tag{4.32}$$

Damit erhalten wir

$$f'(x_0) = \lim_{x \to x_0} \frac{a^x - a^{x_0}}{x - x_0} = a^{x_0} \lim_{x \to x_0} \frac{a^{x - x_0} - 1}{x - x_0},$$

nach (4.32) also

$$f'(x_0) = a^{x_0} \ln a. \tag{4.33}$$

Wählen wir speziell $a = e$, so ergibt sich daraus für

$$\phi(x) = e^x \tag{4.34}$$

wegen $\ln e = 1$ die Ableitung

$$\phi'(x_0) = e^x. \tag{4.35}$$

Kehren wir zu den allgemeinen Differentiationsregeln zurück. Von ganz wesentlicher Bedeutung für die Anwendung der Differentialrechnung ist die K e t t e n r e g e l.

Satz 4.8 *Sei* h = f ∘ g, *d. h.* h(x) = f(g(x)). *Sind* g *in* x_0 *und* f *in* $y_0 = g(x_0)$ *differenzierbar, dann ist* h = f ∘ g *in* x_0 *differenzierbar, und es gilt*

$$h'(x_0) = f'(g(x_0)) \cdot g'(x_0).$$

Die Ableitung der zusammengesetzten Funktion $f(g(\cdot))$ ist also das Produkt der Ableitung der „äußeren" Funktion f an der Stelle $g(x_0)$ mit der Ableitung der „inneren" Funktion g an der Stelle x_0. Der Beweis läuft natürlich wieder über eine geeignete Umformung des Differenzenquotienten von h = f ∘ g.

B e w e i s : Formal läßt sich der Differenzenquotient von h schreiben als

$$\Delta_{x_0}(x) = \frac{f(g(x)) - f(g(x_0))}{x - x_0} = \frac{f(g(x)) - f(g(x_0))}{g(x) - g(x_0)} \cdot \frac{g(x) - g(x_0)}{x - x_0}, \quad x \neq x_0.$$

Sei nun $\{x_\nu\}$ eine beliebige Folge, $x_\nu \neq x_0$, die gegen x_0 konvergiert. Nun sind zwei Fälle möglich.

Entweder stimmt unendlich oft $g(x_\nu)$ mit $g(x_0)$ überein, d. h. es gibt eine Teilfolge $\{x_{\nu_\kappa}\} \subset \{x_\nu\}$ derart, daß

$$g(x_{\nu_\kappa}) = g(x_0) \qquad \forall \kappa.$$

Dann ist der obige Ausdruck für $\Delta_{x_0}(x)$ in x_{ν_κ} sinnlos $\left(\frac{0}{0}!\right)$.

Aber dann gilt

$$\Delta_{x_0}(x_\kappa) = \frac{f(g(x_{\nu_\kappa})) - f(g(x_0))}{x_{\nu_\kappa} - x_0} = 0 \qquad \forall \kappa$$

und somit

$$h'(x_0) = 0,$$

was mit der Behauptung wegen $\dfrac{g(x_{\nu_\kappa}) - g(x_0)}{x_{\nu_\kappa} - x_0} = 0 \ \forall \kappa$, d. h. $g'(x_0) = 0$ übereinstimmt;

oder es gilt — eventuell nach Weglassen endlich vieler x_ν — $g(x_\nu) \neq g(x_0) \ \forall \nu$. Damit ist der obige Ausdruck für $\Delta_{x_0}(x)$ wohl definiert in x_ν und, da $\lim\limits_{\nu \to \infty} g(x_\nu) = g(x_0)$ nach Satz 4.1, folgt sofort

$$\lim_{\nu \to \infty} \Delta_{x_0}(x_\nu) = \lim_{\nu \to \infty} \frac{f(g(x_\nu)) - f(g(x_0))}{g(x_\nu) - g(x_0)} \cdot \lim_{\nu \to \infty} \frac{g(x_\nu) - g(x_0)}{x_\nu - x_0} = f'(g(x_0)) \cdot g'(x_0),$$

wie behauptet.   ■

Natürlich kann es vorkommen, daß einige der bisher bewiesenen Differentiationsregeln miteinander kombiniert werden müssen.

Beispiel 4.16 Ist etwa $f(x) = \sin x \cdot \cos x$, mit $\phi(x) = \sin x$ und $\psi(x) = \cos x$ also

$$f(x) = \phi(x) \cdot \psi(x),$$

dann liefern die Produktregel Satz 4.3 sowie (4.24) und (4.26)

$$f'(x_0) = \phi'(x_0)\psi(x_0) + \phi(x_0)\psi'(x_0) = \cos^2 x - \sin^2 x.$$

Ist hingegen $h(x) = x \cdot \sin 3x^2$, d. h. mit

$$g(x) = x, \qquad u(y) = \sin y \qquad v(x) = 3x^2$$

offenbar $h(x) = g(x) \cdot u(v(x))$; und setzen wir $w(x) = u(v(x))$, dann ist nach der Kettenregel

$$w'(x_0) = u'(v(x_0)) \cdot v'(x_0)$$

und nach der Produktregel

$$h'(x_0) = g'(x_0)w(x_0) + g(x_0)w'(x_0),$$

was schließlich

$$h'(x_0) = 1 \cdot u(v(x_0)) + x_0 \cdot u'(v(x_0)) \cdot v'(x_0)$$
$$= \sin 3x_0^2 + x_0 \cos 3x_0^2 \cdot 6x_0$$
$$= \sin 3x_0^2 + 6x_0^2 \cos 3x_0^2$$

ergibt.

Für umkehrbar eindeutige Funktionen läßt sich die Ableitung oft auf Grund der Kenntnis der Ableitung ihrer Umkehrfunktion bestimmen.

Satz 4.9 *Auf dem Intervall* $[a, b]$ *sei die Funktion* f *definiert, stetig und eineindeutig. Ist* f *in* $x_0 \in [a, b]$ *differenzierbar und* $f'(x_0) \neq 0$, *dann ist die Umkehrfunktion* f^{-1} *in* $y_0 = f(x_0)$ *differenzierbar, und es gilt*

$$(f^{-1})'(y_0) = \frac{1}{f'(x_0)}.$$

Anschaulich ist der Satz unmittelbar einleuchtend, wenn man sich daran erinnert, daß der Übergang von einer Funktion f zu ihrer Umkehrfunktion der Spiegelung des Graphen von f an der 45°-Geraden entspricht. Damit wird dann offenbar die Tangente an den Punkt $(x_0, f(x_0))$ in die Tangente an den Punkt $(f(x_0), x_0)$ gespiegelt, womit nach Fig. 4.6 $f'(x_0) = \tan \alpha = \dfrac{v}{x_0}$ in $(f^{-1})'(y_0) = \dfrac{x_0}{v}$ übergeht, was den behaupteten Zusammenhang liefert.

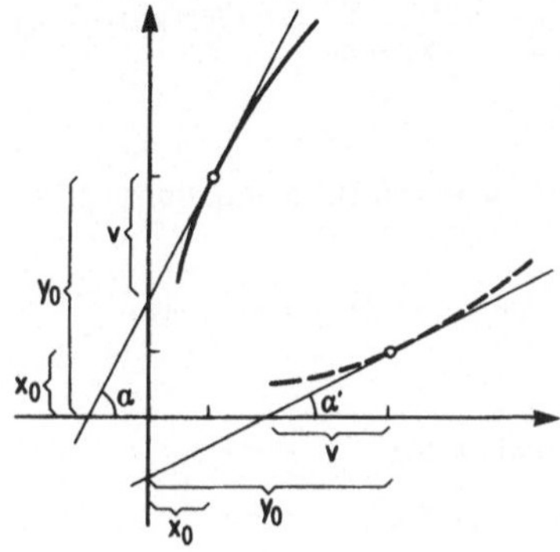

Fig. 4.6

B e w e i s : Zunächst zeigen wir, daß unter den obigen Voraussetzungen

$$\lim_{y \to y_0} f^{-1}(y) = f^{-1}(y_0) \tag{4.36}$$

gilt, wobei natürlich y nur Werte aus dem Wertebereich W von f annehmen soll.
Gäbe es nämlich eine Folge $\{y_n\} \subset W$ mit $y_n \to y_0$, derart daß $f^{-1}(y_n)$ nicht gegen
$f^{-1}(y_0)$ konvergiert, dann gäbe es also eine Folge $\{x_n\} \subset [a, b]$, derart daß $f(x_n) = y_n \; \forall\, n$,

$$f(x_n) \to f(x_0) \tag{4.37}$$

und x_n konvergiert nicht gegen x_0. Folglich gibt es ein $\epsilon > 0$, so daß für unendlich viele
x_n der Abstand $|x_n - x_0| \geqslant \epsilon$ ist, und demzufolge hat die Folge $\{x_n\}$ in $[a, b]$ einen
Häufungspunkt $s \neq x_0$ und eine Teilfolge $\{x_{n_\kappa}\}$, die gegen s konvergiert. Also gilt

$$\lim_{\kappa \to \infty} f(x_{n_\kappa}) = f(s)$$

wegen der Stetigkeit von f, und wegen (4.37) gilt

$$f(s) = f(x_0), \qquad s \neq x_0,$$

im Widerspruch zur Eineindeutigkeit von f. Damit ist (4.36) bewiesen.
Daraus folgt nun unmittelbar

$$\lim_{y \to y_0} \frac{f^{-1}(y) - f^{-1}(y_0)}{y - y_0} = \lim_{y \to y_0} \frac{f^{-1}(y) - f^{-1}(y_0)}{f(f^{-1}(y)) - f(f^{-1}(y_0))}$$

$$= \frac{1}{f'(f^{-1}(y_0))} = \frac{1}{f'(x_0)}. \qquad\blacksquare$$

Dieser Satz ist von praktischem Nutzen in jenen Fällen, in denen die Ableitung einer
Funktion erheblich einfacher zu finden ist als diejenige der Umkehrfunktion. Die folgenden Beispiele machen das deutlich.

Beispiel 4.17 Der natürliche Logarithmus

$$\phi(y) = \ln y, \qquad y > 0, \tag{4.38}$$

ist bekanntlich die Umkehrfunktion der Exponentialfunktion

$$f(x) = e^x, x \in \mathbf{R},$$

mit der Ableitung

$$f'(x) = e^x > 0 \qquad \forall\, x.$$

Setzen wir

$$y = e^x \quad \text{bzw.} \quad x = \ln y,$$

dann ist nach Satz 4.9

$$\phi'(y) = \frac{1}{f'(x)} = \frac{1}{e^x} = \frac{1}{y},$$

also $\quad \dfrac{d}{dy}\ln y = \dfrac{1}{y}.$

$$\tag{4.39}$$

Beispiel 4.18 Der Arcussinus

$$\phi(y) = \arcsin y, \qquad y \in [-1, 1], \tag{4.40}$$

ist die Umkehrfunktion von

$$f(x) = \sin x, \qquad x \in \left[-\frac{\pi}{2}, \frac{\pi}{2} \right].$$

Da $\qquad f'(x) = \cos x \neq 0 \qquad \forall\, x \in \left(-\frac{\pi}{2}, \frac{\pi}{2} \right),$

gilt nach Satz 4.9 mit $y = \sin x$ bzw. $x = \arcsin y$

$$\phi'(y) = \frac{1}{f'(x)} = \frac{1}{\cos x} = \frac{1}{\sqrt{1 - \sin^2 x}} = \frac{1}{\sqrt{1 - y^2}} \qquad \forall\, x \in \left(-\frac{\pi}{2}, \frac{\pi}{2} \right),$$

also $\quad \phi'(y) = \dfrac{1}{\sqrt{1 - y^2}}, \qquad y \in (-1, 1).$

$$\tag{4.41}$$

Analog erhält man

$$\frac{d}{dy}\arccos y = -\frac{1}{\sqrt{1 - y^2}}, \qquad y \in (-1, 1). \tag{4.42}$$

Beispiel 4.19 Der Arcustangens

$$\phi(y) = \arctan y, \qquad y \in \mathbf{R}, \tag{4.43}$$

ist die Umkehrfunktion von

$$f(x) = \tan x, \qquad x \in \left(-\frac{\pi}{2}, \frac{\pi}{2} \right).$$

Da nach (4.28)

$$f'(x) = 1 + \tan^2 x > 0 \qquad \forall\, x \in \left(-\frac{\pi}{2}, \frac{\pi}{2} \right),$$

folgt nach Satz 4.9 mit $y = \tan x$ bzw. $x = \arctan y$

$$\phi'(y) = \frac{1}{f'(x)} = \frac{1}{1 + \tan^2 x} = \frac{1}{1 + y^2}. \tag{4.44}$$

Analog erhält man

$$\frac{d}{dy}\operatorname{arccot} y = -\frac{1}{1 + y^2}. \tag{4.45}$$

Übungsaufgaben

1. Bestimmen Sie durch Grenzwertbildung die Ableitung folgender Funktionen:

a) $f(x) = \sqrt{x + a}$, $\;x > -a$;   b) $g(x) = \dfrac{1}{1 + x}$, $\;x \neq -1$.

2. Berechnen Sie die Ableitung folgender Funktionen:

a) $f(x) = x^2 \cdot \sqrt[4]{x^3}$;   b) $g(x) = x^5 \cdot \sin^2 x + \tan x$;

c) $h(x) = \dfrac{\sin x - x \cdot \cos x}{\cos x + x \cdot \sin x}$, $x \in [0, \pi]$;   d) $i(x) = e^{\sqrt{1 - x^2}}$, $|x| \leqslant 1$;

e) $k(x) = \sqrt{\dfrac{x}{x^2 - a^2}}$, $|x| \neq |a|$;   f) $\ell(x) = \ln(x + \sqrt{x^2 - 1})$, $x \geqslant 1$;

g) $m(x) = a^{2x}$.

3. Untersuchen Sie die Funktion $g(x) = \sqrt[3]{x}$ im Punkte $x_0 = 0$ bezüglich Stetigkeit und Differenzierbarkeit.

4. Zeigen Sie, daß die Funktion

$$f(x) = \begin{cases} x^2 \cdot \sin \dfrac{1}{x}, & \text{falls } x \neq 0 \\[2ex] 0, & \text{falls } x = 0 \end{cases}$$

im Punkte $x_0 = 0$ differenzierbar, aber nicht stetig differenzierbar ist. (Hinweis: Eine Funktion ist stetig differenzierbar, wenn die Ableitung stetig ist.)

4.2 Der Mittelwertsatz der Differentialrechnung

Betrachten wir wieder wie in Beispiel 4.5 eine Kostenfunktion $K(x)$ und nehmen wir an, für die produzierte Menge x_0 seien uns die Kosten $K(x_0)$ bekannt. Ferner habe uns jemand mitgeteilt, wie hoch die Grenzkosten

$$K'(x) \quad \text{im Intervall} \quad [x_0, x_0 + h]$$

sind. Können wir mit Hilfe dieser Information bestimmen oder wenigstens abschätzen, wie groß die Kosten $K(x_0 + h)$ für die um h erhöhte Produktmenge sein werden? Unter zusätzlichen Annahmen werden wir das ohne weiteres können, z. B. wenn wir annehmen, daß die Kostenfunktion jedenfalls im Intervall $[x_0, x_0 + h]$ linear ist, also die Form

$$K(x) = \alpha x + \beta$$

hat. Dann ist

$$K'(x) = \alpha = K',$$

und dieser Wert der (dann konstanten) Grenzkosten ist uns ja bekannt. Ferner gilt wegen der Linearität auch

$$K(x_0 + h) = \alpha(x_0 + h) + \beta = \alpha x_0 + \beta + \alpha \cdot h = K(x_0) + K' \cdot h,$$

d. h. in diesem Fall läßt sich $K(x_0 + h)$ aus $K(x_0)$ und K' exakt ermitteln. Im allgemeinen (nichtlinearen) Fall ist unsere Frage allerdings etwas schwieriger zu beantworten.

Ist die Situation durch Fig. 4.7 korrekt wiedergegeben, dann wären wir eigentlich an der Steigung α der Sekante $\overline{AB}$ interessiert, denn daraus würden wir nach obigem sofort

$$K(x_0 + h) = K(x_0) + \alpha \cdot h$$

erhalten. Statt der Steigung α der Sekante $\overline{AB}$ kennen wir aber lediglich die Steigung $K'(x)$ für $x \in [x_0, x_0 + h]$ der Kurve $\{(x, K(x)) \mid x_0 \leqslant x \leqslant x_0 + h\}$. Wenn nun, wie in Fig. 4.7 eingezeichnet, wenigstens in einem Punkt $(\xi, K(\xi))$ dieser Kurve ihre Tangente parallel zur Sekante $\overline{AB}$ ist, also $\alpha = K'(\xi)$ gilt, dann ist auch

$$K(x_0 + h) = K(x_0) + K'(\xi) \cdot h, \quad \text{wobei} \quad \xi \in [x_0, x_0 + h]$$

geeignet gewählt werden muß. Der Mittelwertsatz garantiert nun, daß diese Darstellung immer möglich ist und nicht von uns durch eine passende Zeichnung erzwungen wurde.

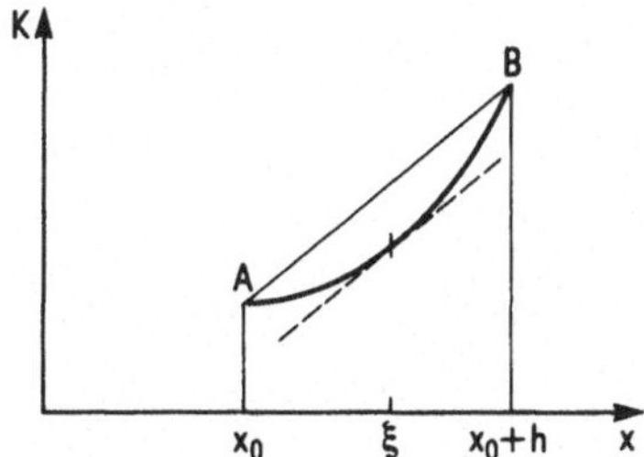

Fig. 4.7

Ein Spezialfall des Mittelwertsatzes ist der S a t z v o n R o l l e :

Satz 4.10 *Sei* $I = [a, b]$ *und die Funktion* $f : I \rightarrow$ **R** *auf* I *stetig und in* I *differenzierbar. Gilt* $f(a) = f(b)$, *dann existiert ein* $u \in (a, b)$ *mit* $f'(u) = 0$.

Der Satz besagt also, daß der Graph einer Funktion, die an den Intervallenden gleiche Funktionswerte annimmt, unter unseren Voraussetzungen irgendwo im Intervall eine waagerechte Tangente haben muß, was in Fig. 4.8 veranschaulicht ist.

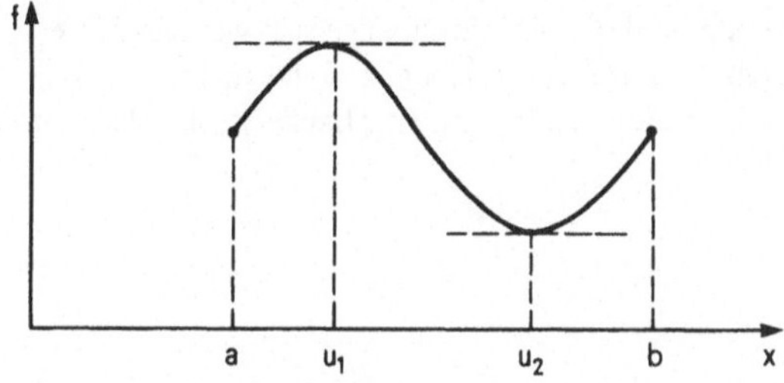

Fig. 4.8
Satz von Rolle

B e w e i s : Nach Voraussetzung gilt für $\gamma = f(a)$

$$\gamma = f(a) = f(b).$$

Da f auf I stetig ist, existieren (vgl. Satz 3.7)

$$m = \min_I f(x) = f(x_0), \quad x_0 \in I, \quad \text{und} \quad M = \max_I f(x) = f(z_0), \quad z_0 \in I.$$

Falls m = M gilt, muß offenbar f(x) auf I konstant, nämlich

$$f(x) \equiv \gamma$$

sein; dann gilt aber $f'(x) = 0 \ \forall x \in (a, b)$.

Sei daher $m < M$ und somit entweder $m \neq \gamma$ oder $M \neq \gamma$. Wir nehmen an, es sei $m \neq \gamma$. Folglich kann x_0 nicht mit einem der Intervallenden a, b übereinstimmen, da ja $f(x_0) = m \neq \gamma = f(a) = f(b)$. Also gilt

$$a < x_0 < b.$$

Sei $\{x_n\} \subset I$ so, daß $x_n < x_0 \ \forall n \geqslant 1$ und $x_n \to x_0$ und $\{y_n\} \subset I$ so, daß $y_n > x_0 \ \forall n \geqslant 1$ und $y_n \to x_0$. Damit gilt ($f(x_0)$ ist der kleinstmögliche Funktionswert!)

$$f(x_n) - f(x_0) \geqslant 0 \quad \text{und} \quad x_n - x_0 < 0 \qquad \forall n \geqslant 1$$

sowie $\quad f(y_n) - f(x_0) \geqslant 0 \quad \text{und} \quad y_n - x_0 > 0 \qquad \forall n \geqslant 1,$

d. h. $\quad \dfrac{f(x_n) - f(x_0)}{x_n - x_0} \leqslant 0 \quad \text{und} \quad \dfrac{f(y_n) - f(x_0)}{y_n - x_0} \geqslant 0 \qquad \forall n \geqslant 1.$

Für $n \to \infty$ folgt hieraus

$$f'(x_0) \leqslant 0 \quad \text{und} \quad f'(x_0) \geqslant 0, \quad \text{also } f'(x_0) = 0.$$

Wäre entgegen unserer Annahme $m = \gamma$ gewesen, dann hätte $M \neq \gamma$ gelten müssen. Für diesen Fall ergibt sich der Beweis analog. ∎

Mit Hilfe des Satzes von Rolle läßt sich nun der M i t t e l w e r t s a t z   d e r   D i f f e - r e n t i a l r e c h n u n g leicht beweisen.

Satz 4.11 *Sei* I = [a, b] *und die Funktion* f : I → **R** *auf* I *stetig und in* I *differenzierbar. Dann gibt es in* I *eine Stelle* x_0, a < x_0 < b, *derart, daß*

$$f'(x_0) = \frac{f(b) - f(a)}{b - a}.$$

B e w e i s : Für $H(x) = f(x) - \dfrac{f(b) - f(a)}{b - a} (x - a)$ gilt nach unseren Voraussetzungen

$$H(a) = f(a), \qquad H(b) = f(a),$$

H : I → **R** ist stetig auf I und H : I → **R** ist differenzierbar in I.

Folglich gibt es nach dem Satz von Rolle ein $x_0 \in (a, b)$ mit

$$H'(x_0) = 0,$$

d. h. $\quad H'(x_0) = f'(x_0) - \dfrac{f(b) - f(a)}{b - a} = 0.$ ∎

Gelegentlich ist der folgende v e r a l l g e m e i n e r t e M i t t e l w e r t s a t z nützlich.

Satz 4.12 *Sei* I = [a, b] *und seien* f : I → **R** *und* ϕ : I → **R** *auf* I *stetig und in* I *differenzierbar. Ist* $\phi'(x) \neq 0 \ \forall \, x \in (a, b)$, *dann ist* $\phi(b) - \phi(a) \neq 0$, *und es gibt ein* $x_0 \in (a, b)$ *derart, daß*

$$\frac{f(b) - f(a)}{\phi(b) - \phi(a)} = \frac{f'(x_0)}{\phi'(x_0)}.$$

Setzt man hier $\phi(x) = x$, so erhält man offenbar wieder Satz 4.11.

B e w e i s : Nach Satz 4.11 gibt es ein $u \in (a, b)$ derart, daß

$$\phi(b) - \phi(a) = (b - a)\phi'(u).$$

Aus $b > a$ und $\phi'(u) \neq 0$ nach Voraussetzung folgt $\phi(b) - \phi(a) \neq 0$ wie behauptet.
Sei nun

$$H(x) = f(x) - f(a) - \frac{f(b) - f(a)}{\phi(b) - \phi(a)} \, (\phi(x) - \phi(a)).$$

Offenbar ist $H(a) = 0 = H(b)$.
Ferner ist $H : I \to \mathbf{R}$ stetig auf I und differenzierbar in I.
Folglich existiert nach dem Satz von Rolle ein $x_0 \in (a, b)$ derart, daß $H'(x_0) = 0$, d. h.

$$H'(x_0) = f'(x_0) - \frac{f(b) - f(a)}{\phi(b) - \phi(a)} \, \phi'(x_0) = 0. \qquad \blacksquare$$

Wir werden vom Mittelwertsatz häufig in der folgenden Schreibweise Gebrauch machen:

$$f(x) = f(x_0) + (x - x_0)f'(x_0 + \theta(x - x_0)) \quad \text{mit } \theta \in (0, 1).$$

Dies ist dann stets so zu verstehen, daß die Funktion f auf $[x_0, x]$ bzw. $[x, x_0]$ als stetig und in diesem Intervall als differenzierbar angenommen wird, und mit $[a, b] = [x_0, x]$ bzw. $[a, b] = [x, x_0]$ ist dann $u \in (a, b)$ gleichbedeutend mit der Existenz eines $\theta \in (0, 1)$ so, daß $u = a + \theta(b - a)$. Damit ergibt sich die obige Schreibweise unmittelbar aus Satz 4.11.
Angewandt auf eine Kostenfunktion — vgl. Beispiel 4.5 — folgt insbesondere

$$K(x + 1) = K(x) + 1 \cdot K'(x + \theta) \quad \text{mit } \theta \in (0, 1).$$

Damit betragen die Kosten „für die nächste zusätzliche Einheit"

$$K(x + 1) - K(x) = K'(x + \theta),$$

was nur dann mit den Grenzkosten $K'(x)$ ungefähr übereinstimmt, wenn sich diese im Intervall $[x, x + 1]$ nicht stark verändern.

Übungsaufgaben

1. Die Kostenfunktion eines Unternehmers, der sein Produkt zu einem festen Preis von Fr. 600,– verkauft, sei $K = (q^2 - 8\,q + 580)\,(q - 30) + 18\,000$ (q sei die Produktionsmenge). Zeigen Sie mit Hilfe des Mittelwertsatzes, daß die Produktion für $q > 30$ unrentabel ist.

2. Sei $I := [a, b]$ und $f : I \to \mathbf{R}$ differenzierbar in I. Beweisen Sie die Gültigkeit folgender Aussage: f ist genau dann auf I monoton wachsend, wenn $f'(x) \geqslant 0$ in I.

3. Sei $f(x) = x^x$, $x > 0$.

a) Berechnen Sie $\phi(x) = f'(x)$ und $\phi'(x)$; (Hinweis: Die Kettenregel liefert $\dfrac{d}{dx} \ln f(x) = \dfrac{f'(x)}{f(x)}$.)

b) Lösen Sie die Gleichung $f'(x) = 0$;

c) Bestimmen Sie 2 Intervalle I_1 und I_2 so, daß $f(x)$ auf I_1 monoton fällt und auf I_2 monoton wächst;

d) Skizzieren Sie $f(x)$.

4.3 Taylor-Polynom und Taylor-Reihe

Ist auf einem Intervall $I = [a, b]$ die Funktion $f : I \to \mathbf{R}$ differenzierbar, dann ist die Ableitung f' wieder eine Funktion, also $f' : I \to \mathbf{R}$. Ist diese Funktion wieder differenzierbar, so nennt man deren Differentialquotienten die z w e i t e   A b l e i t u n g von f und bezeichnet sie mit f'' oder $\dfrac{d^2 f}{dx^2}$. Damit haben wir wieder eine Funktion $f'' : I \to \mathbf{R}$; ist diese ebenfalls differenzierbar, so ist ihr Differntialquotient die d r i t t e   A b l e i t u n g von f und wird mit f''' oder $f^{(3)}$ oder mit $\dfrac{d^3 f}{dx^3}$ bezeichnet. So fortfahrend spricht man allgemein von der n - t e n   A b l e i t u n g einer Funktion, sofern sie existiert.

Definition 4.3 *Eine Funktion* $f : D \to \mathbf{R}$ *heißt in* $x_0 \in D$ n - m a l   d i f f e r e n z i e r b a r , *falls die Ableitungen* $f'(x_0), f''(x_0), f^{(3)}(x_0), \ldots, f^{(n)}(x_0)$ *existieren.*
Dabei ist

$$f^{(r)}(x_0) = \frac{df^{(r-1)}(x_0)}{dx}, \qquad r \geqslant 1, \text{ mit } f^{(0)}(x_0) = f(x_0).$$

Stattdessen schreibt man auch symbolisch

$$f^{(r)}(x_0) = \frac{d^r f(x_0)}{dx^r} = \frac{d}{dx}\left(\frac{d^{r-1} f(x_0)}{dx^{r-1}}\right).$$

Beispiel 4.20 a) Sei $f(x) = x^n$, $n \in \mathbf{N}$, $n \geqslant 1$. Dann ist nach Beispiel 4.8

$$f'(x) = n\,x^{n-1}. \tag{4.46}$$

Falls nun n = 1, dann ist nach Beispiel 4.7

$$f''(x) \equiv 0$$

und folglich

$$f^{(3)}(x) \equiv 0, \quad f^{(4)}(x) \equiv 0 \text{ usw.}$$

Falls n > 1, folgt aus (4.46)

$$f''(x) = n \cdot (n - 1)x^{n-2}.$$

Ist n > 2, dann folgt

$$f'''(x) = n \cdot (n - 1)(n - 2)x^{n-3}.$$

Allgemein ergibt sich so

$$f^{(r)}(x) = \begin{cases} n(n - 1)\ldots(n - r + 1)x^{n-r}, & \text{falls } r < n \\ n!, & \text{falls } r = n \\ 0, & \text{falls } r > n. \end{cases} \tag{4.47}$$

b) Sei nun $\phi(y) = \ln y, y > 0$. Nach Beispiel 4.16 ist dann

$$\phi'(y) = \frac{1}{y},$$

und nach Beispiel 4.11 folgt daraus

$$\phi''(y) = -\frac{1}{y^2}, \qquad \phi^{(3)}(y) = \frac{2}{y^3}, \qquad \phi^{(4)}(y) = -\frac{6}{y^4}$$

und allgemein

$$\phi^{(r)}(y) = (-1)^{r-1}\frac{(r - 1)!}{y^r}, r \geqslant 1. \tag{4.48}$$

c) Besonders einfach erhält man die höheren Ableitungen der Exponentialfunktion

$$\psi(x) = e^x.$$

Nach Beispiel 4.15 ist

$$\psi'(x) = e^x$$

und folglich

$$\psi^{(r)}(x) = e^x \qquad \forall\, r \geqslant 0. \tag{4.49}$$

d) Aus den Beispielen 4.12 und 4.13 wissen wir, daß $g(x) = \sin x$ die Ableitung $g'(x) = \cos x$ und daß $h(x) = \cos x$ die Ableitung $h'(x) = -\sin x$ besitzen. Folglich gilt allgemein

$$\left. \begin{aligned} g^{(2r-1)}(x) &= (-1)^{r-1}\cos x \\ g^{(2r)}(x) &= (-1)^r \sin x \end{aligned} \right\}, \qquad r \geqslant 1, \tag{4.50}$$

sowie $h^{(k)}(x) = g^{(k+1)}(x), k \geqslant 0,$

da $h(x) = g'(x)$, und somit

$$\left. \begin{array}{l} h^{(2r-1)}(x) = g^{(2r)}(x) = (-1)^r \sin x \\ h^{(2r)}(x) = g^{(2(r+1)-1)}(x) = (-1)^r \cos x \end{array} \right\}, \qquad r \geqslant 1. \qquad (4.51)$$

Sei nun auf einem Intervall I = [a, b] eine Funktion

$$f : I \to \mathbf{R}$$

mindestens (n + 1)-mal s t e t i g d i f f e r e n z i e r b a r auf I, d. h. wenigstens die Ableitungen $f', f'', \ldots, f^{(n)}, f^{(n+1)}$ existieren und sind stetig auf I. Dann kann es sein, daß diese Funktion schwierig zu handhaben ist, d. h. beispielsweise, daß sie im allgemeinen schwierig auszuwerten ist. Das trifft z. B. schon für die uns inzwischen bekannten Funktionen sin x, cos x, e^x, und ln x zu. Wie kommen wir zu einigermaßen genauen Funktionswerten $\sin \frac{\pi}{7}$, $e^{3,7}$ oder ln 13,4? So, wie diese Funktionen definiert sind, könnten wir die Funktionswerte im allgemeinen nur über langwierige Prozesse (z. B. Grenzübergänge für komplizierte Folgen) bestimmen.

Andererseits gibt es Funktionen, die sehr viel einfacher zu handhaben sind. Insbesondere sind hier die Polynome zu nennen, die man offenbar mit endlich vielen elementaren Rechenoperationen auswerten kann. Daher liegt die Idee nahe, die gegebene Funktion $f : I \to \mathbf{R}$ durch ein geeignetes Polynom P_n n-ten Grades zu approximieren (näherungsweise darzustellen).

Wenn man verlangt, daß die Funktionswerte von P_n und f und die ersten n Ableitungen an der Stelle a übereinstimmen, ergeben sich aus dem Ansatz

$$P_n(x) = \sum_{\nu=0}^{n} \alpha_\nu (x-a)^\nu$$

mit (vgl. (4.47))

$$P_n^{(k)}(x) = \sum_{\nu=k}^{n} \alpha_\nu \cdot \frac{\nu!}{(\nu-k)!} (x-a)^{\nu-k}, \qquad k = 1, \ldots, n$$

die Bedingungen

$$P_n^{(k)}(a) = \alpha_k \cdot k! = f^{(k)}(a), \qquad k = 0, 1, \ldots, n, \qquad (4.52)$$

woraus

$$\alpha_k = \frac{1}{k!} f^{(k)}(a), \qquad k = 0, 1, \ldots, n, \qquad (4.53)$$

folgt.

Das Polynom

$$P_n(x) = \sum_{\nu=0}^{n} \frac{(x-a)^\nu}{\nu!} f^{(\nu)}(a)$$

heißt das n - t e T a y l o r - P o l y n o m v o n f a n d e r S t e l l e a. Über die Abweichung des Taylor-Polynoms von der zu approximierenden Funktion gibt der folgende S a t z v o n T a y l o r Auskunft.

Satz 4.13 *Sei auf* I = [a, b] *die Funktion* f : I → **R** (n + 1)-mal *stetig differenzierbar. Ist* P_n *das* n-te *Taylor-Polynom von* f *an der Stelle* a, *dann gibt es zu jedem* x ∈ I, x ≠ a *ein* ξ_x ∈ (a, x) *derart, daß*

$$R_n(x) = f(x) - P_n(x) = \frac{(x - a)^{n+1}}{(n + 1)!} \, f^{(n+1)}(\xi_x).$$

B e w e i s : Sind g : I → **R** und ϕ : I → **R** auf I stetig und in I differenzierbar, ist $\phi'(x) \neq 0$ ∀ x ∈ (a, b) und gilt ferner g(a) = ϕ(a) = 0, dann gibt es nach dem verallgemeinerten Mittelwertsatz (Satz 4.12) ein x_0 ∈ (a, b) so, daß

$$\frac{g(b)}{\phi(b)} = \frac{g(b) - g(a)}{\phi(b) - \phi(a)} = \frac{g'(x_0)}{\phi'(x_0)}.$$

Für R_n = f − P_n gilt nach (4.52)

$$R_n^{(k)}(a) = 0, \qquad k = 0, 1, \ldots, n,$$

und $R_n^{(k)}$: I → **R** ist für k = 0, 1, . . ., n stetig differenzierbar auf I. Ist

$$\phi_k(x) = \frac{(n + 1)!}{(n + 1 - k)!} \, (x - a)^{n+1-k},$$

dann gilt

$$\phi_k(a) = 0, \qquad k = 0, 1, \ldots, n,$$

und $\quad \phi_{k+1}(x) = \dfrac{(n + 1)!}{(n + 1 - k - 1)!} \, (x - a)^{n+1-k-1} > 0 \qquad$ ∀ x ∈ (a, b), k = 0, 1, . . ., n.

Wenden wir den oben erwähnten verallgemeinerten Mittelwertsatz (n + 1)-mal an, so folgt für ein beliebiges x ∈ (a, b)

$$\frac{R_n(x)}{\phi_0(x)} = \frac{R_n'(x_1)}{\phi_0'(x_1)} = \frac{R_n'(x_1)}{\phi_1(x_1)} \qquad \text{für ein } x_1 \in (a, x)$$

$$= \frac{R_n''(x_2)}{\phi_1'(x_2)} = \frac{R_n''(x_2)}{\phi_2(x_2)} \qquad \text{für ein } x_2 \in (a, x_1)$$

$$= \ldots \qquad = \frac{R_n^{(n)}(x_n)}{\phi_n(x_n)} \qquad \text{für ein } x_n \in (a, x_{n-1})$$

$$= \frac{R_n^{(n+1)}(x_{n+1})}{\phi_n'(x_{n+1})} = \frac{R_n^{(n+1)}(x_{n+1})}{(n + 1)!} \qquad \text{für ein } x_{n+1} \in (a, x_n).$$

Danach gibt es ein ξ_x = x_{n+1} ∈ (a, x) so, daß

$$R_n(x) = \frac{R_n^{(n+1)}(\xi_x)}{(n + 1)!} \, \phi_0(x) = \frac{(x - a)^{n+1}}{(n + 1)!} \cdot R_n^{(n+1)}(\xi_x).$$

Aus $R_n = f - P_n$ folgt wegen $P_n^{(n+1)}(\xi) \equiv 0$

$$R_n(x) = \frac{(x-a)^{n+1}}{(n+1)!}\, f^{(n+1)}(\xi_x).$$ ∎

Aus diesem Satz folgt sofort die sogenannte T a y l o r' s c h e   F o r m e l :

$$f(x) = \sum_{\nu=0}^{n} \frac{(x-a)^{\nu}}{\nu!}\, f^{(\nu)}(a) + \frac{(x-a)^{n+1}}{(n+1)!}\, f^{(n+1)}(\xi_x), \qquad \xi_x \in (a, x). \qquad (4.54)$$

Ist nun $f : I \to \mathbf{R}$ beliebig oft differenzierbar und sind alle Ableitungen auf I stetig, dann können wir formal die T a y l o r r e i h e   v o n   f   an   d e r   S t e l l e   a

$$\sum_{\nu=0}^{\infty} \frac{(x-a)^{\nu}}{\nu!}\, f^{(\nu)}(a) \qquad (4.55)$$

bilden. Man nennt diese unendliche Reihe auch die T a y l o r e n t w i c k l u n g   v o n   f   u m   a. Allerdings stellen sich dazu verschiedene Fragen:

1. Konvergiert die Reihe (4.55) überhaupt für ein $x \in (a, b]$, oder für welche $x \in (a, b]$ konvergiert sie?
2. Wenn die Reihe (4.55) für ein $x \in (a, b]$ konvergiert, ist dann der Grenzwert $f(x)$?
3. Wenn die Reihe (4.55) gegen $f(x)$ konvergiert, wie schnell konvergiert sie dann?

Alle diese Fragen müssen im Einzelfall geprüft werden. Die Antworten hängen sowohl von der jeweiligen Funktion als auch vom betrachteten Intervall $[a, b]$ bzw. (a, x) ab.

Beispiel 4.21 a) Sei $\phi(x) = \sum\limits_{\nu=0}^{n} b_{\nu} x^{\nu}$, $b_n \neq 0$, d. h. ϕ ist ein Polynom n-ten Grades. Nach (4.54) gilt für ein beliebiges $a \in \mathbf{R}$

$$\phi(x) = \sum_{\nu=0}^{n} \frac{(x-a)^{\nu}}{\nu!}\, \phi^{(\nu)}(a) + \frac{(x-a)}{(n+1)!}\, \phi^{(n+1)}(\xi_x).$$

Nach (4.47) ist aber

$$\phi^{(n+1)}(x) \equiv 0 \qquad \forall\, x \in \mathbf{R},$$

also $\qquad \phi(x) = \sum\limits_{\nu=0}^{n} \frac{\phi^{(\nu)}(a)}{\nu!}\,(x-a)^{\nu}$ mit $\dfrac{\phi^{(n)}(a)}{n!} = \dfrac{n!}{n!} \cdot b_n = b_n \neq 0.$

Ein Polynom n-ten Grades in x läßt sich also darstellen als Polynom n-ten Grades in $(x-a)$ für jedes beliebige $a \in \mathbf{R}$.

Ist insbesondere a eine Nullstelle von ϕ, also $\phi(a) = 0$, dann folgt

$$\phi(x) = \sum_{\nu=1}^{n} \frac{\phi^{(\nu)}(a)}{\nu!}\,(x-a)^{\nu} = (x-a) \sum_{\nu=1}^{n} \frac{\phi^{(\nu)}(a)}{\nu!}\,(x-a)^{\nu-1}.$$

Für jede Nullstelle a von ϕ gilt also, daß $\phi(x)$ durch $(x-a)$ teilbar ist.

Sind $x_1, \ldots, x_k$ reelle Nullstellen von ϕ, dann ist daher

$$\phi(x) = (x - x_1) \cdot (x - x_2) \cdot \ldots \cdot (x - x_k) \cdot \psi(x),$$

wobei $\psi(x)$ ein Polynom $(n - k)$-ten Grades ist. Daraus folgt:

Ein Polynom n-ten Grades hat höchstens n reelle Nullstellen.

b) Sei $g(x) = e^x$. Nach der Taylor'schen Formel gilt mit $a = 0$, $g^{(\nu)}(a) = e^a = 1 \; \forall \, \nu \geqslant 0$,

$$e^x = \sum_{\nu = 0}^{n} \frac{x^\nu}{\nu!} + \frac{x^{n+1}}{(n+1)!} \, e^{\xi_x} \quad \text{mit } 0 < \xi_x < x.$$

Da $\quad \left| \dfrac{x^{\nu+1}}{(\nu + 1)!} \bigg/ \dfrac{x^\nu}{\nu!} \right| = \left| \dfrac{x}{\nu + 1} \right| < \dfrac{1}{2} \quad \forall \, \nu > 2 \, |x|,$

konvergiert die Reihe

$$\sum_{\nu = 0}^{\infty} \frac{x^\nu}{\nu!}$$

nach dem Quotientenkriterium für jedes $x \in \mathbf{R}$ absolut.

Für $R_n(x)$ gilt, da ξ_x zwischen a und x liegt und folglich e^{ξ_x} zwischen e^a und e^x beschränkt ist durch ein $M > 0$,

$$|R_n(x)| = \left| \frac{x^{n+1}}{(n+1)!} \right| \cdot e^{\xi_x} < \left| \frac{x^{n+1}}{(n+1)!} \right| \cdot M.$$

Da $\displaystyle\sum_{\nu = 0}^{\infty} \frac{x^\nu}{\nu!}$ absolut konvergiert, muß nach Korollar 2.16 $\left| \dfrac{x^{n+1}}{(n+1)!} \right|$ gegen Null streben,

also $\displaystyle\lim_{n \to \infty} |R_n(x)| = 0$. Aus $R_n(x) = e^x - \displaystyle\sum_{\nu = 0}^{n} \frac{x^\nu}{\nu!} \; \forall \, n \in \mathbf{N}$ folgt somit – zunächst für $x > 0$ –

$$e^x = \lim_{n \to \infty} \left[\sum_{\nu = 0}^{n} \frac{x^\nu}{\nu!} + R_n(x) \right] = \sum_{\nu = 0}^{\infty} \frac{x^\nu}{\nu!}. \tag{4.56}$$

B e m e r k u n g : Tatsächlich gilt diese Beziehung für alle $x \in \mathbf{R}$. Das sieht man ein, indem man Satz 4.13 statt für $I = [a, b]$ für $I = [a - \delta, a + \delta]$ mit festem $\delta > 0$ formuliert. Unter denselben Voraussetzungen über die zu entwickelnde Funktion f auf I erhält man dieselben Formeln für das R e s t g l i e d $R_n(x)$ bzw. die Taylor'sche Formel; lediglich $\xi_x \in (a, x)$ ist zu ersetzen durch „ξ_x zwischen a und x", da jetzt auch $x < a$ zulässig ist.

c) Für $h(x) = \sin x$ erhalten wir mit $a = 0$ das Taylor-Polynom folgendermaßen: Nach (4.50) ist

$$h^{(2r)}(x) = (-1)^r \sin x, \qquad r \geqslant 0,$$

und $\quad h^{(2r-1)}(x) = (-1)^{r-1} \cos x, \qquad r \geqslant 1.$

Also haben wir

$$h^{(2r)}(0) = 0 \quad \forall\, r \geqslant 0; \quad h^{(2r-1)}(0) = (-1)^{r-1} \quad \forall\, r \geqslant 1.$$

Damit erhalten wir für die Taylorentwicklung von $\sin x$ um 0 die Reihe

$$\sum_{\nu=0}^{\infty} \frac{x^\nu}{\nu!} h^{(\nu)}(0) = x - \frac{x^3}{3!} + \frac{x^5}{5!} - \frac{x^7}{7!} + \ldots = \sum_{\nu=0}^{\infty} (-1)^\nu \frac{x^{2\nu+1}}{(2\nu+1)!}.$$

Danach gilt für die Taylor-Polynome

$$P_{2n-1}(x) = P_{2n}(x).$$

Für das Restglied erhalten wir

$$R_{2n}(x) = \frac{x^{2n+1}}{(2n+1)!} (-1)^n \cos \xi_x.$$

Da die Absolutglieder der obigen Taylorreihe eine Teilfolge der Glieder der Taylorreihe für e^x sind, konvergiert auch die Taylorreihe des Sinus absolut, und für $R_{2n}(x)$ gilt

$$|R_{2n}(x)| = \left| \frac{x^{2n+1}}{(2n+1)!} \cos \xi_x \right| \leqslant \left| \frac{x^{2n+1}}{(2n+1)!} \right| \to 0$$

für $n \to \infty$. Also gilt

$$\sin x = \sum_{\nu=0}^{\infty} (-1)^\nu \frac{x^{2\nu+1}}{(2\nu+1)!} \quad \forall\, x \in \mathbf{R}. \tag{4.57}$$

Berechnen wir näherungsweise $\sin x$ gemäß

$$\sin x \approx x - \frac{x^3}{3!} + \frac{x^5}{5!}$$

für $\hat{x} = \dfrac{\pi}{4}$, so erhalten wir, auf 4 Stellen gerundet,

$$\sin \hat{x} \approx 0{,}7071.$$

Für den Fehler haben wir

$$|R_6(\hat{x})| \leqslant \frac{\hat{x}^7}{7!} < 3{,}7 \cdot 10^{-5},$$

d. h. der Fehler ist kleiner als der mögliche Rundungsfehler.
Der vierstellige Tabellenwert lautet ebenfalls

$$\sin \hat{x} = 0{,}7071.$$

Analog erhält man

$$\cos x = 1 - \frac{x^2}{2!} + \frac{x^4}{4!} - \ldots = \sum_{\nu=0}^{\infty} \frac{x^{2\nu}}{(2\nu)!} \cdot (-1)^\nu. \tag{4.58}$$

d) Zum Schluß wollen wir $\psi(x) = \ln x$ um $a = 1$ entwickeln.
Nach (4.48) gilt

$$\psi^{(\nu)}(x) = (-1)^{\nu-1} \frac{(\nu-1)!}{x^\nu}, \qquad \nu \geq 1,$$

also $\psi^{(\nu)}(1) = (-1)^{\nu-1}(\nu-1)!$ für $\nu \geq 1$

sowie $\psi(1) = 0$.

Damit haben wir als Taylorreihe von $\ln x$ um $a = 1$ die Reihe

$$\sum_{\nu=1}^\infty (-1)^{\nu-1} \frac{(x-1)^\nu}{\nu} \tag{4.59}$$

und als Restglied für $x > 1$

$$R_n(x) = (-1)^n \cdot \frac{1}{n+1} \left(\frac{x-1}{\xi_x} \right)^{n+1} \quad \text{mit } 1 < \xi_x < x.$$

Für $x > 2$ ist $\left\{ \dfrac{(x-1)^\nu}{\nu} \right\}_{\nu \in \mathbf{N}}$ keine Nullfolge und daher nach Korollar 2.16 die Reihe
(4.59) nicht konvergent. Für $x = 2$ ist (4.59) die alternierende harmonische Reihe, die

nach Beispiel 2.6 bedingt konvergiert. Für $x < 2$ ist die geometrische Reihe $\displaystyle\sum_{\nu=0}^\infty q^\nu$ mit

$q = x - 1$ eine Majorante von (4.59), d. h. die Taylorreihe ist absolut konvergent.

Für $1 < x \leq 2$ gilt $0 < x - 1 \leq 1$, und mit $1 < \xi_x < x$ folgt $\dfrac{x-1}{\xi_x} < x - 1$ und damit

$$|R_n(x)| = \frac{1}{n+1} \left(\frac{x-1}{\xi_x} \right)^{n+1} < \frac{1}{n+1}(x-1)^{n+1} \leq \frac{1}{n+1},$$

also $R_n(x) \to 0$. Somit gilt

$$\ln x = \sum_{\nu=1}^\infty (-1)^{\nu-1} \frac{(x-1)^\nu}{\nu} \quad \text{für } 1 < x \leq 2. \tag{4.60}$$

Ist $y > 0$, so existiert ein $\lambda \in \mathbf{Z}$ derart, daß

$$x = \frac{y}{2^\lambda} \in [1, 2].$$

Aus $y = 2^\lambda \cdot x$ folgt

$$\ln y = \lambda \ln 2 + \ln x,$$

so daß wir mit (4.60) schließlich eine Reihendarstellung von $\ln y$ für alle $y > 0$ haben.
Allerdings konvergiert die Reihe (4.60) — jedenfalls für x nahe bei 2 — so langsam, daß
sie zur numerischen Berechnung von $\ln x$ nicht zu empfehlen ist.

Übungsaufgaben

1. Berechnen Sie das Taylorpolynom $T_3(x)$ zum Entwicklungspunkt $a = 0$ von $f(x) = \tan x$ und damit eine Näherung von $\tan \dfrac{\pi}{4}$.

2. a) Bestimmen Sie das Taylorpolynom $T_4(x)$ von $f(x) = \sqrt{1 + x}$ und damit eine Näherung von $\sqrt{42}$. $\left(\text{Hinweis: } \sqrt{42} = \sqrt{36 + 6} = \sqrt{36\left(1 + \dfrac{6}{36}\right)}.\right)$

b) Wie groß kann die dabei entstehende Abweichung höchstens sein?

3. Berechnen Sie das n-te Taylorpolynom $T_n(x)$, die Taylorreihe $T(x)$ und das Restglied $R_n(x)$ zum Entwicklungspunkt $a = 0$ für die Funktion $f(x) = \dfrac{1}{1 + x}$.

Für welche x konvergiert $T(x)$, und für welche x gilt dann $T(x) = f(x)$?

4.4 Lokale Extrema

Ist $x_0 \in (a, b)$ und gilt in einer Umgebung $U_\epsilon(x_0) \subset [a, b] = I$ für die Funktion $f : I \to \mathbf{R}$, daß $f(x_0) \leqslant f(x)$ $\forall x \in U_\epsilon(x_0)$, dann sagen wir, f habe in x_0 ein l o k a l e s M i n i m u m. Analog wäre $f(x_0)$ ein l o k a l e s M a x i m u m, wenn $f(x_0) \geqslant f(x)$ $\forall x \in U_\epsilon(x_0)$.

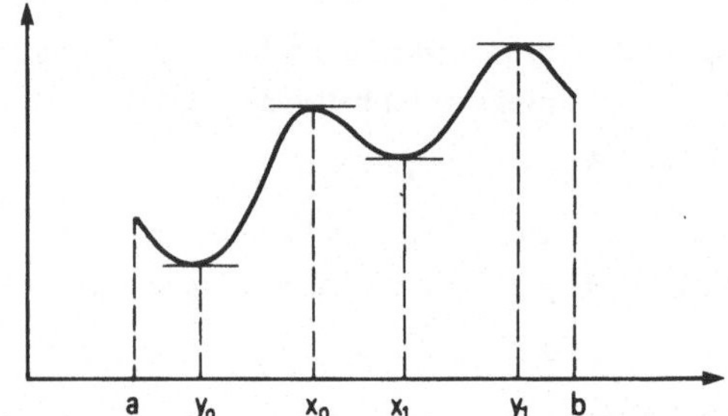

Fig. 4.9
Lokale Extrema

Fig. 4.9 macht deutlich, daß ein lokales Minimum — hier an der Stelle x_1 — nicht ohne weiteres auch ein globales Minimum im Sinne von Abschnitt 3.2 — hier an der Stelle y_0 — sein muß. Analog ist ein lokales Maximum nicht unbedingt ein globales Maximum.

Eine für ökonomische Anwendungen wesentliche Ausnahme bilden diesbezüglich die konvexen Funktionen. Eine Funktion $f : I \to \mathbf{R}$ heißt k o n v e x, wenn für beliebige $x, y \in I$ und jedes $\lambda \in (0, 1)$ gilt:

$$f(\lambda x + (1 - \lambda)y) \leqslant \lambda f(x) + (1 - \lambda)f(y).$$

Die Funktion $g : I \to \mathbf{R}$ heißt k o n k a v, wenn die Funktion $(-g)$ konvex ist. Fig. 4.10 zeigt eine konvexe und eine konkave Funktion ($z = \lambda x + (1 - \lambda)y$ mit $\lambda \in (0, 1)$).

Der Leser möge sich den Inhalt des folgenden Satzes in Fig. 4.10 selbst veranschaulichen.

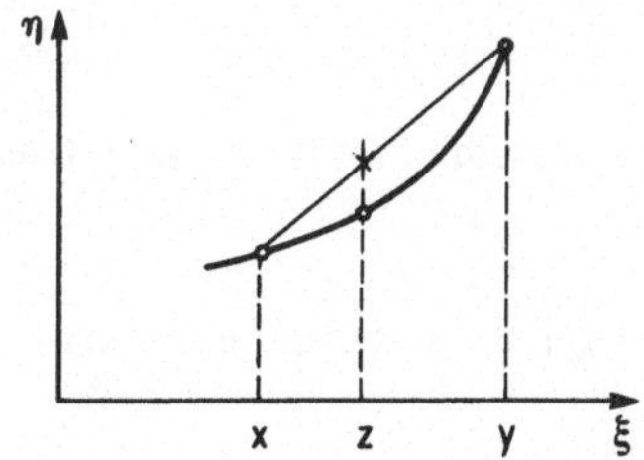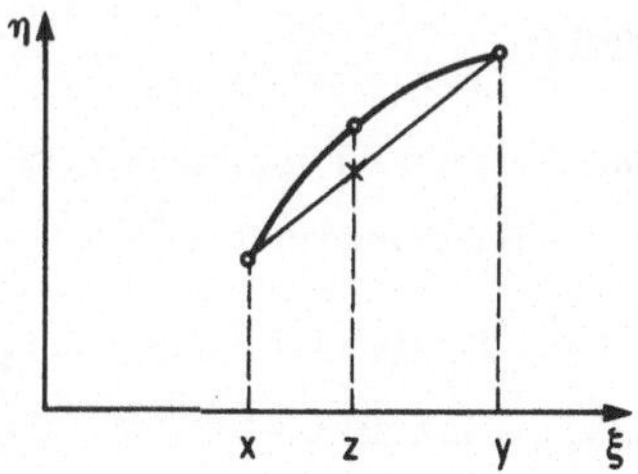

Fig. 4.10 Konvexe Funktion bzw. konkave Funktion

Satz 4.14 *Sei* f : I → **R** *differenzierbar auf* I. *Die Funktion* f *ist genau dann konvex, wenn für beliebige* x, y ∈ I *gilt* $f(y) \geqslant f(x) + (y - x)f'(x)$.

B e w e i s : Sei f : I → **R** konvex und seien x, y ∈ I und λ ∈ (0, 1) beliebig gewählt. Mit

$$z = \lambda x + (1 - \lambda)y \text{ gilt } f(z) \leqslant \lambda f(x) + (1 - \lambda)f(y);$$

$$\Rightarrow \qquad f(z) - f(x) \leqslant (1 - \lambda)\,(f(y) - f(x)) \quad \text{und} \quad z - x = (1 - \lambda)\,(y - x)$$

$$\Rightarrow \qquad (y - x)\,\frac{f(z) - f(x)}{z - x} \leqslant f(y) - f(x).$$

Mit λ → 1 strebt z → x; also folgt

$$(y - x)f'(x) \leqslant f(y) - f(x),$$

womit die Notwendigkeit der behaupteten Eigenschaft gezeigt ist.

Gelte nun umgekehrt für beliebige x, y ∈ I

$$f(y) \geqslant f(x) + (y - x)f'(x).$$

Wir müssen zeigen, daß dann f konvex ist.

Seien x und y beliebig aus I gewählt, und mit einem beliebigen λ ∈ (0, 1) sei

$$z = \lambda x + (1 - \lambda)y.$$

Nach Voraussetzung gilt dann

$$f(x) \geqslant f(z) + (x - z)f'(z), \qquad f(y) \geqslant f(z) + (y - z)f'(z)$$

und demzufolge

$$\lambda f(x) + (1 - \lambda)f(y) \geqslant [\lambda + (1 - \lambda)]f(z) + [\lambda x + (1 - \lambda)y - z]f'(z) = f(z). \qquad ■$$

Aus diesem Satz ergibt sich sofort eine andere Bedingung für die Konvexität, die häufig in den Annahmen ökonomischer Modelle enthalten ist.

Korollar 4.15 *Sei* f : I → **R** *differenzierbar auf* I. *Die Funktion* f *ist genau dann konvex, wenn aus* x < y (x, y ∈ I) *stets* $f'(x) \leqslant f'(y)$ *folgt.*

B e w e i s : Sei f konvex. Nach Satz 4.14 gilt für x, y ∈ I

$$f(y) \geqslant f(x) + (y - x)f'(x), \qquad f(x) \geqslant f(y) + (x - y)f'(y)$$

und folglich

$$(y - x)f'(x) \leqslant f(y) - f(x) \leqslant (y - x)f'(y),$$

also $(y - x)f'(x) \leqslant (y - x)f'(y).$

Für $y > x$ folgt daraus $f'(x) \leqslant f'(y)$; die Ableitung ist also monoton wachsend.

Nehmen wir nun an, f' sei monoton wachsend. Für beliebige $x, y \in I$ gilt nach dem Mittelwertsatz

$$f(y) - f(x) = (y - x)f'(x + \theta(y - x))$$

mit $\theta \in (0, 1)$.

Für $y > x$ folgt $x + \theta(y - x) > x$ und folglich

$$f'(x + \theta(y - x)) \geqslant f'(x), \text{ was } f(y) - f(x) \geqslant (y - x)f'(x) \text{ ergibt.}$$

Für $y < x$ ist $x + \theta(y - x) < x$ und daher $f'(x + \theta(y - x)) \leqslant f'(x)$. Wegen $y - x < 0$ folgt wieder

$$f(y) - f(x) \geqslant (y - x)f'(x).$$

Nach Satz 4.14 ist also f konvex.   ∎

Gibt $K(x)$ die Kosten für die Herstellung der Menge x e i n e s Gutes an, dann findet man oft die Annahme der z u n e h m e n d e n G r e n z k o s t e n , d. h. des monotonen Wachstums von $K'(x)$. Nach Korollar 4.15 nimmt man damit also an, die Kostenfunktion $K(x)$ sei konvex. Analog bedeutet die häufig anzutreffende Annahme a b n e h m e n d e r G r e n z e r t r ä g e $E'(y)$ die Konkavität der Ertragsfunktion $E(y)$. Dies gilt allerdings nur für Funktionen von einer Veränderlichen, d. h. sofern die Kosten oder Erträge durch ein Gut bestimmt sind.

Nun wollen wir untersuchen, unter welchen Bedingungen an einer Stelle x_0 ein lokales Extremum einer Funktion f vorliegt. Aus Fig. 4.9 können wir erwarten, daß an einer solchen Stelle der Graph der Funktion waagerecht verläuft, d. h. daß die Steigung dort gleich Null ist.

Satz 4.16 *Sei f : I $\rightarrow$ R in I differenzierbar. Besitzt f in $x_0 \in I$ ein lokales Extremum, dann muß $f'(x_0) = 0$ sein.*

B e w e i s : So, wie wir lokale Minima und lokale Maxima eingeführt haben, impliziert die Voraussetzung, f habe in x_0 ein lokales Extremum, daß für eine ϵ-Umgebung von x_0 gilt

$$U_\epsilon(x_0) \subset I \quad \text{und} \quad f(x) - f(x_0) \geqslant 0 \qquad \forall x \in U_\epsilon(x_0),$$

falls in x_0 ein lokales Minimum vorliegt, bzw.

$$f(x) - f(x_0) \leqslant 0 \qquad \forall x \in U_\epsilon(x_0),$$

falls in x_0 ein lokales Maximum angenommen wird. Sei $h \in (0, \epsilon)$ und $f(x_0)$ lokales Minimum. Dann gilt also − für jedes $h \in (0, \epsilon)$ −

$$f(x_0 + h) - f(x_0) \geqslant 0 \Rightarrow \frac{f(x_0 + h) - f(x_0)}{h} \geqslant 0$$

und $f(x_0 - h) - f(x_0) \geqslant 0 \Rightarrow \dfrac{f(x_0 - h) - f(x_0)}{-h} \leqslant 0.$

Für $h \to 0$ folgt daraus $0 \leqslant f'(x_0) \leqslant 0$, also $f'(x_0) = 0$, wie behauptet.

Für ein lokales Maximum in x_0 schließt man analog.   ∎

Die Bedingung, daß $f'(x_0) = 0$ ist, ist also notwendig dafür, daß in x_0 ein lokales Extremum vorliegt; sie ist aber nicht hinreichend, wie das folgende Beispiel zeigt:

Sei $f(x) = x^3$. Dann ist $f'(x) = 3 x^2$ und folglich $f'(0) = 0$. Aber in $x_0 = 0$ hat die Funktion f kein lokales Extremum, da

$$f(-h) < f(0) = 0 < f(h) \qquad \forall\, h > 0.$$

Da $f'(x) = 3 x^2 > 0 \quad \forall\, x \neq 0$, hat demnach diese Funktion f überhaupt kein lokales Extremum.

Im allgemeinen erfordert die Bestimmung lokaler Extrema einer Funktion f also folgendes Vorgehen:

1. Bestimmung der Nullstellen der Ableitung f';

2. Untersuchung der einzelnen Nullstellen von f' daraufhin, ob ein lokales Minimum oder ein lokales Maximum vorliegt.

Einfacher verhält es sich mit konvexen (resp. konkaven) Funktionen. Aus Satz 4.14 und 4.16 folgt

Satz 4.17 *Sei* $f : I \to \mathbf{R}$ *konvex und differenzierbar. An jeder Stelle* $\hat{x} \in I$ *mit* $f'(\hat{x}) = 0$ *gilt* $f(\hat{x}) = \min\limits_{x \,\in\, I} f(x)$, *d. h. jedes lokale Minimum ist gleichzeitig globales Minimum.*

B e w e i s : Sei in $\hat{x} \in I$ die Ableitung $f'(\hat{x}) = 0$. Nach Satz 4.14 gilt für konvexe Funktionen

$$f(y) \geqslant f(x) + (y - x)f'(x) \quad \text{für beliebige } x, y \in I,$$

was $f(y) \geqslant f(\hat{x}) \quad \forall\, y \in I$ impliziert.   ∎

Für nichtkonvexe Funktionen, die zweimal differenzierbar sind, verfügen wir immerhin noch über hinreichende Bedingungen dafür, daß in einer Nullstelle der Ableitung ein lokales Minimum oder Maximum vorliegt. Diese Bedingungen ergeben sich unmittelbar aus der Taylor'schen Formel.

Satz 4.18 *Sei* $f : I \to \mathbf{R}$ *zweimal differenzierbar. Sei in* $x_0 \in I$ $f'(x_0) = 0$, *und gelte für ein* $\epsilon > 0$ $U_\epsilon(x_0) \subset I$.

a) *Falls* $f''(x) \geqslant 0 \quad \forall\, x \in U_\epsilon(x_0)$, *dann hat f in* x_0 *ein lokales Minimum.*

b) *Falls* $f''(x) \leqslant 0 \quad \forall\, x \in U_\epsilon(x_0)$, *dann hat f in* x_0 *ein lokales Maximum.*

B e w e i s : Nach der Taylor'schen Formel gilt

$$f(x) = f(x_0) + (x - x_0)f'(x_0) + \frac{(x - x_0)^2}{2} f''(\xi_x),$$

wobei ξ_x zwischen x_0 und x liegt, so daß aus $x \in U_\epsilon(x_0)$ auch $\xi_x \in U_\epsilon(x_0)$ folgt.

Nach Voraussetzung gilt $f'(x_0) = 0$. Damit haben wir für $x \in U_\epsilon(x_0)$

$$f(x) = f(x_0) + \frac{(x - x_0)^2}{2} f''(\xi_x), \qquad \xi_x \in U_\epsilon(x_0).$$

Folglich gilt, da $(x - x_0)^2 > 0 \;\; \forall\, x \neq x_0$,

$$f(x) \geqslant f(x_0) \qquad \forall\, x \in U_\epsilon(x_0), \;\; \text{falls } f''(\xi) \geqslant 0 \qquad \forall\, \xi \in U_\epsilon(x_0),$$

und $\quad f(x) \leqslant f(x_0) \qquad \forall\, x \in U_\epsilon(x_0), \;\; \text{falls } f''(\xi) \leqslant 0 \qquad \forall\, \xi \in U_\epsilon(x_0).$ ∎

Wenn wir ein lokales Minimum einer Funktion bestimmen wollen, müssen wir also nach Satz 4.16 zunächst eine Nullstelle x_0 der Ableitung bestimmen und dann gemäß Satz 4.18 die zweite Ableitung in einer ganzen Umgebung von x_0 untersuchen, um festzustellen, ob die Bedingungen 2. Ordnung ($f'' \geqslant 0$ bzw. $f'' \leqslant 0$) erfüllt sind. Das kann recht aufwendig sein. Für den Fall, daß die 2. Ableitung stetig ist in x_0, gibt es jedoch hinreichende Bedingungen, die in der Regel etwas leichter zu verifizieren sind, und die wir mit Hilfe von Satz 4.18 leicht einsehen können.

Korollar 4.19 *Sei* $f : I \to \mathbf{R}$ *zweimal differenzierbar. Sei in* $x_0 \in I$ *die erste Ableitung* $f'(x_0) = 0$, *und enthalte I eine Umgebung von* x_0. *Sei ferner die zweite Ableitung* f'' *stetig in* x_0.
a) *Falls* $f''(x_0) > 0$, *dann hat f in* x_0 *ein lokales Minimum.*
b) *Falls* $f''(x_0) < 0$, *dann hat f in* x_0 *ein lokales Maximum.*

B e w e i s : Gilt $f''(x_0) > 0$, dann muß wegen der Stetigkeit von f'' in x_0 eine Umgebung $U_\epsilon(x_0)$ in I existieren derart, daß $f''(x) > 0 \;\; \forall\, x \in U_\epsilon(x_0)$.
Analog folgt aus $f''(x_0) < 0$, daß $f''(x) < 0 \;\; \forall\, x \in U_\epsilon(x_0)$. Damit sind die Bedingungen von Satz 4.18 erfüllt. ∎

Beispiel 4.22 a) Sei $f(x) = \dfrac{x}{x^2 + 1}$. Nach der Quotientenregel ist

$$f'(x) = \frac{1 - x^2}{(x^2 + 1)^2}.$$

Die notwendige Bedingung für Extrema (Satz 4.16)

$$f'(x) = 0 \text{ hat die beiden Lösungen } x_0 = 1 \text{ und } x_1 = -1.$$

Ebenfalls nach der Quotientenregel erhalten wir

$$f''(x) = - \frac{2x(1 + x^2) + 4x(1 - x^2)}{(1 + x^2)^3}$$

und damit

$$f''(+1) = -\frac{1}{2} \text{ und } f''(-1) = +\frac{1}{2}.$$

Die Funktion hat also nach Korollar 4.19 in $x_0 = 1$ ein Maximum und in $x_0 = -1$ ein Minimum.

b) Sei $g(x) = (x - 1)^4$. Die notwendige Bedingung für Extrema

$$g'(x) = 4(x - 1)^3 = 0$$

liefert eindeutig $x_0 = 1$. Nun ist $g''(x) = 12(x - 1)^2$ und somit $g''(1) = 0$; Korollar 4.19 hilft uns also hier nicht. Allerdings sieht man aber hier leicht, daß

$$g''(x) > 0 \qquad \forall\, x \neq 1,$$

so daß nach Satz 4.18 in $x_0 = 1$ ein Minimum vorliegt.

c) Sei $h(x)$ hinreichend oft stetig differenzierbar. Gelte in einem Punkte x_0 $h'(x_0) = 0$ und, wie eben, $h''(x_0) = 0$, so daß Korollar 4.19 nicht anwendbar ist. Dann können wir das r-te Taylor-Polynom zur Stelle x_0 aufstellen, wobei r so gewählt wird, daß $h^{(r)}$ die Ableitung kleinster Ordnung ist, für die $h^{(r)}(x_0) \neq 0$ gilt. Damit liefert die Taylor Formel, da $h'(x_0) = h''(x_0) = \ldots = h^{(r-1)}(x_0) = 0$,

$$h(x) = h(x_0) + \frac{(x - x_0)^r}{r!}\, h^{(r)}(\xi_x).$$

Ist r gerade, dann ist wegen $(x - x_0)^r > 0$ $\forall\, x \neq x_0$ in x_0 ein Minimum, falls $h^{(r)}(x_0) > 0$, bzw. ein Maximum, falls $h^{(r)}(x_0) < 0$.

Ist r ungerade, dann liegt in x_0 kein Extremum vor, da z. B. falls $h^{(r)}(x_0) > 0$, für kleine $\delta > 0$ und $x = x_0 + \delta$

$$\frac{(x - x_0)^r}{r!}\, h^{(r)}(\xi_x) \approx \frac{\delta^r}{r!}\, h^{(r)}(x_0) > 0,$$

aber für $x = x_0 - \delta$

$$\frac{(x - x_0)^r}{r!}\, h^{(r)}(\xi_x) \approx \frac{-\delta^r}{r!}\, h^{(r)}(x_0) < 0.$$

Übungsaufgaben

1. Zeigen Sie, daß folgende Funktionen konvex sind:

a) $f(x) = \dfrac{1}{x}$, $D_f = (0, \infty)$;   b) $g(x) = x^2$, $D_g = \mathbf{R}$.

2. Bestimmen Sie Nullstellen, Maxima und Minima folgender Funktionen, sowie die Intervalle, in denen die Funktionen konvex bzw. konkav sind:

a) $f(x) = \dfrac{x}{x^2 + 1}$;   b) $g(x) = e^x \cdot \cos x$.

3. Bestimmen Sie die Extremalstelle der Funktion $f(x) = x^4$, und überprüfen Sie, ob es sich um ein Maximum oder ein Minimum handelt.

4. Die Kostenfunktion eines Unternehmers, der sein Produkt zu einem festen Preis von Fr. 40,– verkauft, sei $K(q) = 0{,}04\, q^3 - 0{,}9\, q^2 + 10\, q + 350$ (q sei die Produktionsmen.
a) Welches ist seine gewinnmaximale Produktionsmenge, und wie groß ist der maximale Gewinn?

b) Bei welcher Absatzmenge beginnt seine Produktion rentabel zu werden?

c) Interpretieren Sie die erhaltenen Resultate anhand einer Graphik.

5. Die Preis-Absatz-Funktion für ein Produkt eines Monopolisten sei p = 160−0,25 q (p sei der Preis, q die Menge). Neben den Fixkosten von Fr. 5000,− verursacht die Produktion zusätzliche Kosten von Fr. 50,− je Einheit.

Welchen Preis wird der Monopolist, der seinen Gewinn maximieren möchte, verlangen, und welche Menge wird er dabei absetzen können? Welches ist der entsprechende Gewinn?

6. Leiten Sie die klassische Formel zur Bestimmung der optimalen Bestellmenge

$$x_{opt} = \sqrt{\frac{200 \cdot B \cdot F}{e(p + \ell)}}$$

her, wobei x_{opt} die Menge sei, bei der die Kosten pro beschaffter Mengeneinheit ein Minimum erreichen, B der Jahresbedarf, F die Fixkosten pro Bestellung, e der Einstandspreis pro Einheit, p die Zinsbelastung des durch die lagernde Menge gebundenen Kapitals und ℓ der Lagerkostensatz (Prozentsätze!).

Ausgehend von einem feststehenden Jahresbedarf sind die zu beschaffenden Teilmengen zu ermitteln, die die geringsten Stückkosten verursachen. Zu beachten ist dabei, daß die Lager- und Zinskosten pro Mengeneinheit mit zunehmender Bestellmenge proportional ansteigen, die bestellfixen Kosten pro Mengeneinheit hingegen bei zunehmender Menge pro Bestellakt abnehmen. (Hinweis: Die Lager- und Zinskosten beziehen sich auf den durchschnittlichen Lagerbestand $\frac{ex}{2}$ und sind abhängig von der Lagerdauer $t = \frac{x}{B}$.)

4.5 Nullstellenbestimmung

Die Lösung angewandter Probleme führt häufig zu der Aufgabe, eine nichtlineare Gleichung der Form

$$g(x) = \alpha$$

lösen zu sollen, wobei g eine auf einem Intervall I definierte Funktion ist. Eine solche Aufgabe ist äquivalent zu einer Nullstellenbestimmung: Ist $\hat{x} \in I$ eine Lösung unserer Aufgabe, dann ist $\hat{x}$ offenbar eine Nullstelle der Funktion $f : I \to \mathbf{R}$, die durch $f(x) = g(x) - \alpha$, $x \in I$, gegeben ist, und jede Nullstelle von f ist offenbar Lösung unserer ursprünglichen Aufgabe.

Nullstellenbestimmungen kommen auch unmittelbar − also ohne obige Umformulierung eines anderen Problems − in den Anwendungen vor. Wie wir im letzten Abschnitt sahen, führt die Bestimmung lokaler Extrema einer Funktion stets zur Bestimmung von Nullstellen der Ableitung dieser Funktion. Diese Aufgaben − Nullstellenbestimmung und Lösen einer Gleichung − sind nun im Prinzip wieder äquivalent mit den sogenannten F i x p u n k t p r o b l e m e n , bei denen für eine gegebene Funktion ϕ ein x gesucht ist, das mit dem ihm zugeordneten Funktionswert $\phi(x)$ übereinstimmt, also

$$\phi(x) = x.$$

Unter günstigen Voraussetzungen läßt sich dieses Problem folgendermaßen iterativ lösen:

Man sucht eine Näherungslösung x_0, die hinreichend nahe bei einem Fixpunkt $\hat{x}$ liegt, und berechnet dann sukzessive

$$
\begin{aligned}
x_1 &= \phi(x_0) \\
x_2 &= \phi(x_1) \\
&\;\vdots \\
x_{n+1} &= \phi(x_n) \\
&\;\vdots
\end{aligned}
\tag{4.61}
$$

In Fig. 4.11 sehen wir, daß diese Iteration zum Ziel führt, d. h. $x_n \to \hat{x}$, wenn der Graph von ϕ in der Nähe des Fixpunktes $\hat{x} = \phi(\hat{x})$ im schraffierten Winkelraum zwischen den Geraden $y = x$ und $y = -x + 2\hat{x}$ verläuft, oder anders ausgedrückt, wenn in einer Umgebung von $\hat{x}$ die Steigung von ϕ absolut kleiner als 1 ist.

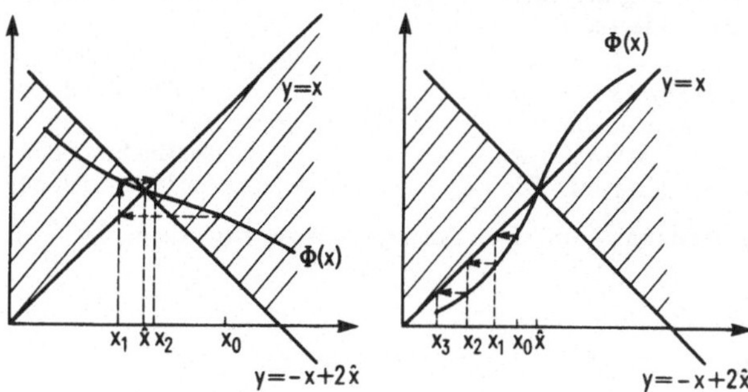

Fig. 4.11 Iteration $x_{n+1} = \phi(x_n)$

Man sieht ebenfalls in dieser Skizze, daß Konvergenz gegen den Fixpunkt nicht zu erwarten ist, wenn $|\phi'(x)| \geqslant 1$ in einer Umgebung des Fixpunktes gilt. Es gilt somit

Satz 4.20 *Sei $\phi : I \to \mathbf{R}$ stetig differenzierbar und habe einen Fixpunkt $\hat{x}$ in I so, daß auch noch eine Umgebung $U_\epsilon(\hat{x})$ zu I gehört. Gilt $|\phi'(x)| < 1$ $\forall\, x \in U_\epsilon(\hat{x})$ und ist $x_0 \in U_\epsilon(\hat{x})$, dann konvergiert die Folge $\{x_n\}_{n \in \mathbf{N}}$, die durch $x_{n+1} = \phi(x_n)$ $\forall\, n \in \mathbf{N}$ definiert ist, gegen den Fixpunkt $\hat{x} = \phi(\hat{x})$.*

B e w e i s : Sei $h = x_0 - \hat{x}$. Nach der Voraussetzung $x_0 \in U_\epsilon(\hat{x})$ ist also $|h| < \epsilon$. Sei $I_h = [\hat{x} - |h|, \hat{x} + |h|]$. Nach Voraussetzung besitzt ϕ eine auf I_h stetige Ableitung ϕ' mit $|\phi'(x)| < 1$ $\forall\, x \in I_h$. Folglich existiert $\alpha = \max_{I_h} |\phi'(x)|$ und es gilt $0 \leqslant \alpha < 1$.

Ist $x_n \in I_h$, was für $n = 0$ vorausgesetzt ist, dann folgt aus dem Mittelwertsatz

$$
\begin{aligned}
x_{n+1} = \phi(x_n) &= \phi(\hat{x}) + (x_n - \hat{x})\phi'(\xi_n) \quad \text{mit } \xi_n \in I_h \\
&= \hat{x} + (x_n - \hat{x})\phi'(\xi_n), \quad \text{da } \hat{x} = \phi(\hat{x}),
\end{aligned}
$$

und somit

$$
|x_{n+1} - \hat{x}| = |x_n - \hat{x}|\,|\phi'(\xi_n)| \leqslant \alpha \cdot |x_n - \hat{x}| \quad \text{mit } 0 \leqslant \alpha < 1.
$$

Folglich ist dann auch $x_{n+1} \in I_h$, und es gilt

$$|x_n - \hat{x}| \leqslant \alpha^n |x_0 - \hat{x}|,$$

so daß aus $\alpha^n \to 0$ schließlich $x_n \to \hat{x}$ folgt. ∎

Diesen Satz können wir nun auch auf die Nullstellenbestimmung anwenden. Beim Beweis von Satz 3.8 haben wir die Bisektion kennengelernt, die in Fig. 4.12 veranschaulicht ist. Wir haben bereits im Anschluß an Satz 3.8 darauf hingewiesen, daß dieses Verfahren nicht sonderlich schnell konvergiert.

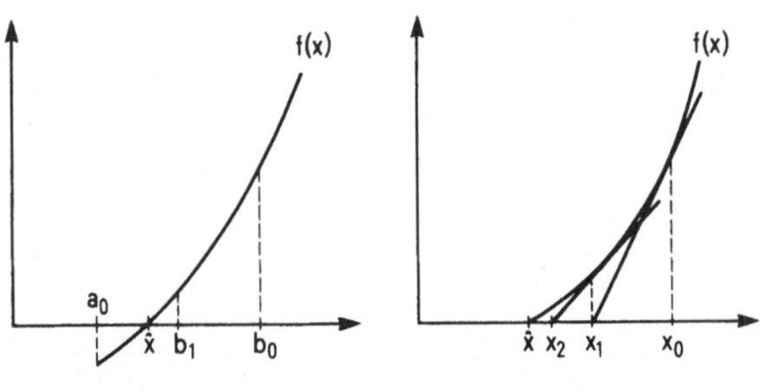

Fig. 4.12 Bisektion   Newton-Verfahren

Beim ebenfalls in Fig. 4.12 veranschaulichten Newton-Verfahren geht man so vor, daß man in einer Näherung x_n der Nullstelle für die Tangente an den Graphen der Funktion f im Punkte $(x_n, f(x_n))$ die Nullstelle x_{n+1} bestimmt, die sicher existiert, wenn $f'(x_n) \neq 0$. Danach gilt also

$$(x_n - x_{n+1})f'(x_n) = f(x_n),$$

woraus $\quad x_{n+1} = x_n - \dfrac{f(x_n)}{f'(x_n)}$ \hfill (4.62)

folgt. Dies ist die Iterationsvorschrift des N e w t o n - V e r f a h r e n s , die wir in Beispiel 2.2 bereits zur Nullstellenbestimmung für $f(x) = x^2 - 2 = 0$, d. h. zur näherungsweisen Berechnung von $\sqrt{2}$ benutzt haben.

Vergleichen wir (4.62) mit (4.61), dann haben wir die Schrittfunktion

$$\phi(x) = x - \frac{f(x)}{f'(x)}$$

mit $\qquad \phi'(x) = 1 - \dfrac{f'^2(x) - f(x)f''(x)}{[f'(x)]^2} = \dfrac{f(x)f''(x)}{[f'(x)]^2}.$

Ist f zweimal stetig differenzierbar, ist $\hat{x}$ eine Nullstelle von f und $f'(\hat{x}) \neq 0$, dann gibt es — wegen $f(\hat{x}) = 0$ — sicher eine Umgebung $U_\epsilon(\hat{x})$ von $\hat{x}$ derart, daß

$$\left| \frac{f(x) \cdot f''(x)}{[f'(x)]^2} \right| < 1,$$

was nach Satz 4.20 die Konvergenz des Newton-Verfahrens gegen die Nullstelle $\hat{x}$ sichert, wenn wir die Iteration nahe genug bei $\hat{x}$, d. h. in $U_\epsilon(\hat{x}_0)$ beginnen.

Ist $f'(\hat{x}) \neq 0$ — was für die Konvergenz des Verfahrens nicht unbedingt notwendig ist — so kann man zeigen, daß das Newton-Verfahren eine q u a d r a t i s c h e Konvergenzrate hat, d. h. daß es eine Konstante K gibt derart, daß

$$|x_{n+1} - \hat{x}| < K |x_n - \hat{x}|^2 ,$$

womit der Fehler $|x_n - \hat{x}|$ mit wachsendem n sehr schnell abnimmt, wenn wir nahe bei $\hat{x}$ mit der Iteration beginnen.

Übungsaufgaben

1. Berechnen Sie mit dem Verfahren von Newton eine Näherung der Nullstelle von $f(x) = x^3 - 3x - 5$.

2. Suchen Sie mittels Bisektion eine Näherung der in Aufgabe 1 gegebenen Funktion, und vergleichen Sie die Konvergenz der beiden Verfahren.

5 Funktionen von mehreren Veränderlichen

Bisher haben wir nur Funktionen einer Veränderlichen kennengelernt. Für die Anwendungen heißt das, daß wir bis jetzt beispielsweise nur Kostenfunktionen, die von einem einzigen Gut abhängen, oder Produktionsfunktionen mit einem einzigen Produktionsfaktor behandeln können. Tatsächlich ist der Oekonom jedoch weitaus häufiger mit Funktionen mehrerer Veränderlichen konfrontiert. So hängt etwa üblicherweise eine Produktionsfunktion mindestens von zwei Faktoren ab — z. B. Kapital und Arbeit —, oder der Nutzen eines Haushaltes wird durch das Güterbündel bestimmt, das er sich leisten kann, oder die Produktionskosten sind bei gegebenen Faktorpreisen auf Grund der eingesetzten Mengen der verschiedenen Produktionsfaktoren zu berechnen. Wir haben also allgemein mit Funktionen der Art $f(x_1, x_2, \ldots, x_n)$ zu tun, deren Funktionswert jeweils durch die Werte der n Variablen $x_1, x_2, \ldots, x_n$ bestimmt sind. Zu beachten ist hier, daß im allgemeinen die Reihenfolge der Variablen wesentlich ist, also nicht beliebig verändert werden darf. So ist etwa bei einer Produktionsfunktion P von den Variablen x_1 = Arbeitskraft und x_2 = Kapital im allgemeinen $P(x_1, x_2) \neq P(x_2, x_1)$, da beispielsweise der Produktionsausstoß von zwei Arbeitern und einer Maschine nicht derselbe sein muß wie derjenige von zwei Maschinen gleichen Typs und eines Arbeiters.

Wir haben also im allgemeinen mit g e o r d n e t e n n - T u p e l n $x = (x_1, x_2, \ldots, x_n)$ der Variablen zu tun. Da hier $x_i \in R$, $i = 1, \ldots, n$, sagt man, es gelte $x \in R^n$ (gesprochen: „R n", nicht „R hoch n"). Im R^2 und R^3 lassen sich die Tupel — ein Paar im R^2 bzw. ein Tripel im R^3 — als Punkte mit den Koordinaten x_1 und x_2 bzw. x_1, x_2 und x_3 wie in Fig. 5.1 veranschaulichen.

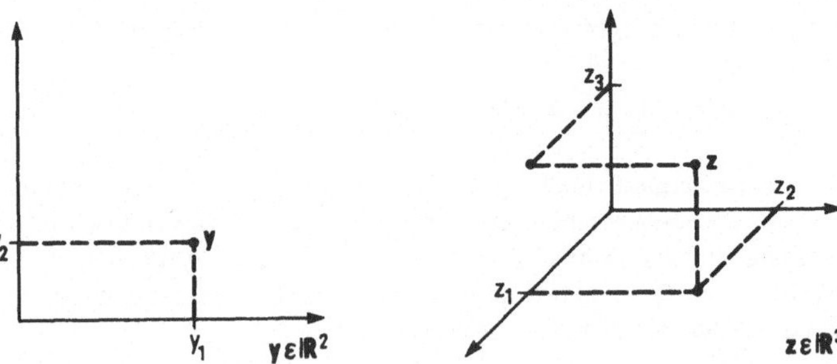

Fig. 5.1

Für $n > 3$ geht zwar diese Anschaulichkeit verloren, die Sprechweisen und Beziehungen bleiben jedoch dieselben wie in den unserer Anschauung zugänglichen Räumen. Insbesondere soll gelten für beliebige $x \in R^n$, $y \in R^n$

$$x = y \iff x_i = y_i, \qquad i = 1, 2, \ldots, n, \tag{5.1}$$

$$x + y = (x_1 + y_1, x_2 + y_2, \ldots, x_n + y_n), \tag{5.2}$$

und für beliebige $\lambda \in R$

$$\lambda x = (\lambda \cdot x_1, \lambda \cdot x_2, \ldots, \lambda \cdot x_n). \tag{5.3}$$

Bezüglich der Funktionen von n Variablen ($n \geq 2$) interessieren uns größtenteils die gleichen Fragestellungen, mit denen wir uns bisher bei Funktionen einer Veränderlichen befaßt haben: Existenz von Extrema, Bedingungen für lokale Extrema, die uns deren Bestimmung ermöglichen sollen, Lösung von Gleichungen. Nachdem wir mit Hilfe weniger Begriffe — Konvergenz, Stetigkeit, Differenzierbarkeit — bei Funktionen einer Variablen zu recht starken und verhältnismäßig allgemein gültigen Resultaten gelangt sind, liegt es nahe, die genannten Begriffe sinngemäß auf den R^n zu übertragen. Es wird sich zeigen, daß das im wesentlichen möglich und, nachdem man diese Begriffe und Zusammenhänge in R verstanden hat, auch verhältnismäßig einfach ist, wenn man einmal von der durch mehrere Variable bedingten größeren Schreibarbeit und geringeren Übersichtlichkeit bei den Formeln absieht.

5.1 Konvergenz und Stetigkeit im R^n

Eine Zahlenfolge $\{\xi_\nu\}_{\nu \in N}$ konvergiert bekanntlich gegen eine Zahl α, wenn jede ϵ-Umgebung von α fast alle Folgenglieder enthält. Da man hier $\epsilon > 0$ beliebig klein wählen kann, bedeutet dies, daß man mit ξ_ν beliebig nahe an α herankommt, wenn ν hinreichend groß wird. Auf diesen Begriff der Konvergenz stützen wir uns bei der Definition der Konvergenz einer Folge im R^n.

Definition 5.1 *Sei $\{x^{(\nu)}\}_{\nu \in N}$ eine Folge im R^n, d. h. $x^{(\nu)} \in R^n$ $\forall \nu \in N$. Sei $a = (a_1, a_2, \ldots, a_n)$ ein fest vorgegebenes Element des R^n. Die Folge $\{x^{(\nu)}\}_{\nu \in N}$*

k o n v e r g i e r t *gegen* a, *symbolisch* $a = \lim\limits_{\nu \to \infty} x^{(\nu)}$ *oder* $x^{(\nu)} \to a$, *genau dann, wenn*

$$a_i = \lim\limits_{\nu \to \infty} x_i^{(\nu)} \; \textit{für } i = 1, 2, \ldots, n.$$

Danach konvergiert eine Folge $\{x^{(\nu)}\}_{\nu \in \mathsf{N}}$ im $\mathbf{R}^n$ gegen ein a, wenn man mit $x^{(\nu)}$ beliebig nahe an a herankommt, wenn nur ν hinreichend groß wird. Hier müssen wir allerdings zunächst klären, was wir im $\mathbf{R}^n$ unter „nah" verstehen, d. h. welchen Abstandsbegriff wir im $\mathbf{R}^n$ einführen können. Hierzu gibt es verschiedene sinnvolle Möglichkeiten, von denen wir nur zwei betrachten wollen:

E u k l i d i s c h e   N o r m $\|x - y\| = \sqrt{(x_1 - y_1)^2 + (x_2 - y_2)^2 + \ldots + (x_n - y_n)^2}$

und   M a x i m u m - N o r m $\|x - y\|_\infty = \max\limits_{1 \leqslant i \leqslant n} |x_i - y_i|.$

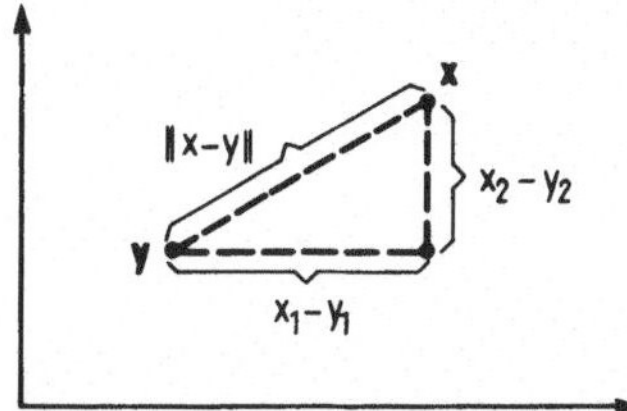

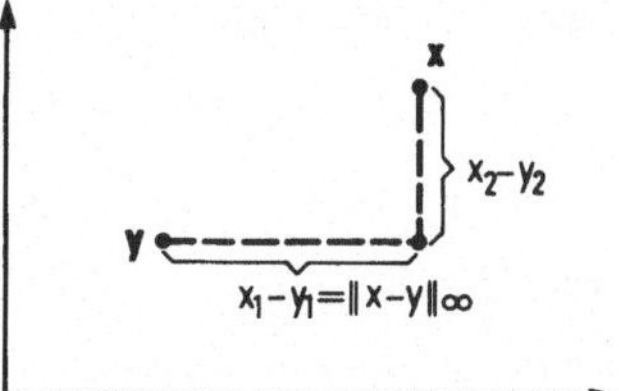

Fig. 5.2 Euklidische und Maximum-Norm

In Fig. 5.2 sieht man, daß die Euklidische Norm dem Abstandsbegriff entspricht, den wir üblicherweise im $\mathbf{R}^2$ auf Grund des Satzes von Pythagoras haben, während die Maximum-Norm lediglich die größte absolute Differenz zwischen zwei einander entsprechenden Komponenten beinhaltet, Abweichungen in den übrigen Komponenten also gar nicht berücksichtigt. Offensichtlich gilt für beliebige $x, y \in \mathbf{R}^n$

$$\|x - y\|_\infty \leqslant \|x - y\| \tag{5.4}$$

und, da $|x_i - y_i| \leqslant \|x - y\|_\infty$ für $i = 1, 2, \ldots, n$,

$$\|x - y\| \leqslant \sqrt{n} \, \|x - y\|_\infty. \tag{5.5}$$

Damit folgt aus Definition 5.1 sofort eine äquivalente Formulierung für die Konvergenz einer Folge im $\mathbf{R}^n$, die eine Norm benutzt.

Lemma 5.1 *Die Folge* $\{x^{(\nu)}\}_{\nu \in \mathsf{N}}$ *im* $\mathbf{R}^n$ *konvergiert gegen* $a \in \mathbf{R}^n$ *genau dann, wenn* $\|x^{(\nu)} - a\| \to 0.$

B e w e i s : Nach Definition 5.1 muß

$$|x_i^{(\nu)} - a_i| \to 0, \qquad i = 1, 2, \ldots, n$$

gelten, was offenbar mit $\|x^{(\nu)} - a\| \to 0$ gleichbedeutend ist.   ∎

Wegen (5.4) und (5.5) gilt natürlich Lemma 5.1 auch für die Maximum-Norm an Stelle der Euklidischen Norm.

In Definition 3.1 haben wir für Funktionen einer Veränderlichen die Symbolik

$$f : D \to \mathbf{R}$$

eingeführt, wobei dort $D \subset \mathbf{R}$, $D \neq \emptyset$ verlangt wurde. Diese Symbolik können wir für Funktionen mehrerer Veränderlichen beibehalten; wir müssen lediglich $D \subset \mathbf{R}^n$, $D \neq \emptyset$ verlangen. Dabei kann, ebenso wie in Abschn. 3, D entweder explizit gegeben sein, z. B.

$$D = \{x \mid 0 \leqslant x_i \leqslant 100, i = 1, 2, \ldots, n\}, \quad \text{oder}$$

implizit durch die Funktionsvorschrift festgelegt sein.

Beispiel 5.1 a) Sei $f(x) = \sqrt{1 - \sum_{i=1}^{n} x_i^2}$. Damit man hier die Wurzel reell ziehen kann, muß

$$1 - \sum_{i=1}^{n} x_i^2 \geqslant 0 \text{ sein. Also ist}$$

$$D_f = \{x \mid \sum_{i=1}^{n} x_i^2 \leqslant 1\},$$

die sogenannte E i n h e i t s k u g e l im $\mathbf{R}^n$.

b) Sei mit den Variablen K und A und mit Konstanten $\alpha > 0$, $\beta > 0$, $\gamma > 0$

$$P(K, A) = \gamma K^\alpha A^\beta.$$

Ist etwa $\alpha = \beta = \dfrac{1}{2}$, so muß man

$$D_P = \{(K, A) \mid K \geqslant 0, A \geqslant 0\}$$

verlangen, d. h. D_P ist der erste Orthant im $\mathbf{R}^2$. In diesem Fall genügt das für die Anwendungen vollauf. Funktionen dieses Typs treten nämlich in der Ökonomie als sogenannte C o b b - D o u g l a s - P r o d u k t i o n s f u n k t i o n e n mit den Produktionsfaktoren Kapital (K) und Arbeit (A) auf, und der praktischen Problematik entsprechend interessiert dort der Fall positiver Faktoreinsätze,

also $K > 0, A > 0$.

Nachdem wir in Definition 5.1 klar gemacht haben, was wir unter der Konvergenz einer Folge im $\mathbf{R}^n$ verstehen, können wir nun darangehen, Konvergenz und Stetigkeit von Funktionen von n Veränderlichen zu erklären. Dazu benötigen wir noch den Begriff der ϵ - U m g e b u n g $U_\epsilon(x^{(0)})$ eines Punktes $x^{(0)} \in \mathbf{R}^n$. Im $\mathbf{R}^1 (= \mathbf{R})$ war das die Menge aller Punkte, deren Abstand von $x^{(0)}$ kleiner als ϵ war. Diese Erklärung können wir im $\mathbf{R}^n$ beibehalten, wenn wir als Abstand z. B. den oben eingeführten Euklidischen Abstand benutzen. Damit ist also für $\epsilon > 0$

$$U_\epsilon(x^{(0)}) = \{x \mid \|x - x^{(0)}\| < \epsilon\}.$$

Für $x^{(0)} \in \mathbf{R}^1$ stimmt das mit unserem bisherigen Begriff der ϵ-Umgebung überein; für $x^{(0)} \in \mathbf{R}^2$ ist $U_\epsilon(x^{(0)})$ die Kreisscheibe um $x^{(0)}$ mit Radius ϵ (ohne den Rand); für $x^{(0)} \in \mathbf{R}^3$ ist $U_\epsilon(x^{(0)})$ die (Voll-) Kugel um $x^{(0)}$ mit Radius ϵ (ohne den Rand); und allgemein im $\mathbf{R}^n$ spricht man dann auch von einer Kugel um $x^{(0)}$ mit Radius ϵ oder auch von einer ϵ - K u g e l um $x^{(0)}$.

Damit können wir Konvergenz von Funktionen und Stetigkeit wörtlich gleich definieren wie in den Definitionen 3.2 und 3.4.

Definition 5.2 a) *Sei* $D \subset \mathbf{R}^n$, $D \neq \emptyset$. *Für die Funktion* $f : D \to \mathbf{R}$ *gilt* $\lim\limits_{x \to x^{(0)}} f(x) = a$

genau dann, wenn es eine ϵ-Umgebung $U_\epsilon(x^{(0)})$ *gibt derart, daß* $U_\epsilon(x^{(0)}) - \{x^{(0)}\} \subset D$, *und wenn* f ü r j e d e *Folge* $\{y^{(\nu)}\}_{\nu \in \mathbf{N}}$ *mit* $y^{(\nu)} \in D - \{x^{(0)}\}$ $\forall \nu \in \mathbf{N}$ *und* $y^{(\nu)} \to x^{(0)}$ *gilt* $f(y^{(\nu)}) \to a$.

b) *Die Funktion* $f : D \to \mathbf{R}$ *heißt* s t e t i g i m P u n k t e $x^{(0)}$ (*einfacher*: s t e t i g i n $x^{(0)}$) *genau dann, wenn* $x^{(0)} \in D$ *und* $\lim\limits_{x \to x^{(0)}} f(x) = f(x^{(0)})$.

Analog zu Satz 3.5 gilt auch hier als Konsequenz von Satz 2.10 über das Rechnen mit konvergenten Folgen der

Satz 5.2 *Seien* $D \subset \mathbf{R}^n$ *und* $f : D \to \mathbf{R}$ *sowie* $g : D \to \mathbf{R}$ *in* $x^{(0)} \in D$ *stetig. Dann sind die Funktionen* $f + g$, $f \cdot g$ *und, falls* $g(x^{(0)}) \neq 0$, *auch* $\dfrac{f}{g}$ *in* $x^{(0)}$ *stetig.*

Der B e w e i s ist wörtlich derselbe wie derjenige von Satz 3.5.

Ist $D_g \subset \mathbf{R}^n$ und $D_f \subset \mathbf{R}$ derart, daß

$$g(x) \in D_f \qquad \forall x \in D_g, \quad \text{d. h. } g : D_g \to D_f,$$

dann ist wieder $f \circ g$ gemäß $f(g(x))$ auf D_g definiert. Genau so wie Satz 3.6 beweist man dann

Satz 5.3 *Seien die Funktionen* $f : D_f \to \mathbf{R}$ $(D_f \subset \mathbf{R})$ *und* $g : D_g \to \mathbf{R}$ $(D_g \subset \mathbf{R}^n)$ *gegeben, und seien* g *in* $x^{(0)} \in D_g$ *und* f *in* $y_0 = g(x^{(0)}) \in D_f$ *stetig. Dann ist* $f \circ g$ *in* $x^{(0)}$ *stetig.*

Diese beiden Sätze sind oft sehr nützlich zum Nachweis der Stetigkeit einer Funktion mehrerer Veränderlichen, was im folgenden Beispiel verdeutlicht werden soll.

Beispiel 5.2 a) Sei $f : \mathbf{R}^n \to \mathbf{R}$ gemäß $f(x) = x_1^2 + x_2^2 + \ldots + x_n^2$ gegeben. Damit ist

$$f(x) = \phi_1(x) + \phi_2(x) + \ldots + \phi_n(x)$$

mit $\phi_i : \mathbf{R}^n \to \mathbf{R}$ gemäß $\phi_i(x) = x_i^2$, $i = 1, \ldots, n$. Nun ist

$$\lim_{x \to y} \phi_i(x) = \lim_{x \to y} x_i^2 = \lim_{x_i \to y_i} x_i^2 = y_i^2,$$

da, wie wir längst wissen, quadratische Funktionen einer Variablen stetig sind.

Also ist $f = \phi_1 + \phi_2 + \ldots + \phi_n$ nach Satz 5.2 stetig.

b) Betrachten wir noch einmal

$$P(K, A) = \gamma K^\alpha A^\beta$$

mit Konstanten $\gamma > 0$, $\alpha > 0$, $\beta > 0$. Dann können wir P schreiben als

$$P(K, A) = \gamma \cdot \phi(K, A) \cdot \psi(K, A)$$

mit $\qquad \phi(K, A) = K^\alpha, \psi(K, A) = A^\beta.$

Nun sind ϕ und ψ in $K \geqslant 0$, $A \geqslant 0$ stetig (als Funktionen je einer Veränderlichen) und folglich nach Satz 5.2 auch P.

c) Sei $g(x) = e^{-(x_1^2 + x_2^2 + \ldots + x_n^2)}$. Diese Funktion braucht man z. B. in der Wahrscheinlichkeitstheorie zur Beschreibung der sogenannten Normalverteilung.

Nach a) ist $\phi(x) = x_1^2 + x_2^2 + \ldots + x_n^2$ stetig. Ferner ist bekanntlich die Exponentialfunktion $h(y) = e^{-y}$ stetig, und folglich ist nach Satz 5.3 auch $g(x) = h(\phi(x))$ stetig.

d) Der Ausdruck $\dfrac{x^2 - y^2}{x^2 + y^2}$ ist offenbar überall in $\mathbf{R}^2$ außer im Punkte $x = 0$, $y = 0$ definiert.

Betrachten wir daher die Funktion $f : \mathbf{R}^2 \to \mathbf{R}$ gemäß

$$f(x, y) = \begin{cases} 0 & \text{falls } (x, y) = (0, 0) \\[2mm] \dfrac{x^2 - y^2}{x^2 + y^2}, & \text{sonst.} \end{cases}$$

Wir wollen zeigen, daß diese Funktion, die formal noch recht einfach aussieht, in $(0, 0)$ nicht stetig ist und durch keine andere Wahl des Funktionswertes in diesem Punkte stetig gemacht werden kann.

Offenbar ist

$$f(0, y) = -1 \qquad \forall \, y \neq 0$$

und daher

$$\lim_{y \to 0} f(0, y) = -1$$

sowie $\qquad f(x, 0) = +1 \qquad \forall \, x \neq 0$

und deshalb

$$\lim_{x \to 0} f(x, 0) = +1.$$

Folglich existiert $\displaystyle \lim_{(x, y) \to (0, 0)} f(x, y)$ nicht und f kann in $(0, 0)$ auch nicht durch einen anderen Funktionswert als 0 stetig gemacht werden.

Nach Satz 3.7 besitzt eine stetige Funktion auf einem abgeschlossenen Intervall [a, b] ein Minimum und ein Maximum. Gerade für ökonomische Anwendungen erscheint es viel wichtiger zu wissen, unter welchen Voraussetzungen eine Funktion mehrerer Veränderlichen Extrema besitzt. Die Frage ist also, wie man Satz 3.7 umformulieren kann, damit er für im $\mathbf{R}^n$ definierte Funktionen ein Resultat liefert. Dazu brauchen wir den Begriff der kompakten Mengen im $\mathbf{R}^n$.

Definition 5.3 a) *Eine Menge* $M \subset \mathbf{R}^n$ *heißt* b e s c h r ä n k t , *wenn es eine Zahl* $\gamma \in \mathbf{R}$ *gibt derart, daß*

$$\|x\| \leqslant \gamma \qquad \forall \, x \in M.$$

b) *Eine Menge* $M \subset \mathbf{R}^n$ *heißt* a b g e s c h l o s s e n , *wenn für jede beliebige konvergente Folge* $\{y^{(\nu)}\}_{\nu \in \mathbf{N}} \subset M$, d. h. $y^{(\nu)} \in M \; \forall \, \nu$, *gilt*:

$$\lim_{\nu \to \infty} y^{(\nu)} \in M;$$

mit anderen Worten, wenn jede konvergente Folge in M *auch ihren Limes in* M *hat.*

c) *Eine Menge* $M \subset \mathbf{R}^n$ *heißt* k o m p a k t , *wenn sie abgeschlossen und beschränkt ist.*

Danach ist z. B. ein abgeschlossenes Intervall $I = [a, b]$ kompakt, denn mit $\gamma = \max \{|a|, |b|\}$ gilt sicher $|x| \leqslant \gamma \; \forall \, x \in I$; und wenn $x_\nu \in I \; \forall \, \nu$ und $\{x_\nu\}_{\nu \in \mathbf{N}}$ konvergent ist, dann muß offenbar $\lim\limits_{\nu \to \infty} x_\nu \in I$ gelten. Hingegen ist ein offenes Intervall nicht kompakt. Denn für $I = (a, b)$ ist z. B. die Folge $\left\{ b - \dfrac{1}{\nu} \right\}_{\nu \geqslant 1}$ — jedenfalls von einem ν an — in I enthalten; aber $\lim\limits_{\nu \to \infty} \left(b - \dfrac{1}{\nu} \right) = b$ gehört nicht zu I.

Über die Existenz von Extrema von Funktionen in n Variablen gilt nun

Satz 5.4 *Sei* $D \subset \mathbf{R}^n$ *und* $f : D \to \mathbf{R}$ *stetig. Ist* $M \subset \mathbf{R}^n$ *kompakt und* $M \subset D$, *dann nimmt* f *auf* M *ein Maximum und ein Minimum an.*

B e w e i s : Wir haben also zu zeigen, daß es ein $\hat{x} \in M$ und ein $\hat{y} \in M$ gibt derart, daß

$$f(\hat{x}) \geqslant f(x) \quad \text{und} \quad f(\hat{y}) \leqslant f(x) \qquad \forall \, x \in M.$$

Zunächst zeigen wir, daß f auf M beschränkt ist, d. h. daß $\{f(x) \mid x \in M\}$ eine beschränkte Menge in $\mathbf{R}$ ist. Wäre das nämlich nicht der Fall, dann gäbe es zu jedem $\nu \in \mathbf{N}$ ein $x^{(\nu)} \in M$ derart, daß $|f(x^{(\nu)})| > \nu$. Aus der Beschränktheit von M folgt sofort wegen (5.4), daß für $x \in M$ auch die einzelnen Komponenten x_i von x beschränkt sind. Damit hat z. B. $\{x_1^{(\nu)}\}_{\nu \in \mathbf{N}}$ einen Häufungspunkt $\tilde{x}_1$, gegen den eine geeignete Teilfolge von $\{x_1^{(\nu)}\}_{\nu \in \mathbf{N}}$ konvergiert. Die dieser Teilfolge entsprechende Folge der zweiten Komponenten $x_2^{(\nu)}$ hat ebenfalls einen Häufungspunkt $\tilde{x}_2$, den man wieder als Limes einer geeigneten Teilfolge erhält, usw. Setzt man diese Überlegung bis zur n-ten Komponente fort, erhält man schließlich eine Teilfolge $\{x^{(\nu_\kappa)}\}_{\kappa \in \mathbf{N}}$, die gegen ein $\tilde{x} \in \mathbf{R}^n$ konvergiert, das wegen der vorausgesetzten Kompaktheit von M in M liegt. Nach Konstruktion müßte nun gelten

$$|f(x^{(\nu_\kappa)})| > \nu_\kappa \qquad \forall \, \kappa,$$

d. h. $|f(x^{(\nu_\kappa)})|$ würde beliebig groß,

und im Widerspruch dazu wegen der Stetigkeit von f

$$f(x^{(\nu_\kappa)}) \to f(\tilde{x}).$$

Aus diesem Widerspruch folgt, daß f auf M beschränkt ist.

Nun zeigen wir, daß es ein $\hat{y} \in M$ gibt mit

$$f(\hat{y}) = \inf \{f(x) \mid x \in M\}.$$

Sei $\alpha = \inf\limits_{M} f(x)$. Dann existiert für jedes $\nu \geqslant 1$ ein $x^{(\nu)} \in M$ derart, daß $|f(x^{(\nu)}) - \alpha| < \dfrac{1}{\nu}$.

Wie oben folgt aus der Kompaktheit von M wieder, daß $\{x^{(\nu)}\}_{\nu \in \mathbb{N}}$ eine konvergente Teilfolge $\{x^{(\nu_\kappa)}\}_{\kappa \in \mathbb{N}}$ mit Limes $\hat{y} \in M$ haben muß. Wegen der Stetigkeit von f gilt dann

$$f(x^{(\nu_\kappa)}) \to f(\hat{y})$$

und folglich

$$|f(\hat{y}) - \alpha| \leqslant |f(\hat{y}) - f(x^{(\nu_\kappa)})| + |f(x^{(\nu_\kappa)}) - \alpha|,$$

woraus $f(\hat{y}) = \alpha = \inf_M f(x)$ folgt. Analog läßt sich die Existenz eines Maximums zeigen. ∎

Um nun zu Bedingungen für lokale Extrema zu gelangen, müssen wir versuchen, die Differenzierbarkeit für Funktionen in mehreren Veränderlichen einzuführen.

Übungsaufgaben

1. Sei $\{x^{(\nu)}\}_{\nu \in \mathbb{N}} = \left\{ \left(\dfrac{8}{\nu^3}, \dfrac{\nu + 6}{\nu} \right) \right\}$ eine Folge im $\mathbb{R}^2$.

a) Bestimmen Sie: $x^{(1)} - x^{(2)}$, $\|x^{(1)}\|$, $\|x^{(1)} - x^{(2)}\|$, $\|x^{(1)} - x^{(2)}\|_\infty$;

b) Bestimmen Sie den Grenzwert der Folge $\{x^{(\nu)}\}_{\nu \in \mathbb{N}}$ und verifizieren Sie Lemma 5.1.

2. Untersuchen Sie folgende Funktionen bezüglich Stetigkeit im Nullpunkt:

a) $f(x, y) = \begin{cases} \dfrac{x^2}{x^2 + y^2}, & \text{falls } (x, y) \neq (0, 0) \\[2mm] 1, & \text{falls } (x, y) = (0, 0); \end{cases}$

b) $g(x, y) = \begin{cases} \dfrac{\sin (x^2 + y^2)}{x^2 + y^2}, & \text{falls } (x, y) \neq (0, 0) \\[2mm] 1, & \text{falls } (x, y) = (0, 0). \end{cases}$

3. Zeigen Sie: Falls $A \subset \mathbb{R}^n$ und $B \subset \mathbb{R}^n$ kompakt sind, dann ist auch $A \cap B$ bzw. $A \cup B$ kompakt.

5.2 Differentialrechnung

Wir sehen sofort, daß wir nicht genau analog vorgehen können wie in Abschnitt 4.1, wo wir Differentialquotienten mit Hilfe der Differenzenquotienten eingeführt haben, denn wir können ja hier nicht — in Analogie — durch die Differenz von zwei n-Tupeln dividieren. Hingegen können wir folgendermaßen vorgehen: Wir nehmen an, es könne lediglich eine Variable x_i variieren, während alle übrigen Variablen $x_j, j \neq i$, einen festen Wert $\hat{x}_j$ behalten. Damit wird f(x) zu einer Funktion einer Variablen $F(x_i) = f(\hat{x}_1, \ldots, \hat{x}_{i-1}, x_i, \hat{x}_{i+1}, \ldots, \hat{x}_n)$, die wir wie bisher differenzieren können. Das führt zum Begriff der partiellen Ableitung.

Definition 5.4 *Sei* $D \subset \mathbb{R}^n$ *und* $y \in D$. *Die Funktion* $f : D \to \mathbb{R}$ *ist im Punkte* y *nach* x_k p a r t i e l l d i f f e r e n z i e r b a r, *wenn*

$$\lim_{x_k \to y_k} \frac{f(y_1, \ldots, y_{k-1}, x_k, y_{k+1}, \ldots, y_n) - f(y_1, \ldots, y_k, \ldots, y_n)}{x_k - y_k}$$

existiert. Dann heißt

$$\frac{\partial f(y)}{\partial x_k} = \lim_{x_k \to y_k} \frac{f(y_1, \ldots, x_k, \ldots, y_n) - f(y_1, \ldots, y_k, \ldots, y_n)}{x_k - y_k}$$

die p a r t i e l l e   A b l e i t u n g *von* f *nach* x_k *in* y.

Bei der partiellen Ableitung denkt man sich also außer der Variablen, nach der differenziert wird, alle übrigen Variablen als Konstante. In ökonomischen Partialanalysen wird diese Vorstellung mit der Phrase „ceteris paribus" zum Ausdruck gebracht.

Beispiel 5.3 a) Sei f : $\mathbf{R}^3 \to \mathbf{R}$ gegeben durch $f(x, y, z) = x^2 + y^2 + z^2$. Differenzieren wir partiell nach x, dann behandeln wir also y und z wie Konstanten. Folglich ist

$$\frac{\partial f(x, y, z)}{\partial x} = 2x.$$

Differenzieren wir partiell nach y, dann werden entsprechend x und z als konstant betrachtet, so daß

$$\frac{\partial f(x, y, z)}{\partial y} = 2y.$$

Analog folgt

$$\frac{\partial f(x, y, z)}{\partial z} = 2z.$$

Betrachten wir allgemein die Funkton f : $\mathbf{R}^n \to \mathbf{R}$ gemäß $f(x) = \sum_{i=1}^{n} x_i^2$, so ergibt sich genauso

$$\frac{\partial f(x)}{\partial x_k} = 2x_k, \qquad k = 1, 2, \ldots, n.$$

b) Sei g : $\mathbf{R}^3 \to \mathbf{R}$ durch $g(x) = x_1 \cdot x_2 \cdot x_3$ gegeben. Bei der Ableitung nach x_1 werden x_2 und x_3 wie Konstante behandelt, also

$$\frac{\partial g(x)}{\partial x_1} = x_2 \cdot x_3.$$

Analog erhalten wir

$$\frac{\partial g(x)}{\partial x_2} = x_1 \cdot x_3 \quad \text{und} \quad \frac{\partial g(x)}{\partial x_3} = x_1 \cdot x_2.$$

c) Für die Cobb-Douglas-Produktionsfunktion

$$P(K, A) = K^{\frac{1}{4}} A^{\frac{3}{4}}$$

erhalten wir, wenn wir A festhalten (A konstant) und somit nur K variieren lassen,

$$\frac{\partial P(K, A)}{\partial K} = \frac{1}{4} K^{-\frac{3}{4}} A^{\frac{3}{4}} = \frac{1}{4}\left(\frac{A}{K}\right)^{\frac{3}{4}}.$$

Analog erhalten wir, wenn nur A variiert werden darf, aber K konstant bleibt,

$$\frac{\partial P(K, A)}{\partial A} = \frac{3}{4} K^{\frac{1}{4}} A^{-\frac{1}{4}} = \frac{3}{4}\left(\frac{K}{A}\right)^{\frac{1}{4}}.$$

Das G r e n z p r o d u k t des Kapitals $\frac{\partial P(K, A)}{\partial K} = \frac{1}{4}\left(\frac{A}{K}\right)^{\frac{3}{4}}$ ist bei festem A eine mono-

ton fallende Funktion in K. Ebenso ist das G r e n z p r o d u k t der Arbeit

$\frac{\partial P(K, A)}{\partial A} = \frac{3}{4}\left(\frac{K}{A}\right)^{\frac{1}{4}}$ bei festem K monoton fallend in A. Unsere Produktionsfunktion

entspricht somit dem in der Ökonomie häufig angenommenen G e s e t z d e s
a b n e h m e n d e n G r e n z e r t r a g e s.

Mit den partiellen Ableitungen können wir das lokale Verhalten einer Funktion nur
teilweise beurteilen: Wir erhalten Auskunft über die Reaktion des Funktionswertes
auf die Änderung nur einer Variablen bei gleichzeitigem Konstanthalten aller übrigen
Variablen. Das sagt jedoch zunächst nichts darüber aus, wie sich die Funktion verhält
bei gleichzeitiger Änderung verschiedener Variablen längs eines vorgegebenen Weges
im $\mathbf{R}^n$, beispielsweise bei einer zu untersuchenden Änderung des Verhältnisses von
Kapital und Arbeit in einer Produktion. Ist der Pfad, längs dessen die Änderung der
Variablen erfolgen soll, durch eine sogenannte Parameterdarstellung gegeben, d. h.
die ν-te Variable nimmt die Werte $\phi_\nu(t)$, $t \in (a, b)$, an, wobei der Parameter t oft in
den Anwendungen die Zeit widerspiegelt, dann hilft uns die v e r a l l g e m e i -
n e r t e K e t t e n r e g e l:

Satz 5.5 *Sei* $D \subset \mathbf{R}^n$, *und sei* $f : D \to \mathbf{R}$ *stetig partiell differenzierbar nach allen*

Variablen (d. h. $\frac{\partial f}{\partial x_k}$ *existiere und sei stetig,* $k = 1, \ldots, n$). *Seien ferner* n *stetig*

differenzierbare Funktionen ϕ_ν, $\nu = 1, \ldots, n$, *auf einem offenen Intervall* (a, b) *gege-*
ben derart, daß $(\phi_1(t), \phi_2(t), \ldots, \phi_n(t)) \in D$ $\forall t \in (a, b)$. *Dann ist die Funktion*
$F : (a, b) \to \mathbf{R}$ *gemäß* $F(t) = f(\phi_1(t), \phi_2(t), \ldots, \phi_n(t))$ *differenzierbar, und es gilt*

$$\frac{dF(t)}{dt} = \sum_{\nu=1}^{n} \frac{\partial f(\phi_1(t), \ldots, \phi_n(t))}{\partial x_\nu} \cdot \phi_\nu'(t).$$

B e w e i s : Eine einfache Umformung ergibt

$$F(t + h) - F(t) = f(\phi_1(t + h), \ldots, \phi_n(t + h)) - f(\phi_1(t), \ldots, \phi_n(t))$$
$$= f(\phi_1(t + h), \ldots, \phi_n(t + h)) - f(\phi_1(t), \phi_2(t + h), \ldots, \phi_n(t + h))$$
$$+ f(\phi_1(t), \phi_2(t + h), \ldots, \phi_n(t + h)) - f(\phi_1(t), \phi_2(t), \phi_3(t + h), \ldots, \phi_n(t + h))$$
$$+ f(\phi_1(t), \phi_2(t), \phi_3(t + h), \ldots, \phi_n(t + h)) - f(\phi_1(t), \ldots, \phi_3(t), \phi_4(t + h), \ldots, \phi_n(t + h))$$
$$+ \ldots$$

$$\vdots$$

$$+ f(\phi_1(t), \ldots, \phi_{n-1}(t), \phi_n(t+h)) - f(\phi_1(t), \ldots, \phi_n(t))$$

$$= \sum_{\nu=1}^{n} [f(\phi_1(t), \ldots, \phi_{\nu-1}(t), \phi_\nu(t+h), \ldots, \phi_n(t+h))$$
$$- f(\phi_1(t), \ldots, \phi_\nu(t), \phi_{\nu+1}(t+h), \ldots, \phi_n(t+h))].$$

Nach dem Mittelwertsatz ist hierin

$$f(\phi_1(t), \ldots, \phi_{\nu-1}(t), \phi_\nu(t+h), \ldots, \phi_n(t+h)) - f(\phi_1(t), \ldots, \phi_\nu(t),$$

$$\phi_{\nu+1}(t+h), \ldots, \phi_n(t+h))$$

$$= \frac{\partial f(\phi_1(t), \ldots, \phi_{\nu-1}(t), \phi_\nu(t) + \theta_\nu(\phi_\nu(t+h) - \phi_\nu(t)), \phi_{\nu+1}(t+h), \ldots, \phi_n(t+h))}{\partial x_\nu}$$

$$\cdot [\phi_\nu(t+h) - \phi_\nu(t)]$$

mit $\theta_\nu \in (0,1)$ und $\phi_\nu(t+h) - \phi_\nu(t) = h \cdot \phi_\nu'(t+\Theta_\nu h)$ mit $\Theta_\nu \in (0,1)$.

Wegen der vorausgesetzten Stetigkeit von $\dfrac{\partial f}{\partial x_\nu}$ und ϕ_ν' folgt daraus

$$\lim_{h \to 0} \frac{F(t+h) - F(t)}{h} = \sum_{\nu=1}^{n} \frac{\partial f(\phi_1(t), \ldots, \phi_n(t))}{\partial x_\nu} \cdot \phi_\nu'(t). \qquad \blacksquare$$

Die verallgemeinerte Kettenregel erlaubt uns insbesondere, die Änderung der Funktionswerte zu untersuchen, wenn wir uns im $\mathbf{R}^n$ in einer festen Richtung fortbewegen. Genauer
heißt das, daß wir für ein beliebiges, aber festes $\mathbf{r} \in \mathbf{R}^n$ die Ableitung der Funktion
$F(\lambda) = f(\mathbf{x} + \lambda \mathbf{r})$ — bei festem $\mathbf{x} \in \mathbf{R}^n$ — berechnen können, die sich nach Satz 5.5 ergibt

zu $F'(\lambda) = \displaystyle\sum_{\nu=1}^{n} \frac{\partial f(\mathbf{x} + \lambda \mathbf{r})}{\partial x_\nu} \cdot r_\nu$. Somit können wir wie folgt definieren:

Definition 5.5 *Sei* $D \subset \mathbf{R}^n$ *und* $f : D \to \mathbf{R}$ *stetig partiell differenzierbar. Sei* $\mathbf{r} \in \mathbf{R}^n$ *fest.*
Die Ableitung von $F(\lambda) = f(\mathbf{x} + \lambda \mathbf{r})$ *in* $\lambda = 0$ *ist*

$$F'(0) = \sum_{\nu=1}^{n} \frac{\partial f(\mathbf{x})}{\partial x_\nu} \cdot r_\nu$$

und heißt R i c h t u n g s a b l e i t u n g *von* f *an der Stelle* x *in Richtung* r.

Um Schreibarbeit zu sparen, werden wir folgende Schreibweise benutzen:

Für $\mathbf{a} \in \mathbf{R}^n$ und $\mathbf{b} \in \mathbf{R}^n$ ist $\langle \mathbf{a}, \mathbf{b} \rangle = \displaystyle\sum_{\nu=1}^{n} a_\nu \cdot b_\nu$ das sogenannte S k a l a r p r o d u k t
von $\mathbf{a}$ und $\mathbf{b}$.

Das n-Tupel $\left(\dfrac{\partial f(\mathbf{x})}{\partial x_1}, \ldots, \dfrac{\partial f(\mathbf{x})}{\partial x_n} \right)$ heißt G r a d i e n t von f in x und wird mit grad f(x)
oder $\nabla f(\mathbf{x})$ bezeichnet.

Somit können wir nach Definition 5.5 die Richtungsableitung von f an der Stelle x
in Richtung r schreiben als

$$\langle \nabla f(x), r \rangle.$$

In der Ökonomie wird gelegentlich mit homogenen, insbesondere linear homogenen Produktionsfunktionen gearbeitet. Eine Funktion f heißt h o m o g e n v o m G r a d e m,
wenn für beliebige $\lambda \in \mathbf{R}$ und $x \in \mathbf{R}^n$ gilt $f(\lambda x) = \lambda^m f(x)$. Man kann hier auch ein-
schränken z. B. auf $\lambda \geqslant 0$ und $x \geqslant 0$, d. h. $x_i \geqslant 0$, $i = 1, \ldots, n$. Beispielsweise ist die
Funktion P(K, A) aus Beispiel 5.3c) homogen vom Grade 1 oder l i n e a r h o m o g e n ,
d. h. eine Verdoppelung aller Faktormengen verdoppelt auch den Produktionsausstoß.
Für homogene Funktionen liefert Satz 5.5 den S a t z v o n E u l e r :

Satz 5.6 *Sei* $D \subset \mathbf{R}^n$ *und* $f : D \to \mathbf{R}$ *stetig partiell differenzierbar. Ist f homogen vom
Grade* m, *dann gilt*

$$\langle x, \nabla f(x) \rangle = m\, f(x).$$

(Für linear homogene Produktionsfunktionen (m = 1) heißt das: Die Summe der Produkte
aus Faktormenge und Grenzprodukt des Faktors ergibt die produzierte Menge.)

B e w e i s : Sei x fest gewählt. Nach Satz 5.5 hat $F(\lambda) = f(\lambda x)$ die Ableitung
$F'(\lambda) = \langle x, \nabla f(\lambda x) \rangle$.
Da f homogen vom Grade m ist, gilt $F(\lambda) = f(\lambda x) = \lambda^m f(x)$ und folglich

$$F'(\lambda) = m\, \lambda^{m-1}\, f(x).$$

Also gilt unter unseren Voraussetzungen

$$\langle x, \nabla f(\lambda x) \rangle = m\, \lambda^{m-1}\, f(x),$$

woraus speziell mit $\lambda = 1$ die Behauptung folgt.   ∎

Wenn f(x) partiell differenzierbar ist, dann sind die partiellen Ableitungen $\dfrac{\partial f(x)}{\partial x_k}$,

$k = 1, \ldots, n$, offenkundig wieder Funktionen in n Variablen. Kann man diese wieder
partiell differenzieren, so erhält man die p a r t i e l l e n A b l e i t u n g e n z w e i t e r
O r d n u n g von f, für die die Schreibweise

$$\frac{\partial^2 f(x)}{\partial x_i \partial x_j} = \frac{\partial}{\partial x_j}\left(\frac{\partial f(x)}{\partial x_i} \right)$$

üblich ist. Ist j = i, so schreibt man dafür auch $\dfrac{\partial^2 f(x)}{\partial x_i^2}$.

Analog sind partielle Ableitungen dritter Ordnung aufzufassen als

$$\frac{\partial^3 f(x)}{\partial x_i \partial x_j \partial x_k} = \frac{\partial}{\partial x_k}\left(\frac{\partial^2 f(x)}{\partial x_i \partial x_j} \right), \quad \text{usw.}$$

Unter gewissen Voraussetzungen kann man die Reihenfolge der partiellen Differentiation
vertauschen. Insbesondere gilt für die zweiten partiellen Ableitungen

Satz 5.7 *Sei f in einer ϵ-Umgebung $U_\epsilon(\hat{x})$ nach x_i und nach x_j differenzierbar, und*
$$\frac{\partial^2 f(x)}{\partial x_i \partial x_j} \text{ existiere und sei stetig in } U_\epsilon(\hat{x}).$$

Dann existiert auch $\dfrac{\partial^2 f(\hat{x})}{\partial x_j \partial x_i}$, und es gilt

$$\frac{\partial^2 f(\hat{x})}{\partial x_j \partial x_i} = \frac{\partial^2 f(\hat{x})}{\partial x_i \partial x_j}.$$

B e w e i s : Da außer x_i und x_j alle übrigen Variablen hier wie Konstante behandelt werden, genügt es, eine Funktion $f(x, y)$ von zwei Variablen zu betrachten.
Wir müssen zeigen, daß der Differenzenquotient

$$\Delta(h) = \frac{f_y(\hat{x} + h, \hat{y}) - f_y(\hat{x}, \hat{y})}{h}$$

für $h \to 0$ gegen $f_{xy}(\hat{x}, \hat{y})$ konvergiert. Dabei ist $f_y = \dfrac{\partial f}{\partial y}$ und $f_{xy} = \dfrac{\partial^2 f}{\partial x \partial y}$.

Setzen wir

$$f_y(x, \hat{y}) = \lim_{k \to 0} \frac{f(x, \hat{y} + k) - f(x, \hat{y})}{k}$$

ein, so ist

$$\Delta(h) = \lim_{k \to 0} \frac{[f(\hat{x} + h, \hat{y} + k) - f(\hat{x} + h, \hat{y})] - [f(\hat{x}, \hat{y} + k) - f(\hat{x}, \hat{y})]}{k \cdot h} = \lim_{k \to 0} q(h, k).$$

Mit $\phi_k(x) = f(x, \hat{y} + k) - f(x, \hat{y})$ ist

$$q(h, k) = \frac{\phi_k(\hat{x} + h) - \phi_k(\hat{x})}{k \cdot h}$$

$$= \frac{h \cdot \phi_k'(\hat{x} + \theta h)}{k \cdot h} \quad \text{(nach dem Mittelwertsatz } (\theta \in (0, 1))$$

$$= \frac{f_x(\hat{x} + \theta h, \hat{y} + k) - f_x(\hat{x} + \theta h, \hat{y})}{k} = \frac{k\, f_{xy}(\hat{x} + \theta h, \hat{y} + \Theta k)}{k}$$

$$= f_{xy}(\hat{x} + \theta h, \hat{y} + \Theta k)$$

mit $\Theta \in (0, 1)$ wiederum nach dem Mittelwertsatz.
Damit wird

$$\lim_{h \to 0} \Delta(h) = \lim_{h \to 0} \lim_{k \to 0} q(h, k) = \lim_{h \to 0} \lim_{k \to 0} f_{xy}(\hat{x} + \theta h, y + \Theta k) = f_{xy}(\hat{x}, \hat{y})$$

wegen der vorausgesetzten Stetigkeit von f_{xy}.   ■

Will man das Ergebnis von Satz 5.7 verwenden — $f_{xy} = f_{yx}$ —, dann muß man sich vergewissern, daß die Voraussetzungen, insbesondere die Stetigkeit von f_{xy}, gegeben sind.
Am Beispiel

$$g(x, y) = \begin{cases} 0, & \text{falls } (x, y) = (0, 0) \\[2ex] xy\,\dfrac{x^2 - y^2}{x^2 + y^2} & \text{sonst} \end{cases}$$

möge der Leser nachrechnen, daß hier

$$g_{xy}(0,0) = -1 \quad \text{und} \quad g_{yx}(0,0) = 1 \neq g_{xy}(0,0),$$

und daß hier g_{xy} in $(0,0)$ unstetig ist.

Funktionen von mehreren Veränderlichen kann man in Taylorreihen entwickeln, indem man auf die Taylorentwicklung von Funktionen einer Variablen zurückgreift. Ist die Entwicklungsstelle in $\hat{x}$, und ist x ein anderer Punkt, dann ist mit $h = x - \hat{x}$ die Menge $S = \{z \mid z = \hat{x} + t \cdot h, t \in [0,1]\}$ die Verbindungsstrecke zwischen $\hat{x}$ und x, und jeder Punkt auf S ist durch einen bestimmten Wert von t festgelegt. Damit ist eine Funktion $f(y)$ in n Variablen, wenn man sie nur auf S betrachtet, eine Funktion einer Variablen, nämlich

$$F(t) = f(\hat{x} + t\,h), \qquad t \in [0,1]$$

mit $F(0) = f(\hat{x})$, $F(1) = f(x)$.

Auf F können wir nun die Taylor'sche Formel (4.54) anwenden, wenn F und folglich f die nötigen Differenzierbarkeitseigenschaften haben:

$$F(1) = F(0) + F'(0) + \frac{1}{2!}\,F''(0) + \ldots + \frac{1}{p!}\,F^{(p)}(0) + \frac{1}{(p+1)!}\,F^{(p+1)}(\theta)$$

mit $\theta \in (0,1)$.

Die benötigten Ableitungen $F^{(\nu)}$ können wir jetzt als Richtungsableitungen berechnen[1]):

$$F(t) \;\; = \; f(\hat{x} + t\,h)$$

$$F'(t) \; = \; \sum_{\nu=1}^{n} f_{x_\nu}(\hat{x} + t\,h) \cdot h_\nu$$

$$F''(t) \; = \; \sum_{\nu=1}^{n} \sum_{\mu=1}^{n} f_{x_\nu x_\mu}(\hat{x} + t\,h) \cdot h_\nu \cdot h_\mu$$

$$F'''(t) = \sum_{\nu=1}^{n} \sum_{\mu=1}^{n} \sum_{\rho=1}^{n} f_{x_\nu x_\mu x_\rho}(\hat{x} + t\,h) \cdot h_\nu \cdot h_\mu \cdot h_\rho, \quad \text{usw.}$$

Speziell die Taylor-Formel mit Restglied zweiter Ordnung, also $p = 1$, liefert dann

$$f(x) = f(\hat{x}) + \sum_{\nu=1}^{n} f_{x_\nu}(\hat{x}) \cdot h_\nu + \frac{1}{2} \sum_{\nu=1}^{n} \sum_{\mu=1}^{n} f_{x_\nu x_\mu}(\hat{x} + \theta\,h) \cdot h_\nu \cdot h_\mu \qquad (5.6)$$

mit $\theta \in (0,1)$, wobei $h_\nu = x_\nu - \hat{x}_\nu$.

Ist $\|h\| = \|x - \hat{x}\|$ klein, also x nahe bei $\hat{x}$, dann liefert (5.6)

$$f(x) - f(\hat{x}) \approx \sum_{\nu=1}^{n} f_{x_\nu}(\hat{x}) \cdot h_\nu, \qquad (5.7)$$

---

[1]) Hier bedeuten $f_{x_\nu} = \dfrac{\partial f}{\partial x_\nu}$, $f_{x_\nu x_\mu} = \dfrac{\partial^2 f}{\partial x_\nu \partial x_\mu}$, $f_{x_\nu x_\mu x_\rho} = \dfrac{\partial^3 f}{\partial x_\nu \partial x_\mu \partial x_\rho}$ usw.

da das Restglied quadratisch in h und folglich für kleine $\|h\|$ auch absolut klein wird im Vergleich zum vorangehenden linearen Term.

Ohne den Symbolen dx_ν und df zunächst eine Bedeutung zu geben, kann man rein als formalen Ausdruck das t o t a l e   D i f f e r e n t i a l von f

$$df = \sum_{\nu=1}^{n} \frac{\partial f(\hat{x})}{\partial x_\nu}\, dx_\nu$$

definieren. In den Anwendungen findet man nun häufig Aussagen darüber, wie Änderungen der Variablen den Funktionswert verändern, in denen das totale Differential zur Argumentation herangezogen wird, d. h. man interpretiert die dx_ν als Änderungen der Variablen und df als resultierende Funktionswertänderung. Derartige Aussagen beruhen offensichtlich auf der Näherungsformel (5.7), die aus dem Taylor'schen Ansatz folgte.

Übungsaufgaben

1. Bilden Sie die ersten partiellen Ableitungen folgender Funktionen:

a) $f(x, y) = \dfrac{x^3 - 2y}{2x + y^2}$;   b) $g(x, y) = y \cdot \sin x + \cos (x - y)$;

c) $h(x, y) = e^{xy} + e^{(x+y)} + \ln (x \cdot y)$.

2. Bilden Sie die ersten und zweiten partiellen Ableitungen der Funktion $f(x, y) = 2x^3 \cdot \cos 2y$ und verifizieren Sie Satz 5.7.

3. Sei $f(x, y) = \sin (x + y) + \cos (x \cdot y)$ mit $x(u, v) = u^2 + v^2$ und $y(u, v) = u \cdot v$. Bestimmen Sie $\dfrac{\partial f}{\partial u}$ und $\dfrac{\partial f}{\partial v}$ mittels verallgemeinerter Kettenregel.

4. Sei

$$f(x, y) = \begin{cases} \dfrac{y(x^2 - y^2)}{x^2 + y^2}, & \text{falls } x^2 + y^2 \neq 0 \\[2ex] 0, & \text{falls } x = y = 0. \end{cases}$$

Berechnen Sie $f_x(0, 0)$ und $f_y(0, 0)$ und überprüfen Sie, ob $f(x, y)$ stetig partiell differenzierbar ist.

5. Verifizieren Sie den Satz von Euler über homogene Funktionen anhand der folgenden Produktionsfunktionen:

a) $y_1 = v_1^\alpha \cdot v_2^\beta, \alpha, \beta > 0, v_1, v_2 > 0$;

b) $y_2 = (c_1 v_1^{-\gamma} + c_2 v_2^{-\gamma})^{-\frac{1}{\gamma}}, \gamma > -1, c_1, c_2 > 0, v_1, v_2 > 0$.

5.3 Extremalstellen

Wie in Abschn. 4.4 betrachten wir auch hier l o k a l e   E x t r e m a. Eine Funktion f hat an der Stelle $a \in \mathbf{R}^n$ ein l o k a l e s   M i n i m u m , wenn in einer Umgebung $U_\epsilon(a)$ gilt: $f(a) \leqslant f(x) \ \forall\, x \in U_\epsilon(a)$. Entsprechend hat f in a ein l o k a l e s   M a x i m u m , wenn $f(a) \geqslant f(x) \ \forall\, x \in U_\epsilon(a)$. Analog zu Satz 4.16 gilt jetzt

Satz 5.8 *Sei f partiell differenzierbar in* **a**. *Besitzt* f *in* **a** *ein lokales Extremum, dann muß* $\nabla f(\mathbf{a}) = \mathbf{0}$ $(= (0, 0, \ldots, 0))$ *sein.*

Den Beweis kann man direkt von Satz 4.16 übernehmen, wenn man f jeweils als Funktion einer Variablen x_ν, also als $f(a_1, \ldots, a_{\nu-1}, x_\nu, a_{\nu+1}, \ldots, a_n)$ betrachtet. Hierfür ist $x_\nu = a_\nu$ lokales Extremum und folglich nach Satz 4.16 $\dfrac{\partial f(\mathbf{a})}{\partial x_\nu} = 0$.

Auch hinreichende Bedingungen erhalten wir analog wie im Falle einer Variablen, nachdem wir auch jetzt wieder die Taylor'sche Formel zur Verfügung haben.

Satz 5.9 *Sei f zweimal stetig partiell differenzierbar und* $\nabla f(\mathbf{a}) = \mathbf{0}$. *Sei*

$$g(\mathbf{h}) = \sum_{\nu=1}^{n} \sum_{\mu=1}^{n} f_{x_\nu x_\mu}(\mathbf{a}) h_\nu h_\mu.$$

Falls $g(\mathbf{h}) > 0 \;\; \forall\, \mathbf{h} \neq \mathbf{0}$, *dann hat* f *in* **a** *ein Minimum.*

Falls $g(\mathbf{h}) < 0 \;\; \forall\, \mathbf{h} \neq \mathbf{0}$, *dann hat* f *in* **a** *ein Maximum.*

B e w e i s : Da $\nabla f(\mathbf{a}) = \mathbf{0}$, folgt aus (5.6)

$$f(\mathbf{x}) = f(\mathbf{a}) + \frac{1}{2} \sum_{\nu=1}^{n} \sum_{\mu=1}^{n} f_{x_\nu x_\mu}(\mathbf{a} + \theta\, \mathbf{h}) h_\nu h_\mu$$

mit $\mathbf{h} = \mathbf{x} - \mathbf{a}$ und $\theta \in (0, 1)$. Da $f_{x_\nu x_\mu}$ nach Voraussetzung stetig ist, folgt aus $g(\mathbf{h}) > 0 \;\; \forall\, \mathbf{h} \neq \mathbf{0}$, daß es eine Umgebung U(**a**) gibt derart, daß auch

$$\sum_{\nu=1}^{n} \sum_{\mu=1}^{n} f_{x_\nu x_\mu}(\mathbf{a} + \theta\, \mathbf{h}) h_\nu h_\mu > 0 \;\; \text{für } \mathbf{h} = \mathbf{x} - \mathbf{a} \neq \mathbf{0}, \mathbf{x} \in U(\mathbf{a}) \text{ und } \theta \in (0, 1).$$

Also gilt $f(\mathbf{x}) > f(\mathbf{a}) \;\; \forall\, \mathbf{x} \in U(\mathbf{a}) - \{\mathbf{a}\}$.

Analog zeigt man, daß in **a** ein Maximum vorliegt, falls $g(\mathbf{h}) < 0$. ∎

Analog wie in Abschn. 4.4 werden die Extremalbedingungen wieder einfacher, wenn wir es mit konvexen bzw. konkaven Funktionen zu tun haben.

Definition 5.6 *Eine Menge* M $\subset \mathbf{R}^n$ *heißt* k o n v e x , *wenn mit* $\mathbf{x} \in M$ *und* $\mathbf{y} \in M$ *auch deren Verbindungsstrecke* $\{\lambda \mathbf{x} + (1 - \lambda)\mathbf{y} \mid \lambda \in [0, 1]\}$ *in* M *liegt, also* (vgl. Fig. 5.3)

$$\lambda \mathbf{x} + (1 - \lambda)\mathbf{y} \in M \qquad \forall\, \lambda \in (0, 1).$$

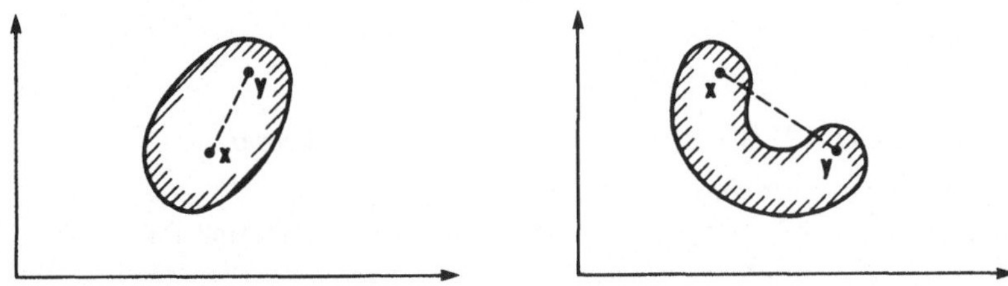

Fig. 5.3 Konvexe Menge und nicht konvexe Menge

Ist $D \subset \mathbf{R}^n$ *eine konvexe Menge, dann heißt eine Funktion* $f : D \to \mathbf{R}$ k o n v e x , *wenn für beliebige* $x \in D, y \in D$ *und* $\lambda \in (0, 1)$ *gilt:*

$$f(\lambda x + (1 - \lambda)y) \leqslant \lambda f(x) + (1 - \lambda)f(y).$$

Eine Funktion $g : D \to \mathbf{R}$ *heißt* k o n k a v , *wenn* $-g$ *konvex ist.*

Sind $x \in D$ und $y \in D$ beliebig vorgegebene, feste Punkte, dann ist die Funktion $f : D \to \mathbf{R}$ über der Verbindungsstrecke von x und y als Funktion einer Variablen darstellbar gemäß $F(\lambda) = f(\lambda x + (1 - \lambda)y) = f(y + \lambda(x - y))$ mit $\lambda \in [0, 1]$. Mit $f : D \to \mathbf{R}$ ist auch $F : [0, 1] \to \mathbf{R}$ konvex, denn mit festem $\lambda_1 \in [0, 1]$ und $\lambda_2 \in [0, 1]$ und einem beliebigen $\alpha \in (0, 1)$ gilt

$$\begin{aligned}
F(\alpha\lambda_1 + (1 - \alpha)\lambda_2) &= f([\alpha\lambda_1 + (1 - \alpha)\lambda_2]x + \{1 - [\alpha\lambda_1 + (1 - \alpha)\lambda_2]\}y)\\
&= f(\alpha[\lambda_1 x + (1 - \lambda_1)y] + (1 - \alpha)[\lambda_2 x + (1 - \lambda_2)y])\\
&\leqslant \alpha f(\lambda_1 x + (1 - \lambda_1)y) + (1 - \alpha)f(\lambda_2 x + (1 - \lambda_2)y)\\
&= \alpha F(\lambda_1) + (1 - \alpha)F(\lambda_2).
\end{aligned}$$

Damit können wir Satz 4.14 auf F anwenden und erhalten

Satz 5.10 *Sei* $f : D \to \mathbf{R}$ *stetig partiell differenzierbar. Die Funktion* f *ist genau dann konvex, wenn für beliebige* $x \in D$ *und* $y \in D$ *gilt*

$$f(y) \geqslant f(x) + \langle(y - x), \nabla f(x)\rangle. \tag{5.8}$$

B e w e i s : Sei $f : D \to \mathbf{R}$ konvex, und seien $x \in D, y \in D$ fest gewählt. Dann ist, wie wir soeben gesehen haben, $F : [0, 1] \to \mathbf{R}$ gemäß $F(\lambda) = f(\lambda x + (1 - \lambda)y) = f(y + \lambda(x - y))$ auch konvex. Dann gilt nach Satz 4.14 für beliebige $\lambda_1 \in [0, 1]$ und $\lambda_2 \in [0, 1]$

$$F(\lambda_2) \geqslant F(\lambda_1) + (\lambda_2 - \lambda_1)F'(\lambda_1).$$

Nach der verallgemeinerten Kettenregel ist $F'(\lambda_1) = \langle(x - y), \nabla f(y + \lambda_1(x - y))\rangle$. Für $\lambda_1 = 1$ und $\lambda_2 = 0$ folgt somit

$$f(y) \geqslant f(x) + (-1) \cdot \langle(x - y), \nabla f(x)\rangle = f(x) + \langle(y - x), \nabla f(x)\rangle,$$

wie behauptet.

Gilt umgekehrt stets (5.8), dann folgt für beliebige $x \in D, y \in D$ und $z = \lambda x + (1 - \lambda)y$, $\lambda \in [0, 1)$,

$$f(x) \geqslant f(z) + \langle x - z, \nabla f(z)\rangle \qquad f(y) \geqslant f(z) + \langle y - z, \nabla f(z)\rangle$$

und daher

$$\lambda f(x) + (1 - \lambda) f(y) \geqslant f(z),$$

da $\lambda(x - z) + (1 - \lambda)(y - z) = 0$. Also ist dann $f : D \to \mathbf{R}$ konvex.   ∎

Hinweis Ist $f : D \to \mathbf{R}$ konvex, und lassen wir nur eine Variable x_k variieren, während alle übrigen $x_i, i \neq k$, festgehalten werden, dann muß nach Korollar 4.15

$$\frac{\partial f(x_1, \ldots, x_{k-1}, x_k, x_{k+1}, \ldots, x_n)}{\partial x_k}$$

eine in x_k monoton wachsende Funktion sein.

Ist etwa f eine Kostenfunktion, dann erfüllt sie also die Annahme zunehmender (partieller) G r e n z k o s t e n , die in der Ökonomie oft gemacht wird. Anders als bei Funktionen einer Variablen genügt diese Annahme aber nicht, um die Konvexität der Kostenfunktion sicherzustellen. Beispielsweise gilt für

$$\phi(x, y) = x^2 \cdot y^2 \text{ mit } D_\phi = \{(x, y) | x > 0, y > 0\}$$

$$\frac{\partial \phi}{\partial x} = 2y^2 x, \frac{\partial \phi}{\partial y} = 2x^2 y,$$

d. h. $\frac{\partial \phi}{\partial x}$ ist monoton wachsend in x und $\frac{\partial \phi}{\partial y}$ ist monoton wachsend in y.

Für x = (3; 7), y = (7; 3) und z = $\frac{1}{2}$ x + $\frac{1}{2}$ y = (5; 5) erhalten wir jedoch

$$\phi(x) = \phi(y) = 441 \quad \text{und} \quad \phi(z) = 625 > \frac{1}{2} \phi(x) + \frac{1}{2} \phi(y),$$

d. h. ϕ ist nicht konvex.

Für konvexe Funktionen sind nun die für jedes lokale Extremum notwendigen Bedingungen bereits hinreichend für globale Minima.

Satz 5.11 *Sei f : D → R konvex und stetig partiell differenzierbar. Gilt in* a ∈ D

$$\nabla f(a) = 0,$$

dann besitzt f in a *ein globales Minimum.*

B e w e i s : Nach (5.8) gilt für beliebige x ∈ D

$$f(x) \geq f(a) + \langle x - a, \nabla f(a) \rangle,$$

woraus wegen $\nabla f(a) = 0$ die Behauptung folgt.   ∎

Ist g : D → R eine konkave Funktion, dann ist f = −g konvex. Aus den Sätzen 5.10 und 5.11 folgen daher unmittelbar die entsprechenden Aussagen für konkave Funktionen:

Satz 5.12 *Sei g : D → R stetig partiell differenzierbar. Die Funktion g ist genau dann konkav, wenn für beliebige* x ∈ D *und* y ∈ D

$$g(y) \leq g(x) + \langle (y - x), \nabla g(x) \rangle \tag{5.9}$$

gilt.

B e w e i s : Nach Definition ist g genau dann konkav, wenn f = −g konvex ist, und das ist nach Satz 5.10 genau dann der Fall, wenn

$$-g(y) \geq -g(x) + \langle (y - x), -\nabla g(x) \rangle,$$

d. h. wenn (5.9) gilt.   ∎

Satz 5.13 *Sei g : D → R konkav und stetig partiell differenzierbar. Gilt in* a ∈ D

$$\nabla g(a) = 0,$$

dann besitzt g in a *ein globales Maximum.*

B e w e i s : Nach (5.9) gilt für beliebige $x \in D$

$$g(x) \leqslant g(a) + \langle (x - a),\, \nabla g(a) \rangle,$$

woraus wegen $\nabla g(a) = \mathbf{0}$ die Behauptung folgt. ∎

Beispiel 5.4 Sei $\phi(x, y) = 560x + 520y - 2x^2 - 2xy - 2y^2$. Nach Satz 5.8 muß an jeder Extremalstelle von ϕ sowohl $\dfrac{\partial \phi}{\partial x}$ als auch $\dfrac{\partial \phi}{\partial y}$ verschwinden, also

$$\frac{\partial \phi}{\partial x} = 560 - 4\hat{x} - 2\hat{y} = 0$$

$$\frac{\partial \phi}{\partial y} = 520 - 2\hat{x} - 4\hat{y} = 0,$$

woraus $\hat{x} = 100$ und $\hat{y} = 80$ folgt.

Mit Hilfe elementarer Abschätzungen kann man zeigen, daß ϕ konkav ist. Folglich hat nach Satz 5.13 ϕ in $(\hat{x}, \hat{y}) = (100, 80)$ ein globales Maximum mit dem Funktionswert $\phi(\hat{x}, \hat{y}) = 48'800$.

Übungsaufgaben

1. a) Sei D_f eine nicht leere, konvexe Teilmenge des $\mathbf{R}^n$ und $f : D_f \to \mathbf{R}$ konvex. Zeigen Sie, daß die Lösungsmenge von min $\{f(x)\,|\,x \in D_f\}$ ebenfalls konvex ist.
b) Sei $f : D_f \to \mathbf{R}$ streng konvex. Zeigen Sie, daß die Lösungsmenge von min $\{f(x)\,|\,x \in D_f\}$ höchstens ein Element enthält. (f ist streng konvex, wenn in Def. 5.6 stets $f(\lambda x + (1 - \lambda)y) < \lambda f(x) + (1 - \lambda)\, f(y)$ gilt.)

2. Bestimmen Sie die Extremwerte folgender Funktionen:
a) $f(x, y) = 6x - 5y + 3x^2 + 2{,}5y^2$;
b) $g(x, y) = x^3 - 3axy + y^3,\ a \in \mathbf{R}$.

3. Beweisen Sie mit Hilfe von Satz 5.11, daß die Funktion $f(x, y) = x^2 + y^2 + x - y$ in $\left(-\dfrac{1}{2}, \dfrac{1}{2}\right)$ ein globales Minimum hat.

5.4 Nebenbedingungen

Häufig findet man in den Anwendungen folgende Situation: Es ist zu untersuchen, wie sich die Variation von gewissen Veränderlichen auswirkt, wobei bestimmte Bedingungen einzuhalten sind. Typische Beispiele hierfür sind die Bestimmung von Substitutionsraten und die Berechnung von Elastizitäten in der Ökonomie.

Sei $g : D \to \mathbf{R},\ D \subset \mathbf{R}^n$, eine stetig partiell differenzierbare Funktion. Sei in $\hat{x} \in D$ der Funktionswert

$$g(\hat{x}) = \gamma.$$

Nehmen wir an, wir hätten in einer Umgebung von $\hat{x}$ die beiden Variablen x_k und x_ℓ,

$\ell \neq k$, so zu variieren, daß stets $g(x) = \gamma$ bleibt, wobei alle übrigen Variablen ihren Wert $x_j = \hat{x}_j, j \neq \ell, j \neq k$, beibehalten. Damit betrachten wir eigentlich nur noch eine Funktion von zwei Variablen

$$\phi(v, w) = g(\hat{x}_1, \ldots, \hat{x}_{k-1}, v, \hat{x}_{k+1}, \ldots, \hat{x}_{\ell-1}, w, \hat{x}_{\ell+1}, \ldots, \hat{x}_n)$$

und haben nun, ausgehend von $\hat{v} = \hat{x}_k$ und $\hat{w} = \hat{x}_\ell$, die Variablen v und w so zu variieren, daß stets

$$\phi(v, w) = \gamma = \phi(\hat{v}, \hat{w})$$

gilt. Anders ausgedrückt suchen wir also zu jedem Wert von w in einer geeigneten Umgebung von $\hat{w}$ ein v derart, daß der Funktionswert von ϕ mit γ übereinstimmt und mit $w \to \hat{w}$ auch $v \to \hat{v}$ gilt. Falls zu jedem Wert w aus der genannten Umgebung von $\hat{w}$ der so zugeordnete Wert von v e i n d e u t i g bestimmt ist, ist durch die Gleichung $\phi(v, w) = \gamma$ in einer Umgebung von $(\hat{v}, \hat{w})$ i m p l i z i t eine Funktion $v = \psi(w)$ definiert, eine sogenannte i m p l i z i t e   F u n k t i o n.

Dem folgenden Satz können wir entnehmen, wann sicherlich durch eine Gleichung der Form $\phi(v, w) = \gamma$ eine implizite Funktion definiert wird.

Satz 5.14 *Sei $\phi(v, w)$ stetig partiell differenzierbar. Ist in einem Punkt $(\hat{v}, \hat{w})$ $\dfrac{\partial \phi}{\partial v}(\hat{v}, \hat{w}) \neq 0$,*

dann gibt es eine Umgebung U von $(\hat{v}, \hat{w})$ derart, daß durch die Gleichung $\phi(v, w) = \phi(\hat{v}, \hat{w})$ in U eine implizite Funktion $v = \psi(w)$ definiert ist. Hierfür gilt

$$\frac{d\psi(\hat{w})}{dw} = - \frac{\partial \phi(\hat{v}, \hat{w})}{\partial w} \Big/ \frac{\partial \phi(\hat{v}, \hat{w})}{\partial v}.$$

B e w e i s : Sei ohne Einschränkung der Allgemeinheit $\dfrac{\partial \phi}{\partial v}(\hat{v}, \hat{w}) = \delta > 0$ sowie $\left| \dfrac{\partial \phi}{\partial w}(\hat{v}, \hat{w}) \right| \leq \theta$ mit $\theta > 0$.

Da die partiellen Ableitungen von ϕ stetig sind, gibt es ein Rechteck Q mit Zentrum $(\hat{v}, \hat{w})$ derart, daß für alle $(v, w) \in Q$ gilt

$$\frac{\partial \phi}{\partial v}(v, w) \geq \frac{\delta}{2} \quad \text{und} \quad \left| \frac{\partial \phi}{\partial w} \right| \leq 2\theta.$$

Mit den Bezeichnungen von Fig. 5.4 gilt dann nach dem Mittelwertsatz, wenn

$$\phi(\hat{v}, \hat{w}) = \gamma \quad \text{ist,}$$

$$\phi(v_1, \hat{w}) \leq \gamma - h \frac{\delta}{2} \quad \text{und} \quad \phi(v_2, \hat{w}) \geq \gamma + h \frac{\delta}{2}.$$

Wählen wir τ so, daß $(v_1, \hat{w} + \tau) \in Q$ und

$$|\tau| \leq \frac{h \delta}{4 |\theta|},$$

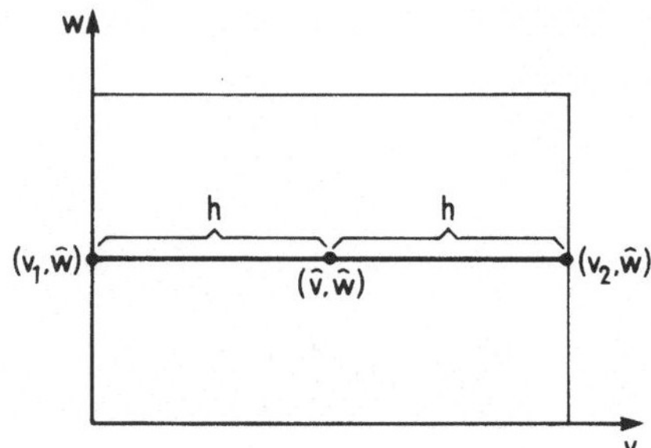

Fig. 5.4
Umgebung Q

dann gilt, wieder unter Verwendung des Mittelwertsatzes

$$\phi(v_1, \hat{w} + \tau) \leqslant \gamma \quad \text{und} \quad \phi(v_2, \hat{w} + \tau) \geqslant \gamma.$$

Die Verbindungsstrecke von $(v_1, \hat{w} + \tau)$ und $(v_2, \hat{w} + \tau)$ liegt in Q, so daß dort $\frac{\partial\phi}{\partial v} \geqslant \frac{\delta}{2} > 0$ gilt, d. h. $\phi(v, \hat{w} + \tau)$ eine streng monoton steigende Funktion in v ist. Wegen dieser Monotonie und nach dem Zwischenwertsatz gibt es genau eine Stelle v_τ so, daß $\phi(v_\tau, \hat{w} + \tau) = \gamma$ gilt. Somit definiert die Gleichung $\phi(v, w) = \gamma$ auf dem Intervall $\left\{ w \, | \, |\hat{w} - w| \leqslant \frac{h\,\delta}{4\,|\theta|} \right\}$ eine Funktion $v = \psi(w)$, die der Bedingung $(\psi(w), w) \in Q$ genügt. Da $\phi(v_\tau, \hat{w} + \tau) = \phi(\hat{v}, \hat{w}) = \gamma$, folgt

$$
\begin{aligned}
0 &= \phi(v_\tau, \hat{w} + \tau) - \phi(\hat{v}, \hat{w}) \\
&= \phi(v_\tau, \hat{w} + \tau) - \phi(\hat{v}, \hat{w} + \tau) + \phi(\hat{v}, \hat{w} + \tau) - \phi(\hat{v}, \hat{w}) \\
&= (v_\tau - \hat{v}) \frac{\partial\phi}{\partial v} (\Theta v_\tau + (1 - \Theta)\hat{v}, \hat{w} + \tau) + \tau \frac{\partial\phi}{\partial w} (\hat{v}, \hat{w} + \tilde{\Theta}\tau)
\end{aligned}
$$

mit $\Theta \in (0, 1)$ und $\tilde{\Theta} \in (0, 1)$ nach dem Mittelwertsatz und daher

$$v_\tau - \hat{v} = -\tau \cdot \frac{\partial\phi}{\partial w} (\hat{v}, \hat{w} + \tilde{\Theta}\tau) \Big/ \frac{\partial\phi}{\partial v} (\Theta v_\tau + (1 - \Theta)\hat{v}, \hat{v} + \tau),$$

wobei die Argumente von $\frac{\partial\phi}{\partial w}$ und $\frac{\partial\phi}{\partial v}$ in Q liegen, so daß

$$\left| \frac{\partial\phi}{\partial w} \Big/ \frac{\partial\phi}{\partial v} \right| \leqslant \frac{4\theta}{\delta}$$

gilt. Folglich haben wir $\lim\limits_{\tau \to 0} v_\tau = \hat{v}$, d. h. die implizite Funktion ψ ist stetig in $\hat{w}$. Damit folgt — wegen der vorausgesetzten Stetigkeit von $\frac{\partial\phi}{\partial v}$ und $\frac{\partial\phi}{\partial w}$ —

$$\lim\limits_{w \to \hat{w}} \frac{\psi(w) - \psi(\hat{w})}{w - \hat{w}} = \lim\limits_{\tau \to 0} \frac{v_\tau - \hat{v}}{\tau} = -\frac{\partial\phi}{\partial w} (\hat{v}, \hat{w}) \Big/ \frac{\partial\phi}{\partial v} (\hat{v}, \hat{w})$$

wie behauptet.   ∎

Beispiel 5.5 a) Betrachten wir wie in Beispiel 5.3c) die Cobb-Douglas-Funktion

$$P(K, A) = K^{\frac{1}{4}} A^{\frac{3}{4}}$$

an einer Stelle $(\hat{K}, \hat{A})$ mit $\hat{K} > 0$, $\hat{A} > 0$. Dann ist nach Beispiel 5.3

$$\frac{\partial P}{\partial K} (\hat{K}, \hat{A}) = \frac{1}{4} \left(\frac{\hat{A}}{\hat{K}} \right)^{\frac{3}{4}} > 0$$

und somit die Voraussetzung $\frac{\partial\phi}{\partial v} (\hat{v}, \hat{w}) \neq 0$ von Satz 5.14 erfüllt. Da

$$\frac{\partial P}{\partial A} (\hat{K}, \hat{A}) = \frac{3}{4} \left(\frac{\hat{K}}{\hat{A}} \right)^{\frac{1}{4}},$$

erhalten wir nach Satz 5.14 für die S u b s t i t u t i o n s r a t e zwischen K und A in $(\hat{K}, \hat{A})$ — die hier angibt, wie durch Kapitalerhöhung eine Arbeitseinsparung zu kompensieren, d. h. eine gleichbleibende Produktionsmenge zu erreichen ist —

$$\frac{dK}{dA} = -\frac{\partial P}{\partial A}(\hat{K}, \hat{A}) \Big/ \frac{\partial P}{\partial K}(\hat{K}, \hat{A}) = -\left[\frac{3}{4}\left(\frac{\hat{K}}{\hat{A}}\right)^{\frac{1}{4}}\right] \Big/ \left[\frac{1}{4}\left(\frac{\hat{A}}{\hat{K}}\right)^{\frac{3}{4}}\right]$$

$$= -3\,\frac{\hat{K}}{\hat{A}} \qquad \text{(vgl. Fig. 5.5).}$$

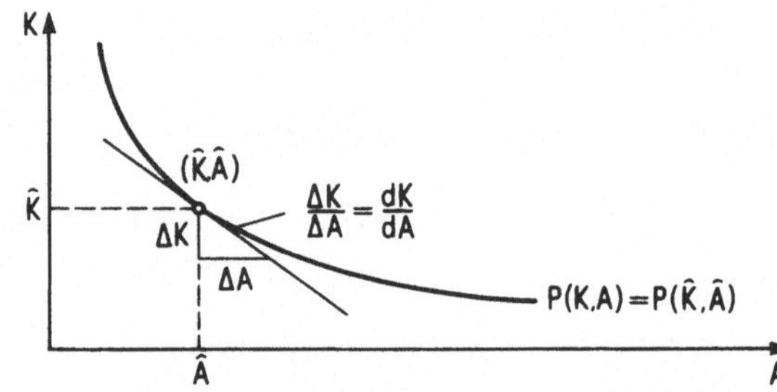

Fig. 5.5 Substitutionsrate bei Cobb-Douglas-Funktion

b) Eine analoge Situation liegt vor, wenn man davon ausgeht, daß über einem Raum von möglichen Güterbündeln eine Nutzenfunktion gegeben ist. Betrachten wir der Einfachheit halber Kombinationen von zwei Gütern A und B, deren Mengen mit x und y bezeichnet werden, dann ist also jeder möglichen Mengenkombination (x, y) ein Nutzenwert f(x, y) zugeordnet. Gehen wir von einer gegebenen Mengenkombination $(\hat{x}, \hat{y})$ aus, so stellt sich — z. B. bei einem Tausch — die Frage, wieviel mehr wir vom Gut B brauchen, wenn wir eine Einheit des Gutes A abgeben sollen und den Wert unserer Nutzenfunktion nicht verändern wollen. Lokal fragen wir also nach der Steigung $\frac{dy}{dx}$ der sogenannten Indifferenzkurve

$$f(x, y) \equiv f(\hat{x}, \hat{y})$$

im Punkte $(\hat{x}, \hat{y})$, die in Fig. 5.6 veranschaulicht ist und in diesem Zusammenhang auch als S u b s t i t u t i o n s r a t e bezeichnet wird.

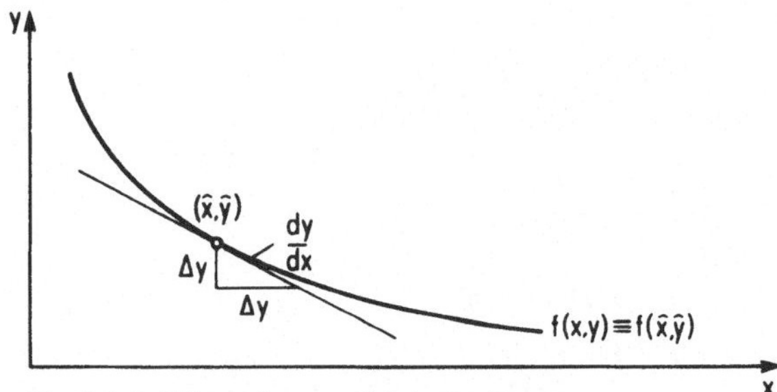

Fig. 5.6 Indifferenzkurve und Substitutionsrate

Unter den Voraussetzungen von Satz 5.14 ist dann

$$\frac{dy}{dx} = -\frac{\partial f}{\partial x}(\hat{x}, \hat{y}) \Big/ \frac{\partial f}{\partial y}(\hat{x}, \hat{y}),$$

d. h. die Substitutionsrate von y zu x ist — bis aufs Vorzeichen — umgekehrt proportional zum Verhältnis der G r e n z n u t z e n von y und x.

c) Sei h(x, y) in einer Umgebung eines Punktes $(\hat{x}, \hat{y})$ stetig partiell differenzierbar. Dann liefert Satz 5.14 folgende Implikationen:

i) $\dfrac{\partial h}{\partial y}(\hat{x}, \hat{y}) \neq 0 \Rightarrow$ y ist implizite Funktion von x;

ii) $\dfrac{\partial h}{\partial x}(\hat{x}, \hat{y}) \neq 0 \Rightarrow$ x ist implizite Funktion von y.

Falls aber $\dfrac{\partial h}{\partial x}(\hat{x}, \hat{y}) = 0 = \dfrac{\partial h}{\partial y}(\hat{x}, \hat{y})$, gibt uns dieser Satz keine Auskunft über die Existenz impliziter Funktionen.

Sei z. B. $h(x, y) = x^2 - y^2$, $(\hat{x}, \hat{y}) = (0, 0)$.

Dann haben wir $\dfrac{\partial h}{\partial x}(\hat{x}, \hat{y}) = \dfrac{\partial h}{\partial y}(\hat{x}, \hat{y}) = 0$. Die Gleichung $(h(\hat{x}, \hat{y}) = 0!)$

$$x^2 - y^2 \equiv 0$$

wird von vier verschiedenen Funktionen erfüllt, nämlich

$$y = x$$

$$y = -x$$

$$y = |x|$$

und $y = -|x|$.

Es kann also keine Rede von e i n e r   i m p l i z i t e n   F u n k t i o n in einer Umgebung von $(\hat{x}, \hat{y})$ sein, denn die müßte ja eindeutig bestimmt sein.

Wählen wir hingegen

$$h(x, y) = x^3 - y^3,   (\hat{x}, \hat{y}) = (0, 0),$$

dann gilt wieder

$$\frac{\partial h}{\partial x}(\hat{x}, \hat{y}) = \frac{\partial h}{\partial y}(\hat{x}, \hat{y}) = 0;$$

aber die Gleichung

$$x^3 - y^3 \equiv 0$$

hat die eindeutige Lösung

$$y = x,$$

d. h. jetzt gibt es eine implizite Funktion.

Dieses Beispiel sollte deutlich machen, daß man vor Anwendung des Ergebnisses von Satz 5.14 tunlichst zunächst einmal sicherstellt, daß die Voraussetzungen, unter denen der Satz nur bewiesen wurde, erfüllt sind.

Bisher haben wir uns im wesentlichen nur mit der sogenannten freien Minimierung beschäftigt, d. h. wir haben notwendige (vgl. Satz 5.8) und hinreichende (vgl. Sätze 5.9 und 5.11) Bedingungen für lokale Extrema einer (stetig) partiell differenzierbaren Funktion $f(x)$, $x \in \mathbf{R}^n$, kennengelernt. In den Anwendungen tritt nun aber häufig die Situation auf, daß eine sogenannte Z i e l f u n k t i o n $f(x)$ zu minimieren (maximieren) ist unter Beachtung sogenannter R e s t r i k t i o n e n oder N e b e n b e d i n g u n g e n der allgemeinen Form $g_i(x) \leqslant 0$, $i = 1, \ldots, m$. In dieses Schema

$$\min \{ f(x) \mid g_i(x) \leqslant 0, i = 1, \ldots, m \} \tag{5.10}$$

passen auch scheinbar davon verschiedene Aufgaben.

Wegen

$$\max \{h(x) \mid x \in \mathfrak{B}\} = - \min \{- h(x) \mid x \in \mathfrak{B}\}$$

bei gegebener Menge $\mathfrak{B} \subset \mathbf{R}^n$ und wegen

$$\{x \mid k_i(x) \geqslant 0, i = 1, \ldots, m\} = \{x \mid - k_i(x) \leqslant 0, i = 1, \ldots, m\}$$

ist z. B. die Aufgabe

$$\max \{h(x) \mid k_i(x) \geqslant 0, i = 1, \ldots, m\}$$

gleichbedeutend mit

$$- \min \{- h(x) \mid - k_i(x) \leqslant 0, i = 1, \ldots, m\};$$

und das Problem

$$\min \{f(x) \mid g_i(x) = 0, i = 1, \ldots, m\}$$

ist offenbar dasselbe, wie

$$\min \{ f(x) \mid g_i(x) \leqslant 0, i = 1, \ldots, m; - g_i(x) \leqslant 0, i = 1, \ldots, m\}.$$

Danach können wir uns zunächst auf die Aufgabenstellung in der Form (5.10) beschränken. Probleme dieser Art treten z. B. auf bei der Kostenminimierung unter Bedarfsdeckungsvorschriften oder bei der Gewinnmaximierung unter Kapazitätsbeschränkungen.

Um notwendige Bedingungen für (lokale) Minima der Aufgabe (5.10) herzuleiten, setzen wir generell voraus, daß die Funktionen f und g_i, $i = 1, \ldots, m$, stetig partiell differenzierbar sind. Ist $\hat{x}$ eine Lösung von (5.10), dann überlegen wir uns sofort folgendes:

Falls $g_i(\hat{x}) < 0$, $i = 1, \ldots, m$, dann gibt es wegen der Stetigkeit der Funktionen g_i eine Umgebung $U_\epsilon(\hat{x})$ derart, daß auch $g_i(x) < 0$, $i = 1, \ldots, m$ $\forall x \in U_\epsilon(\hat{x})$. Da f in $\hat{x}$ — unter Berücksichtigung der Bedingung $x \in \mathfrak{B} = \{x \mid g_i(x) \leqslant 0, i = 1, \ldots, m\}$ — ein lokales Minimum hat, gibt es eine weitere Umgebung $U_\delta(\hat{x}) \subset U_\epsilon(\hat{x}) \subset \mathfrak{B}$ derart, daß

$f(\hat{x}) \leqslant f(x) \ \forall \ x \in U_\delta(\hat{x})$. Demzufolge spielen hier die Nebenbedingungen keine Rolle, denn $\hat{x}$ liefert offenbar ein — freies — lokales Minimum von f, und die notwendigen Bedingungen hierfür lauten bekanntlich $\nabla f(\hat{x}) = \mathbf{0}$.

Falls in $\hat{x}$ jedoch einige Restriktionen „prall" erfüllt sind, d. h. $g_i(\hat{x}) = 0$ für einige i, kann es sein, daß in $\hat{x}$ kein freies lokales Minimum mehr vorliegt, beispielsweise wenn für jede Richtung s mit negativer Richtungsableitung $\langle s, \nabla f(\hat{x})\rangle < 0$, längs deren f also lokal abnehmen würde, gleichzeitig für ein i mit $g_i(\hat{x}) = 0$ gilt $\langle s, \nabla g_i(\hat{x})\rangle > 0$, d. h. daß in dieser Richtung lokal wenigstens eine Nebenbedingung verletzt wird. Demnach sind die Bedingungen $\nabla f(\hat{x}) = \mathbf{0}$ hier nicht mehr anwendbar.

Sei $I(\hat{x}) = \{i \mid g_i(\hat{x}) = 0\}$ die Menge der in $\hat{x}$ a k t i v e n Restriktionen und $I(\hat{x}) \neq \emptyset$, d. h. in $\hat{x}$ ist wenigstens eine Restriktion prall erfüllt. Sei ein Pfad $y(t) = (y_1(t), \ldots, y_n(t))$ wie folgt gegeben:

$$y_i : [0, \delta) \to \mathbf{R} \text{ sei stetig differenzierbar}, i = 1, \ldots, n, \delta > 0,$$

$$y(t) \in \mathfrak{B} = \{x \mid g_i(x) \leqslant 0, i = 1, \ldots, n\} \qquad \forall \ t \in [0, \delta),$$

$$y(0) = \hat{x},$$

$$\dot{y}(t) = \left(\frac{d}{dt} y_1(t), \ldots, \frac{d}{dt} y_n(t)\right),$$

$$\dot{y}(0) = s \neq \mathbf{0}.$$

Anschaulich kann man sich das so vorstellen, daß der Pfad $\{y(t) \mid t \in [0, \delta)\}$ in $\mathfrak{B}$ liegt und tangential zur Richtung s in $\hat{x}$ einmündet, wie das in Fig. 5.7 dargestellt ist.

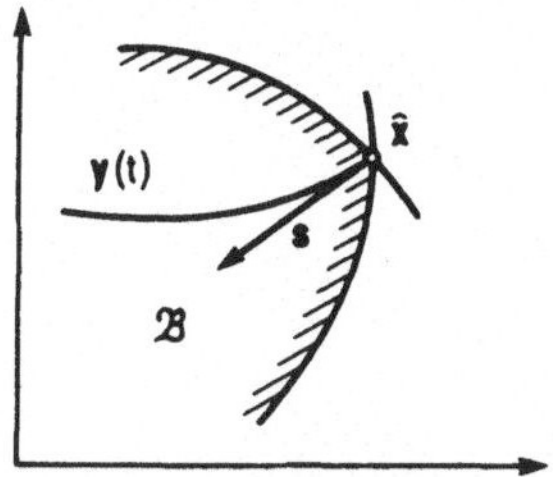

Fig. 5.7
Zulässiger Pfad

Für $i \in I(\hat{x})$, d. h. $g_i(y(0)) = g_i(\hat{x}) = 0$, gilt dann für $t > 0$

$$\frac{g_i(y(t)) - g_i(y(0))}{t} \leqslant 0, \quad \text{da } y(t) \in \mathfrak{B},$$

und Mittelwertsatz und Kettenregel liefern dann

$$\frac{g_i(y(t)) - g_i(y(0))}{t} = \langle \dot{y}(\tau), \nabla g_i(y(\tau))\rangle \leqslant 0$$

für ein $\tau \in [0, t]$. Mit $t \to 0$ folgt

$$\langle \dot{y}(0), \nabla g_i(y(0))\rangle = \langle s, \nabla g_i(\hat{x})\rangle \leqslant 0.$$

Damit haben wir gezeigt, daß für jeden zulässigen, stetig differenzierbaren Pfad
$\{y(t) \mid t \in [0, \delta), y(0) = \hat{x}, \dot{y}(0) = s\}$ gilt

$$\langle s, \nabla g_i(\hat{x}) \rangle \leqslant 0, \qquad i \in I(\hat{x}).$$

Nun stellt sich zunächst die Frage, ob sich diese Aussage auch umkehren läßt in die folgende

Regularitätsbedingung $\Re$:

$$\forall \; s \in \mathbf{R}^n : \langle s, \nabla g_i(\hat{x}) \rangle \leqslant 0, \qquad i \in I(\hat{x}),$$

$$\exists \; \{y(t) \mid y(t) \in \mathfrak{B}, t \in [0, \delta), \delta > 0, y(0) = \hat{x}, \dot{y}(0) = s\},$$

d. h. zu jeder Richtung s, in der die in $\hat{x}$ aktiven Restriktionen eine nichtpositive Richtungsableitung haben, gibt es wenigstens einen stetig differenzierbaren zulässigen Pfad, der tangential zu s in $\hat{x}$ einmündet. Diese Aussage erscheint zunächst vielleicht plausibel, ist aber nicht generell richtig.

Beispiel 5.6 a) Sei $z = (x, y)$ und

$$g_1(z) = - x^3 + y \leqslant 0 \qquad g_2(z) = - x^3 - y \leqslant 0.$$

Dann sind in $\hat{z} = 0$ offenbar g_1 und g_2 aktiv. Ferner gilt, wie man leicht ausrechnet,

$$\nabla g_1(0) = (0, 1), \qquad \nabla g_2(0) = (0, -1).$$

Mit $s = (-1, 0)$ folgt (vgl. Fig. 5.8)

$$\langle s, \nabla g_1(0) \rangle = \langle s, \nabla g_2(0) \rangle = 0.$$

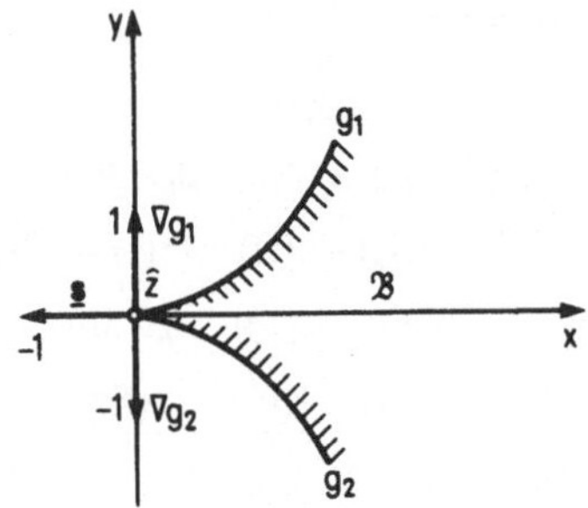

Fig. 5.8
Regularitätsbedingung in $\hat{z}$ verletzt

Es gibt jedoch keinen zulässigen, stetig differenzierbaren Pfad, der tangential zu s in **0** einmündet; denn für jeden zulässigen Pfad $(\xi(t), \eta(t)) \in \mathfrak{B}$ muß gelten

$$g_1(\xi(t), \eta(t)) = - \xi^3(t) + \eta(t) \leqslant 0, \qquad g_2(\xi(t), \eta(t)) = - \xi^3(t) - \eta(t) \leqslant 0$$

und daher $- 2\xi^3(t) \leqslant 0$, d. h. $\xi(t) \geqslant 0$. Wenn $\xi(0) = 0$ gilt, folgt

$$\frac{\xi(t) - \xi(0)}{t} \geqslant 0 \qquad \forall \, t > 0$$

und somit

$$\dot{\xi}(0) \geqslant 0.$$

Folglich kann $\dot{\xi}(0)$ nie mit $s_1 = -1$ übereinstimmen. Die Regularitätsbedingung $\Re$ ist also hier nicht erfüllt.

b) Für Gleichungsrestriktionen $h_i(x) = 0$, $i = 1, \ldots, m$, die mit den Ungleichungs-restriktionen

$$\left. \begin{array}{l} h_i(x) \leqslant 0 \\ -h_i(x) \leqslant 0 \end{array} \right\} \quad i = 1, \ldots, m$$

äquivalent sind, wobei diese stets alle in jedem zulässigen Punkt aktiv sind, lautet dann die Regularitätsbedingung $\Re$:

$$\forall \, s \in \mathbf{R}^n : \langle s, \nabla h_i(\hat{x}) \rangle = 0, \quad i = 1, \ldots, m,$$

$$\exists \, \{ y(t) \mid y(t) \in \mathfrak{B} \;\; \forall \, t \in [0, \delta), \, y(0) = \hat{x}, \, \dot{y}(0) = s \}.$$

Nehmen wir die Nebenbedingung

$$h(x, y) = x^2 - y^2 = 0.$$

Aus Beispiel 5.5c) wissen wir bereits, daß diese Gleichung in keiner Umgebung von $\hat{z} = (0, 0)$ eindeutig auflösbar ist, also keine implizite Funktion definiert. Es zeigt sich nun, daß hier auch die Regularitätsbedingung $\Re$ nicht gilt.

Offenbar gilt

$$\nabla h(\hat{z}) = \mathbf{0}.$$

Folglich erfüllt z. B. $s = (1, 2)$ die Gleichung

$$\langle s, \nabla h(\hat{z}) \rangle = 0.$$

Ist $(\xi(t), \eta(t))$ ein zulässiger Pfad mit $(\xi(0), \eta(0)) = \hat{z}$, dann gilt

$$h(\xi(t), \eta(t)) = \xi^2(t) - \eta^2(t) = 0,$$

woraus $|\xi(t)| = |\eta(t)|$ folgt. Mithin gilt

$$\frac{|\xi(t) - \xi(0)|}{t} = \frac{|\eta(t) - \eta(0)|}{t} \quad \forall \, t > 0$$

und somit

$$|\dot{\xi}(0)| = |\dot{\eta}(0)|.$$

Also kann $(\dot{\xi}(0), \dot{\eta}(0))$ nicht mit $s = (1, 2)$ übereinstimmen.

Dieses Beispiel zeigt deutlich, daß schon bei einfachen Problemen die Regularitätsbedingung $\Re$ verletzt sein kann. Andererseits kennt man aber sehr große Klassen von Aufgaben, die der Regularitätsbedingung $\Re$ genügen. Damit befassen sich die beiden folgenden Hilfssätze.

Lemma 5.15 *Sind* m *Gleichungsrestriktionen*

$$g_i(x) = 0, \quad i = 1, \ldots, m$$

in einer Umgebung $U_\epsilon(\hat{x})$ *eindeutig differenzierbar nach* m *Variablen auflösbar (vgl. Satz über implizite Funktionen), dann ist die Regularitätsbedingung* $\Re$ *in* $\hat{x}$ *erfüllt.*

B e w e i s : Die Voraussetzung bedeutet genau, daß mit $x = (u, v)$, $u \in \mathbf{R}^m$, $v \in \mathbf{R}^{n-m}$ (eventuell nach Umordnung der Variablen) die Gleichungen

$$g_i(x) = g_i(u, v) = 0, \qquad i = 1, \ldots, m,$$

in $U_\epsilon(\hat{x})$ die Funktionen

$$u_i = h_i(v), \qquad i = 1, \ldots, m,$$

und – vermöge

$$\sum_{i=1}^{m} \frac{\partial g_k}{\partial u_i} \frac{\partial u_i}{\partial v_j} + \frac{\partial g_k}{\partial v_j} = 0, \qquad k = 1, \ldots, m; j = 1, \ldots, n - m -$$

deren Ableitungen

$$\frac{\partial u_i}{\partial v_j} = \frac{\partial h_i}{\partial v_j}(v), \qquad i = 1, \ldots, m; j = 1, \ldots, n - m$$

eindeutig festlegen. Wählen wir insbesondere für v eine Parameterdarstellung $v(t)$ mit $v(0) = \hat{v}$, dann ist auch $u(t)$ eindeutig bestimmt mit $u(0) = \hat{u}$, und die Gleichungen

$$\langle (\dot{u}(t), \dot{v}(t)), \nabla g_i(u(t), v(t)) \rangle = 0, \qquad i = 1, \ldots, m,$$

bestimmen $\dot{u}(t)$ eindeutig.
Gilt für $s = (\sigma, \rho)$, $\sigma \in \mathbf{R}^m$, $\rho \in \mathbf{R}^{n-m}$

$$\langle s, \nabla g_i(\hat{x}) \rangle = 0, \qquad i = 1, \ldots, m,$$

so ist demnach mit

$$v(t) = \hat{v} + t \cdot \rho \quad \text{und} \quad \dot{v}(t) = \rho$$

auch $\dot{u}(t)$ durch die Gleichungen

$$\langle (\dot{u}(t), \dot{v}(t)), \nabla g_i(u(t), v(t)) \rangle$$
$$= \langle (\dot{u}(t), \rho), \nabla g_i(u(t), v(t)) \rangle = 0, \qquad i = 1, \ldots, m$$

eindeutig festgelegt, und für $t = 0$ muß somit

$$\dot{u}(0) = \sigma$$

gelten. Der zulässige Pfad $(u(t), v(t) = \hat{v} + t \cdot \rho)$ mündet also für $t \to 0$ in $\hat{x}$ tangential zu s ein, d. h. die Regularitätsbedingung $\mathfrak{R}$ ist erfüllt.   ∎

Nach diesem Lemma ist die Regularitätsbedingung $\mathfrak{R}$ also eine Folge der Existenz impliziter Funktionen, die in der Literatur über Optimierung mit Gleichungsrestriktionen häufig direkt oder indirekt vorausgesetzt wird.

Bei Ungleichungsrestriktionen wie in Aufgabe (5.10) ist von besonderer Bedeutung der Fall konvexer Restriktionsfunktionen.

Lemma 5.16 *Sind die Funktionen* g_i, $i = 1, \ldots, m$, *konvex und gilt die* S l a t e r - B e d i n g u n g

$$\exists \, \tilde{x} : g_i(\tilde{x}) < 0, \qquad i = 1, \ldots, m,$$

dann ist in jedem zulässigen Punkt

$$\hat{x} \in \{x \mid g_i(x) \leqslant 0, \quad i = 1, \ldots, m\}$$

die Regularitätsbedingung $\Re$ erfüllt.

B e m e r k u n g : Man überlegt sich leicht, daß die vorausgesetzte Konvexität der Funktionen g_i, $i = 1, \ldots, m$, impliziert, daß der zulässige Bereich

$$\mathfrak{B} = \{x \mid g_i(x) \leqslant 0, \quad i = 1, \ldots, m\}$$

eine konvexe Menge ist. Die Slater-Bedingung bedeutet dann anschaulich, daß $\mathfrak{B}$ innere Punkte $\tilde{x}$ besitzt, d. h. daß es ein $\epsilon > 0$ gibt derart, daß

$$U_\epsilon(\tilde{x}) \subset \mathfrak{B}$$

gilt.

B e w e i s : Sei $\hat{x} \in \mathfrak{B} = \{x \mid g_i(x) \leqslant 0, \quad i = 1, \ldots, m\}$. Mit $I(\hat{x}) = \{i \mid g_i(\hat{x}) = 0\}$ gelte für ein $r \in \mathbf{R}^n$

$$\langle r, \nabla g_i(\hat{x}) \rangle \leqslant 0, \quad i \in I(\hat{x}).$$

Falls $\hat{x} + \tau r \in \mathfrak{B}$ für ein $\tau > 0$, folgt mit $s(\tau) = \hat{x} + \tau r$ die Regularitätsbedingung $\Re$. Sei daher $\hat{x} + \tau r \notin \mathfrak{B}$ $\quad \forall \tau > 0$. Die Konvexität und Stetigkeit der Funktionen g_i impliziert die Konvexität und Stetigkeit der Funktion

$$\gamma(x) = \max_{i \in I(\hat{x})} g_i(x),$$

und aus $\hat{x} + \tau r \notin \mathfrak{B}$ $\quad \forall \tau > 0$ folgt sofort

$$\gamma(\hat{x} + \tau r) > 0 \quad \forall \tau > 0.$$

Wegen der Konvexität und Stetigkeit der Funktion γ folgt aus $\gamma(\tilde{x}) < 0$ (Slater-Bedingung) und $\gamma(\hat{x} + \tau r) > 0$, daß es auf der Verbindungsstrecke zwischen $\tilde{x}$ und $\hat{x} + \tau r$ genau einen Punkt

$$s(\tau) = \lambda_\tau \tilde{x} + (1 - \lambda_\tau)[\hat{x} + \tau r]$$

gibt derart, daß (vgl. Fig. 5.9)

$$\gamma(s(\tau)) = 0.$$

Folglich ist $\lambda_\tau \in (0, 1)$ für jedes $\tau > 0$ eindeutig bestimmt und daher eine Funktion von τ. Da γ konvex ist, gilt

$$0 = \gamma(s(\tau)) \leqslant \underbrace{\lambda_\tau \gamma(\tilde{x})}_{< 0} + \underbrace{(1 - \lambda_\tau)\, \gamma[\hat{x} + \tau r]}_{> 0}$$

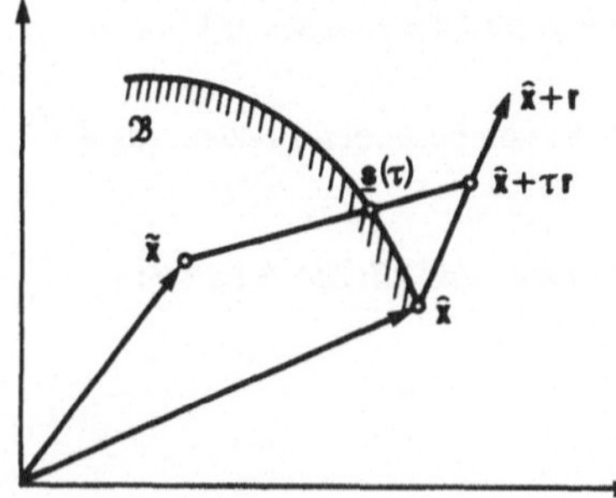

Fig. 5.9
Slater-Bedingung

und daher

$$0 < \lambda_\tau \leqslant \frac{\gamma[\hat{\hat{x}} + \tau r]}{\gamma[\hat{\hat{x}} + \tau r] - \gamma(\tilde{x})} < \frac{\gamma[\hat{\hat{x}} + \tau r]}{-\gamma(\tilde{x})} \qquad \forall \, \tau > 0.$$

Daraus folgt sofort

$$\lim_{\tau \downarrow 0} \lambda_\tau = 0.$$

Ferner überlegt man sich leicht, daß ein $i_0 \in I(\hat{\hat{x}})$ und ein $\tau_1 > 0$ existieren so, daß

$$\gamma(\hat{\hat{x}} + \tau r) = g_{i_0}(\hat{\hat{x}} + \tau r) \quad \text{für } \tau \in [0, \tau_1].$$

Nach dem Mittelwertsatz existiert dann ein $\sigma_\tau \in [0, \tau]$ derart, daß

$$\gamma(\hat{\hat{x}} + \tau r) = \underbrace{\gamma(\hat{\hat{x}})}_{= 0} + \tau \cdot \langle r, \nabla g_{i_0}(\hat{\hat{x}} + \sigma_\tau r) \rangle.$$

Nach der obigen Ungleichung für λ_τ gilt somit

$$0 < \lambda_\tau < \frac{\tau \cdot \langle r, \nabla g_{i_0}(\hat{\hat{x}} + \sigma_\tau r) \rangle}{-\gamma(\tilde{x})}$$

d. h. $\quad 0 < \dfrac{\lambda_\tau}{\tau} < \dfrac{\langle r, \nabla g_{i_0}(\hat{\hat{x}} + \sigma_\tau r) \rangle}{-\gamma(\tilde{x})} \quad \text{für } \tau \in (0, \tau_1]$

mit $0 \leqslant \sigma_\tau \leqslant \tau$. Da nach Voraussetzung

$$\langle r, \nabla g_{i_0}(\hat{\hat{x}}) \rangle \leqslant 0,$$

folgt hieraus

$$\lim_{\tau \downarrow 0} \frac{\lambda_\tau}{\tau} = \dot{\lambda}_0 = 0.$$

Folglich wird mit $s(\tau) - \hat{\hat{x}} = \lambda_\tau(\tilde{x} - \hat{\hat{x}}) + (1 - \lambda_\tau)\,\tau\, r$

$$\frac{s(\tau) - \hat{\hat{x}}}{\tau} = \frac{\lambda_\tau}{\tau}(\tilde{x} - \hat{\hat{x}}) + (1 - \lambda_\tau) r$$

und danach wegen $\lim\limits_{\tau \downarrow 0} \lambda_\tau = \lim\limits_{\tau \downarrow 0} \dfrac{\lambda_\tau}{\tau} = 0$

$$\dot{s}(0) = r,$$

womit auch in diesem Fall die Regularitätsbedingung $\mathfrak{R}$ erfüllt ist. ∎

Mit Hilfe der Regularitätsbedingung $\mathfrak{R}$ lassen sich nun notwendige Optimalitätsbedingungen für die Aufgabe

$$\min f(x) \quad \text{bzgl. } g_i(x) \leqslant 0, \quad i = 1, \ldots, m, \tag{5.10}$$

beweisen.

Satz 5.17 *Sei $\hat{\hat{x}}$ eine Lösung von (5.10), und sei in $\hat{\hat{x}}$ die Regularitätsbedingung $\mathfrak{R}$ erfüllt. Dann existieren Zahlen*

$$u_i \in \mathbf{R}, u_i \geqslant 0, \quad i = 1, \ldots, m,$$

derart, daß

$$\nabla f(\hat{x}) + \sum_{i=1}^{m} u_i \, \nabla g_i(\hat{x}) = 0 \qquad (5.11)$$

und $\quad \sum_{i=1}^{m} u_i g_i(\hat{x}) = 0.$ $\qquad\qquad\qquad\qquad$ (5.12)

B e m e r k u n g : Da $\hat{x}$ als Lösung von (5.10) sicher zulässig ist, gilt $g_i(\hat{x}) \leqslant 0$, $i = 1, \ldots, m$. Da $u_i \geqslant 0$, $i = 1, \ldots, m$, gilt, bedeutet damit die Bedingung

$$\sum_{i=1}^{m} u_i g_i(\hat{x}) = 0,$$

die als K o m p l e m e n t a r i t ä t s b e d i n g u n g bekannt ist, daß $u_i = 0$ $\forall\, i \notin I(\hat{x})$, daß also die Multiplikatoren u_i für alle nichtaktiven Restriktionen verschwinden. Also ist (5.11) gleichbedeutend mit

$$\nabla f(\hat{x}) + \sum_{i \in I(\hat{x})} u_i \, \nabla g_i(\hat{x}) = 0.$$

Der negative Gradient von f ist daher in $\hat{x}$ eine nichtnegative Linearkombination der Gradienten der aktiven Restriktionsfunktionen wie in Fig. 5.10.

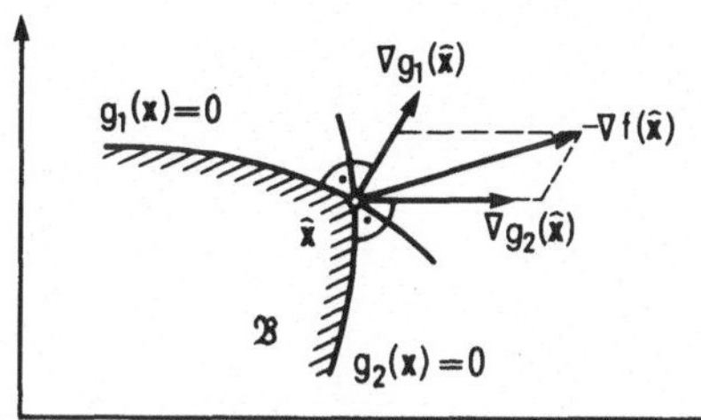

Fig. 5.10
Optimalitätsbedingungen

Sind in $\hat{x}$ keine Restriktionen aktiv, d. h. $I(\hat{x}) = \emptyset$, dann lautet (5.11) einfach $\nabla f(\hat{x}) = 0$ und stimmt mit den schon bekannten Bedingungen überein.

B e w e i s : Da wegen (5.12) $u_i = 0$ $\forall\, i \notin I(\hat{x})$, lautet die Behauptung:

$$\exists\, u_i \geqslant 0,\, i \in I(\hat{x}) : \nabla f(\hat{x}) + \sum_{i \in I(\hat{x})} u_i \, \nabla g_i(\hat{x}) = 0. \qquad (5.13)$$

Nehmen wir an, die Behauptung sei falsch; dann heißt das, daß das lineare System (5.13) keine Lösung $\{u_i \geqslant 0 \mid i \in I(\hat{x})\}$ besitzt.

Das ist nach dem L e m m a v o n F a r k a s (vgl. Abschn. 5.5) genau dann der Fall, wenn es ein $v \in \mathbf{R}^n$ gibt derart, daß

$$\langle v, \nabla g_i(\hat{x}) \rangle \geqslant 0, \quad i \in I(\hat{x}), \quad \text{und} \quad \langle v, -\nabla f(\hat{x}) \rangle < 0$$

gilt. Mit $r = -v$ gilt daher

$$\langle r, \nabla g_i(\hat{x}) \rangle \leqslant 0, \qquad i \in I(\hat{x}),$$

und $\langle r, \nabla f(\hat{x}) \rangle < 0.$

Nach der vorausgesetzten Regularitätsbedingung $\Re$ existiert nun ein zulässiger Pfad

$$\{s(t) \mid s(t) \in \mathfrak{B}, t \in [0, \delta), s(0) = \hat{x}, \dot{s}(0) = r\}.$$

Folglich gilt

$$0 > \langle r, \nabla f(\hat{x}) \rangle = \langle \dot{s}(0), \nabla f(\hat{x}) \rangle = \lim_{t \downarrow 0} \frac{f(s(t)) - f(s(0))}{t},$$

so daß für alle hinreichend kleinen $t > 0$

$$s(t) \in \mathfrak{B} \quad \text{und} \quad f(s(t)) < f(s(0)) = f(\hat{x})$$

gelten muß, was aber der vorausgesetzten Optimalität von $\hat{x}$ widerspricht. Also ist die Annahme, (5.13) sei unlösbar, falsch; damit ist der Satz bewiesen. ∎

Aus diesem Satz lassen sich nun ohne weiteres die in der Literatur häufig benutzten Lagrange-Bedingungen und Kuhn-Tucker-Bedingungen ableiten.

Betrachten wir zunächst die Aufgabe

$$\min f(x) \quad \text{bzgl. } g_i(x) = 0, \quad i = 1, \ldots, m. \tag{5.14}$$

Dann folgt aus Satz 5.17 und Lemma 5.15

Satz 5.18 *Sei $\hat{x}$ eine Lösung von Aufgabe (5.14). Sind in einer Umgebung $U_\epsilon(\hat{x})$ die Restriktionen*

$$g_i(x) = 0, \qquad i = 1, \ldots, m,$$

eindeutig differenzierbar nach m *Variablen auflösbar, dann haben die* L a g r a n g e - B e d i n g u n g e n

$$\nabla f(\hat{x}) + \sum_{i=1}^{m} u_i \nabla g_i(\hat{x}) = 0 \tag{5.15}$$

eine Lösung $\{u_i \mid u_i \in \mathbf{R}, i = 1, \ldots, m\}.$

B e w e i s : Die vorausgesetzte Auflösbarkeit der Restriktionen impliziert nach Lemma 5.15, daß für das Problem (5.14) die Regularitätsbedingung $\Re$ in $\hat{x}$ erfüllt ist. Schreibt man (5.14) in der äquivalenten Form

$$\min f(x)$$
$$\left. \begin{array}{l} \text{bzgl. } g_i(x) \leqslant 0 \\ -g_i(x) \leqslant 0 \end{array} \right\} \quad i = 1, \ldots, m,$$

dann gilt in dem vorausgesetzten Lösungspunkt $\hat{x}$ nach Satz 5.17:

$$\exists\, v_i \geqslant 0, w_i \geqslant 0, \qquad i = 1, \ldots, m:$$
$$\nabla f(\hat{x}) + \sum_{i=1}^{m} v_i \nabla g_i(\hat{x}) + \sum_{i=1}^{m} w_i(-\nabla g_i(\hat{x})) = 0,$$

d. h. $\nabla f(\hat{x}) + \sum\limits_{i=1}^{m} (v_i - w_i) \nabla g_i(\hat{x}) = 0.$

Mit $u_i = v_i - w_i$ folgt die Behauptung.   ∎

B e m e r k u n g : Sucht man eine Lösung eines Problems der Form (5.14), dann ist der in Satz 5.18 vorausgesetzte Lösungspunkt nicht bekannt. Man sucht dann also gleichzeitig einen Punkt $\hat{x} \in \mathbf{R}^n$ und einen Punkt $u \in \mathbf{R}^m$, die den $n + m$ Bedingungen

$$\nabla f(\hat{x}) + \sum_{i=1}^{m} u_i \nabla g_i(\hat{x}) = 0$$

$$g_i(\hat{x}) = 0, i = 1, \ldots, m$$

genügen. Mit der sogenannten L a g r a n g e - F u n k t i o n

$$L(x, u) = f(x) + \sum_{i=1}^{m} u_i g_i(x)$$

ist also eine Lösung $(\hat{x}, \hat{u})$ des Gleichungssystems

$$\left.\begin{array}{ll} \dfrac{\partial L}{\partial x_j} (\hat{x}, \hat{u}) = 0, & j = 1, \ldots, n \\[3mm] \dfrac{\partial L}{\partial u_i} (\hat{x}, \hat{u}) = 0, & i = 1, \ldots, m \end{array}\right\} \tag{5.16}$$

gesucht. In der Form (5.16) werden die L a g r a n g e - B e d i n g u n g e n auch häufig benutzt. Gelingt es, eine Lösung $(\hat{x}, \hat{u})$ des Systems (5.16) zu bestimmen, so ist damit natürlich keineswegs sicher, daß in $\hat{x}$ eine Lösung des Problems (5.14) vorliegt, denn die Lagrange-Bedingungen sind ja nur notwendig, aber im allgemeinen nicht hinreichend; man muß dann also in der Regel weitere Untersuchungen über die Optimalität des ermittelten Punktes $\hat{x}$ anstellen.

Betrachten wir nun wieder die Aufgabe (5.10)

$$\min f(x) \quad \text{bzgl. } g_i(x) \leqslant 0, \quad i = 1, \ldots, m, \tag{5.10}$$

und setzen zusätzlich voraus, daß f und g_i, $i = 1, \ldots, m$, konvexe Funktionen sind, dann erhalten wir unter einer geeigneten Regularitätsbedingung — wir wählen hier wegen ihrer im allgemeinen leichteren Überprüfbarkeit die Slater-Bedingung — notwendige und hinreichende Optimalitätsbedingungen, die K u h n - T u c k e r - B e d i n g u n g e n.

Satz 5.19 *Seien f und g_i, $i = 1, \ldots, m$, konvex. Ferner existiere ein $\tilde{x} \in \mathbf{R}^n$ so, daß $g_i(\tilde{x}) < 0$, $i = 1, \ldots, m$. Notwendig und hinreichend dafür, daß $\hat{x}$ eine (globale) Lösung von (5.10) ist, ist die Existenz von Zahlen u_i derart, daß die Kuhn-Tucker-Bedingungen*

$$\nabla f(\hat{x}) + \sum_{i=1}^{m} u_i \nabla g_i(\hat{x}) = 0 \tag{5.17}$$

$$g_i(\hat{x}) \leqslant 0, \quad i = 1, \ldots, m, \tag{5.18}$$

$$\sum_{i=1}^{m} u_i g_i(\hat{x}) = 0 \tag{5.19}$$

$$u_i \geq 0, \quad i = 1, \ldots, m, \tag{5.20}$$

erfüllt sind.

B e w e i s : i) Sei $\hat{x}$ Lösung von (5.10). Dann gilt sicher (5.18), da eine Lösung von (5.10) natürlich den Restriktionen des Problems zu genügen hat. Wegen der vorausgesetzten Slater-Bedingung ist nach Lemma 5.16 in $\hat{x}$ die Regularitätsbedingung $\Re$ erfüllt. Nach Satz 5.17 gibt es dann Zahlen u_i, die (5.17), (5.19) und (5.20) erfüllen. Also sind die Kuhn-Tucker-Bedingungen notwendig.

ii) Seien nun ein $\hat{x}$ und ein u gegeben, die den Kuhn-Tucker-Bedingungen (5.17)–(5.20) genügen.

Für die Lagrange-Funktion

$$L(x, v) = f(x) + \sum_{i=1}^{m} v_i g_i(x)$$

gilt wegen der Konvexität von f und g_i:
L(x, v) ist konvex in x für jedes feste $v \geq 0$, d. h. insbesondere

$$H(x) = L(x, u) = f(x) + \sum_{i=1}^{m} u_i g_i(x)$$

ist konvex in x. Nach Satz 5.10 gilt dann

$$H(x) - H(\hat{x}) \geq \langle (x - \hat{x}), \nabla H(\hat{x}) \rangle \quad \forall\, x \in \mathbf{R}^n,$$

wobei $\nabla H(\hat{x}) = \nabla f(\hat{x}) + \sum_{i=1}^{m} u_i \nabla g_i(\hat{x}) = 0$ nach (5.17).

Also gilt

$$H(x) - H(\hat{x}) \geq 0 \quad \forall\, x \in \mathbf{R}^n.$$

Daraus folgt sofort

$$f(\hat{x}) + \sum_{i=1}^{m} u_i g_i(\hat{x}) \leq f(x) + \sum_{i=1}^{m} u_i g_i(x)$$

$$\leq f(x) \quad \forall\, x : g_i(x) \leq 0, i = 1, \ldots, m,$$

da $u_i \geq 0$, $i = 1, \ldots, m$, nach (5.20). Berücksichtigt man die Komplementaritätsbedingung (5.19), so folgt hieraus

$$f(\hat{x}) \leq f(x) \quad \forall\, x : g_i(x) \leq 0, i = 1, \ldots, m.$$

Da $\hat{x}$ nach (5.18) zulässig ist, nimmt f in $\hat{x}$ unter den Restriktionen $g_i(x) \leq 0$, $i = 1, \ldots, m$, ein globales Minimum an. ∎

In allen bisherigen Fällen haben wir beim Beweis der notwendigen Optimalitätsbedingungen stets die Regularitätsbedingung $\Re$ oder eine noch stärkere Bedingung als erfüllt vorausgesetzt. Wir haben aber schon an Beispielen gesehen, daß die Regularitätsbedingung $\Re$ nicht trivialerweise erfüllt ist, und wir werden noch sehen, daß für lösbare Probleme, die der Regularitätsbedingung $\Re$ nicht genügen, die Optimalitätsbedingungen nicht gelten müssen. Folglich sollte man, wenn man auf ein bestimmtes Optimierungsproblem diese Optimalitätsbedingungen anwenden will, sich vergewissern, daß die Regularitätsbedingung $\Re$ oder eine stärkere Bedingung erfüllt ist. In einem speziellen, für die Anwendungen allerdings wichtigen Fall kann man sich diese Mühe jedoch sparen, weil die Regularitätsbedingung $\Re$ dann stets erfüllt ist: bei l i n e a r e n Restriktionen

$$b_i - \sum_{j=1}^{n} \alpha_{ij} x_j \leqslant 0, \, i = 1, \ldots, m.$$

Lemma 5.20 *Sind die Restriktionsfunktionen von der Form*

$$g_i(x) = b_i - \sum_{j=1}^{n} \alpha_{ij} x_j, \qquad i = 1, \ldots, m,$$

dann ist in jedem zulässigen Punkt

$$\hat{x} \in \mathfrak{B} = \{x \mid g_i(x) \leqslant 0, i = 1, \ldots, m\}$$

die Regularitätsbedingung $\Re$ erfüllt.

B e w e i s : Sei $a_i = (\alpha_{i1}, \ldots, \alpha_{in})$. Dann ist

$$g_i(x) = b_i - \langle a_i, x \rangle$$

und, wie man leicht nachrechnet,

$$\nabla g_i(x) = -a_i.$$

Ist $\hat{x} \in \mathfrak{B}$, dann gilt

$$g_i(\hat{x}) = b_i - \langle a_i, \hat{x} \rangle \leqslant 0, \qquad i = 1, \ldots, m.$$

Gilt nun für irgendein $r \in \mathbf{R}^n$

$$\langle r, \nabla g_i(\hat{x}) \rangle = -\langle r, a_i \rangle \leqslant 0, \qquad i \in I(\hat{x}),$$

dann folgt für

$$s(\tau) = \hat{x} + \tau \cdot r$$

$$g_i(s(\tau)) = b_i - \langle a_i, \hat{x} + \tau \cdot r \rangle = b_i - \langle a_i, \hat{x} \rangle - \tau \langle a_i, r \rangle$$
$$= g_i(\hat{x}) - \tau \langle r, a_i \rangle \leqslant 0, \qquad i \in I(\hat{x}), \qquad \forall \tau > 0.$$

Ferner gibt es offensichtlich ein $\tau_1 > 0$ so, daß

$$g_i(s(\tau)) = g_i(\hat{x}) - \tau \langle r, a_i \rangle \leqslant 0, \qquad i \notin I(\hat{x}), \tau \in (0, \tau_1].$$

Folglich ist $s(\tau), \tau \in [0, \tau_1]$ ein zulässiger Pfad mit $s(0) = \hat{x}$ und $\dot{s}(0) = r$, womit die Behauptung bewiesen ist.   ∎

Bemerkungen 1. Häufig treten in Optimierungsproblemen zusätzlich Vorzeichenbeschränkungen für die Variablen x_i auf, d. h. es wird $x_i \geqslant 0$, $i = 1, \ldots, n$, verlangt. Aufgrund von Lemma 5.20 können wir diese Vorzeichenbeschränkungen wie die bisherigen Restriktionen behandeln, ohne zusätzliche Voraussetzungen bezüglich der Regularität machen zu müssen. Wenn also im Problem

$$
\left.
\begin{array}{l}
\min f(x) \\[4pt]
\text{bzgl. } g_i(x) \leqslant 0, \quad i = 1, \ldots, m, \\[4pt]
x \geqslant 0 \quad (\text{d. h. } x_i \geqslant 0, i = 1, \ldots n)
\end{array}
\right\}
\tag{5.21}
$$

im Lösungspunkt $\hat{x}$ die Regularitätsbedingung $\Re$ bezüglich der Restriktionen $g_i(x) \leqslant 0$, $i = 1, \ldots, m$, gilt, dann lauten nach Satz 5.17 die notwendigen Optimalitätsbedingungen mit $h_j(x) = -x_j$, $j = 1, \ldots, n$:

$$\exists \, u_i \in \mathbf{R}, v_j \in \mathbf{R}:$$

$$
\nabla f(\hat{x}) + \sum_{i=1}^{m} u_i \nabla g_i(\hat{x}) + \sum_{j=1}^{n} v_j \nabla h_j(\hat{x}) = 0
\tag{5.22}
$$

$$
\sum_{i=1}^{m} u_i g_i(\hat{x}) + \sum_{j=1}^{n} v_j h_j(\hat{x}) \;\; = 0
\tag{5.23}
$$

$$
u_i \geqslant 0, i = 1, \ldots, m; \; v_j \geqslant 0, j = 1, \ldots, n.
\tag{5.24}
$$

Da $\nabla h_j(\hat{x}) = -e_j = -\underbrace{(0, \ldots, 1, 0, \ldots, 0)}_{j}$, lautet (5.22) mit $v = (v_1, \ldots, v_n) \geqslant 0$ nach (5.24)

$$
\nabla f(\hat{x}) + \sum_{i=1}^{m} u_i \nabla g_i(\hat{x}) = v \geqslant 0.
$$

Aus (5.24) und (5.23) folgt wegen $g_i(\hat{x}) \leqslant 0$, $h_j(\hat{x}) \leqslant 0$

$$
\sum_{i=1}^{m} u_i g_i(\hat{x}) = 0 \quad \text{und} \quad \sum_{j=1}^{n} v_j h_j(\hat{x}) = 0,
$$

was mit $\langle v, \hat{x} \rangle = 0$ übereinstimmt. Folglich können wir (5.22)–(5.24) neu formulieren zu

$$
\nabla f(\hat{x}) + \sum_{i=1}^{m} u_i \nabla g_i(\hat{x}) \;\geqslant 0
\tag{5.25}
$$

$$
\langle \hat{x}, (\nabla f(\hat{x}) + \sum_{i=1}^{m} u_i \nabla g_i(\hat{x})) \rangle = 0
\tag{5.26}
$$

$$
\sum_{i=1}^{m} u_i g_i(\hat{x}) \;\; = 0
\tag{5.27}
$$

$$
u_i \geqslant 0, i = 1, \ldots, m.
\tag{5.28}
$$

Gegenüber bisher ist (5.26) eine zusätzliche Komplementaritätsbedingung, die wegen der Vorzeichenbeschränkungen $x \geqslant 0$ auftritt.

2. Ein weiterer, in den Anwendungen wichtiger Spezialfall ist die sogenannte lineare Optimierung:

$$\left.\begin{array}{l} \min \langle c, x \rangle \\[2mm] \text{bzgl. } \langle a_i, x \rangle \geqslant b_i, \qquad i = 1, \ldots, m \\[2mm] \qquad x \geqslant 0. \end{array}\right\} \tag{5.29}$$

Diese Aufgabe können wir leicht in die Form (5.21) bringen:

$$\min \langle c, x \rangle$$
$$\text{bzgl. } b_i - \langle a_i, x \rangle \leqslant 0, \qquad i = 1, \ldots, m$$
$$x \geqslant 0.$$

Beachtet man Lemma 5.20 und die Tatsache, daß $f(x) = \langle c, x \rangle$ und $g_i(x) = b_i - \langle a_i, x \rangle$ konvexe Funktionen sind, so folgt aus Satz 5.19 mit der Anpassung an die Vorzeichenbeschränkungen gemäß (5.25)–(5.28):

$\hat{x}$ ist genau dann eine Lösung von (5.29), wenn ein $\hat{u}$ existiert derart, daß die Bedingungen

$$\left.\begin{array}{l} c - \displaystyle\sum_{i=1}^{m} \hat{u}_i a_i \;\geqslant 0 \\[4mm] \langle \hat{x}, (c - \displaystyle\sum_{i=1}^{m} \hat{u}_i a_i)\rangle = 0 \\[4mm] \qquad b_i - \langle a_i, \hat{x} \rangle \leqslant 0, \qquad i = 1, \ldots, m \\[4mm] \displaystyle\sum_{i=1}^{m} \hat{u}_i(b_i - \langle a_i, \hat{x} \rangle) = 0 \\[4mm] \qquad \hat{x} \geqslant 0, \, \hat{u} \geqslant 0 \end{array}\right\} \tag{5.30}$$

erfüllt sind.

Für $\hat{u}$ gilt danach

$$\sum_{i=1}^{m} \hat{u}_i a_i \leqslant c$$
$$\hat{u} \geqslant 0.$$

Ist $v \in \mathbf{R}^m$ so gewählt, daß ebenfalls

$$\left.\begin{array}{l} \displaystyle\sum_{i=1}^{m} v_i a_i \leqslant c \\[4mm] \qquad v \geqslant 0 \end{array}\right\} \tag{5.31}$$

gilt, dann folgt unter Verwendung von (5.30) sofort

$$\sum_{i=1}^{m} b_i v_i - \sum_{i=1}^{m} b_i \hat{u}_i = \sum_{i=1}^{m} b_i v_i - \sum_{i=1}^{m} \hat{u}_i \langle a_i, \hat{x} \rangle$$

$$v_i \geqslant 0: \leqslant \sum_{i=1}^{m} v_i \langle a_i, \hat{x} \rangle - \sum_{i=1}^{m} \hat{u}_i \langle a_i, \hat{x} \rangle$$

$$= \langle \sum_{i=1}^{m} v_i a_i, \hat{x} \rangle - \langle c, \hat{x} \rangle = \langle (\sum_{i=1}^{m} v_i a_i - c), \hat{x} \rangle$$

$$\leqslant 0, \text{ da } \sum_{i=1}^{m} v_i a_i \leqslant c \text{ und } \hat{x} \geqslant 0.$$

Also nimmt $\langle b, v \rangle$ unter den Nebenbedingungen (5.31) in $v = \hat{u}$ den größten Wert an; außerdem gilt nach (5.30)

$$\langle b, \hat{u} \rangle = \sum_{i=1}^{m} \hat{u}_i b_i = \sum_{i=1}^{m} \hat{u}_i \langle a_i, \hat{x} \rangle = \langle c, \hat{x} \rangle.$$

Somit haben wir gezeigt:

Satz 5.21 *Hat die Aufgabe*

$$\min \langle c, x \rangle$$

$$\text{bzgl. } \langle a_i, x \rangle \geqslant b_i, \quad i = 1, \ldots, m,$$

$$x \geqslant 0,$$

die man ein l i n e a r e s P r o g r a m m *nennt, eine Lösung, dann hat das dazu* d u a l e
l i n e a r e P r o g r a m m

$$\max \sum_{i=1}^{m} b_i u_i$$

$$\text{bzgl. } \sum_{i=1}^{m} u_i a_i \leqslant c$$

$$u \geqslant 0$$

auch eine Lösung, und die beiden Optimalwerte stimmen überein (gemäß $\langle b, \hat{u} \rangle = \langle c, \hat{x} \rangle$*).*

Dieser Satz wird als D u a l i t ä t s s a t z der l i n e a r e n P r o g r a m m i e r u n g
zitiert.

3. In ökonomischen Anwendungen werden die L a g r a n g e - M u l t i p l i k a t o r e n
u_i häufig als sogenannte S c h a t t e n p r e i s e interpretiert. Wir wollen uns deshalb
klarmachen, wie es zu einer solchen Interpretation kommen kann.

Nehmen wir an, aus n Faktoren der Mengen $x_1, \ldots, x_n$ werden m Güter gleichzeitig
hergestellt. Die Produktionsfunktionen $g_i(x)$ geben an, welche Menge des i-ten Gutes

mit der Faktorkombination x produziert wird. Die mindestens zu produzierende Menge des i-ten Gutes sei b_i. Schließlich verursache der Einsatz der Faktorkombination x die Kosten f(x). Dann sollen die verlangten Gütermengen zu minimalen Kosten hergestellt werden. Damit haben wir die Aufgabe — üblicherweise sind Faktormengen nichtnegativ—

$$\min f(x)$$

$$\text{bzgl. } g_i(x) \geqslant b_i, \qquad i = 1, \ldots, m, \tag{5.32}$$

$$x \geqslant 0$$

oder, äquivalent dazu,

$$\min f(x)$$

$$\text{bzgl. } b_i - g_i(x) \leqslant 0, \qquad i = 1, \ldots, \overline{m},$$

wobei $\overline{m} = m + n$ und

$$b_{m+j} = 0, \qquad g_{m+j}(x) = x_j, \qquad j = 1, \ldots, n.$$

Damit sind die Vorzeichenbeschränkungen formal in die Restriktonen mit einbezogen. Ist das Problem lösbar mit Lösung $\hat{x}$ und regulär ($\Re$), dann gibt es nach Satz 5.17 Zahlen $\hat{u}_i \geqslant 0$ derart, daß für die Lagrange-Funktion

$$L(x, u) = f(x) + \sum_{i=1}^{\overline{m}} u_i(b_i - g_i(x))$$

gilt

$$\nabla_x L(\hat{x}, \hat{u}) = \nabla f(\hat{x}) + \sum_{i=1}^{\overline{m}} \hat{u}_i(-\nabla g_i(\hat{x})) = 0 \tag{5.33}$$

sowie

$$\sum_{i=1}^{\overline{m}} \hat{u}_i(b_i - g_i(\hat{x})) = 0. \tag{5.34}$$

Folglich gilt auch

$$L(\hat{x}, \hat{u}) = f(\hat{x}).$$

Nun wollen wir die Grenzkosten des k-ten Gutes, $k \leqslant m$, bestimmen. Dazu definieren wir

$$b_i(t) \equiv b_i, \qquad i \neq k$$

$$b_k(t) \equiv b_k + t;$$

damit suchen wir also die Ableitung der Minimalkosten $K(b(t)) = f(\hat{x}(t))$ nach t in t = 0. Nehmen wir an, die optimalen Faktorkombinationen $\hat{x}(t)$ und die Lagrange-Multiplikatoren $\hat{u}(t)$ hängen in einer Umgebung von t = 0 stetig differenzierbar von t ab, dann folgt wegen $K(b(t)) = f(\hat{x}(t)) = L(\hat{x}(t), \hat{u}(t))$ und wegen $\dfrac{db_i(0)}{dt} = 0 \ \forall \ i \neq k$ und $\dfrac{db_k(0)}{dt} = 1$

$$\frac{d}{dt}\,K(b(0)) = \frac{d}{dt}\,L(\hat{x}(0), \hat{u}(0))$$

$$= \langle \frac{d\hat{x}(0)}{dt}, \nabla f(\hat{x}(0)) \rangle + \sum_{i=1}^{\bar{m}} \frac{d\hat{u}_i(0)}{dt}\,(b_i(0) - g_i(\hat{x}(0)))$$

$$+ \sum_{i=1}^{\bar{m}} \hat{u}_i(0)\,\langle -\frac{d\hat{x}(0)}{dt}, \nabla g_i(\hat{x}(0)) \rangle + \hat{u}_k(0)$$

$$= \langle \frac{d\hat{x}(0)}{dt}, [\nabla f(\hat{x}(0)) - \sum_{i=1}^{\bar{m}} \hat{u}_i\,\nabla g_i(\hat{x}(0))] \rangle + \sum_{i=1}^{\bar{m}} \frac{d\hat{u}_i(0)}{dt}\,(b_i(0) - g_i(\hat{x}(0)))$$

$$+ \hat{u}_k(0).$$

Falls $b_i(0) - g_i(\hat{x}(0)) < 0$, dann gilt auch $b_i(t) - g_i(\hat{x}(t)) < 0$ in einer geeigneten Umgebung $U_\epsilon(0)$ von $t = 0$. Folglich ist in $U_\epsilon(0)$ nach (5.34)

$$\hat{u}_i(t) = 0 \quad \text{und daher} \quad \frac{d\hat{u}_i(0)}{dt} = 0.$$

Demzufolge gilt

$$\sum_{i=1}^{\bar{m}} \frac{d\hat{u}_i(0)}{dt}\,(b_i(0) - g_i(\hat{x}(0))) = 0,$$

woraus zusammen mit (5.33)

$$\frac{d}{dt}\,K(b(0)) = \hat{u}_k(0)$$

folgt. Also stimmt unter den hier gemachten Differenzierbarkeitsannahmen der Lagrange-Multiplikator $\hat{u}_k$ mit den Grenzkosten des k-ten Gutes überein, wenn $(\hat{x}, \hat{u})$ den Optimalitätsbedingungen (5.33), (5.34) genügt. Deshalb heißt $\hat{u}_k$ der S c h a t t e n p r e i s des Gutes k. Die Komplementaritätsbedingungen (5.34) bedeuten dann, daß das k-te Gut nur dann positive Grenzkosten, d. h. einen positiven Schattenpreis $\hat{u}_k > 0$, haben kann, wenn es nicht im Überschuß produziert wird; das ist ökonomisch unmittelbar einsichtig.

Beispiel 5.7 a) Nehmen wir an, aus zwei Faktoren könne ein Gut hergestellt werden. Die zugehörige Produktionsfunktion sei gegeben durch

$$g(x) = \frac{1}{2}\,x_1 + \frac{1}{3}\,x_2.$$

Die zu produzierende Gütermenge sei

$$b = 5.$$

Die Faktorpreise $p(x_1)$ bzw. $q(x_2)$ seien mengenabhängig, und zwar

$$p(x_1) = 5 + x_1 \qquad q(x_2) = 8 + 2x_2.$$

Damit lautet die Kostenfunktion

$$f(x) = (5 + x_1) \cdot x_1 + (8 + 2x_2) \cdot x_2 = x_1^2 + 2x_2^2 + 5x_1 + 8x_2.$$

Dann lautet unsere Aufgabe

$$\left.\begin{array}{l} \min\, [x_1^2 + 2x_2^2 + 5x_1 + 8x_2] \\[2mm] \text{bzgl.}\ \dfrac{1}{2}\, x_1 + \dfrac{1}{3}\, x_2 \geqslant 5. \end{array}\right\} \tag{5.35}$$

Wie man leicht nachprüft, ist f konvex, und das freie Minimum von f wird durch

$$\nabla f(\tilde{x}) = \mathbf{0},$$

d. h. $2\tilde{x}_1 + 5 = 0, \qquad 4\tilde{x}_2 + 8 = 0,$

zu $\tilde{x}_1 = -\dfrac{5}{2}, \qquad \tilde{x}_2 = -2$

bestimmt. Da $\tilde{x}$ in (5.35) nicht zulässig ist, muß in einer Lösung $\hat{x}$ unsere Aufgabe die Restriktion aktiv sein. Damit haben wir in einer Lösung $\hat{x}$ gemäß (5.33) folgende Bedingungen zu erfüllen:

$$2\hat{x}_1 + 5 - \frac{1}{2}\, \hat{u} = 0$$

$$4\hat{x}_2 + 8 - \frac{1}{3}\, \hat{u} = 0$$

$$\frac{1}{2}\, \hat{x}_1 + \frac{1}{3}\, \hat{x}_2 = 5 \ \ (\text{Restriktion aktiv}).$$

Aus der ersten und zweiten Gleichung folgt

$$\hat{u} = 4\hat{x}_1 + 10 = 12\hat{x}_2 + 24.$$

Somit muß gelten

$$4\hat{x}_1 - 12\hat{x}_2 = 14.$$

Aus der dritten Gleichung folgt

$$\hat{x}_1 = 10 - \frac{2}{3}\, \hat{x}_2,$$

so daß

$$4\left(10 - \frac{2}{3}\, \hat{x}_2\right) - 12\hat{x}_2 = 14$$

gelten muß, was

$$\hat{x}_2 = \frac{39}{22} \quad \text{und} \quad \hat{x}_1 = 10 - \frac{2}{3}\, \hat{x}_2 = \frac{97}{11}$$

ergibt. Damit erhalten wir

$$\hat{u} = 4\hat{x}_1 + 10 = \frac{498}{11} > 0.$$

Damit erfüllen

$$\hat{x}_1 = \frac{97}{11}, \qquad \hat{x}_2 = \frac{39}{22}, \qquad \hat{u} = \frac{498}{11}$$

die Bedingungen (5.33) und (5.34). Da ferner f und die lineare Funktion g konvex sind, ist $\hat{x}$ nach Satz 5.19 optimal.

Das folgende Beispiel macht deutlich, daß man mit den Kuhn-Tucker-Bedingungen gemäß Satz 5.19 nicht völlig unbedacht umgehen sollte. Die einfache Aufgabe im $\mathbf{R}^1$

$$\min x \quad \text{bzgl. } x^2 \leqslant 0$$

hat sicher eine Lösung, nämlich

$$\hat{x} = 0,$$

da dies offenbar der einzige zulässige Punkt ist. Die Kuhn-Tucker-Bedingungen lauten

$$1 + 2\hat{u}\hat{x} = 0$$

$$\hat{u}\hat{x}^2 = 0$$

und sind offensichtlich nicht zu erfüllen. Das hängt damit zusammen, daß in $\hat{x} = 0$ die Regularitätsbedingung $\mathfrak{R}$ nicht gilt.

c) Schließlich kann man auch mit den Lagrange-Bedingungen nach Satz 5.18 Schiffbruch erleiden. Nehmen wir im $\mathbf{R}^2$ die Aufgabe

$$\min y \quad \text{bzgl. } y^2 - x^2 \cdot y + \frac{3}{16} x^4 = 0.$$

Die Lagrange-Bedingungen lauten

$$\alpha) \; 0 + u\left(-2xy + \frac{3}{4} x^3\right) = 0$$

$$\beta) \; 1 + u(2y - x^2) \qquad = 0$$

$$\gamma) \; y^2 - x^2 y + \frac{3}{16} x^4 \qquad = 0.$$

Wegen $\beta)$ muß $u \neq 0$ gelten; folglich ist

$$2y - x^2 = -\frac{1}{u}$$

und daher

$$y = \frac{x^2}{2} - \frac{1}{2u}.$$

Setzen wir das in α) ein, folgt (da $u \neq 0$)

$$-2x\left(\frac{x^2}{2} - \frac{1}{2u}\right) + \frac{3}{4}x^3 = 0$$

$$\Rightarrow -\frac{1}{4}x^3 + \frac{x}{u} = x\left(\frac{1}{u} - \frac{1}{4}x^2\right) = 0.$$

Folglich gilt

entweder $x = 0$, was in γ) zu $y = 0$ und damit zur Unverträglichkeit mit β) führt;

oder $x^2 = \frac{4}{u}$; dann liefert γ) $y^2 - \frac{4}{u}y + \frac{3}{u^2} = 0$ mit den beiden möglichen Lösungen

$y = \frac{1}{u}$ oder $y = \frac{3}{u}$, was wiederum beides der Bedingung β) widerspricht.

Folglich sind die Lagrange-Bedingungen nicht erfüllbar. Dennoch ist unsere Aufgabe lösbar. Löst man die Nebenbedingung nach y auf, so erhält man z w e i mögliche Lösungen:

$$y = \frac{3}{4}x^2 \quad \text{oder} \quad y = \frac{1}{4}x^2.$$

In beiden Fällen ist der minimale Wert von y offenbar

$$\hat{y} = 0 \quad \text{für} \quad \hat{x} = 0.$$

Daß die Lagrange-Bedingungen unverträglich sind, hängt mit der nicht eindeutigen Auflösbarkeit der Restriktion zusammen.

Übungsaufgaben

1. Gegeben sei die Produktionsfunktion

$$y = (c_1 v_1^{-\gamma} + c_2 v_2^{-\gamma})^{-\frac{1}{\gamma}}, \quad \gamma > -1, \quad c_1, c_2 > 0, \quad v_1, v_2 > 0$$

(mit v_1 und v_2 als Faktormengen). Bestimmen Sie die Substitutionsrate $\dfrac{dv_1}{dv_2}$.

2. Gegeben seien die Kostenfunktion $K = q_1 v_1 + q_2 v_2$ (mit q_1, q_2 als Faktorpreisen und v_1, v_2 als Faktormengen) und die Produktionsfunktion $y = y(v_1, v_2)$.
Zeigen Sie mit Hilfe der Langrange-Bedingungen, daß die kostenminimale Faktorkombination dann erreicht ist, wenn das Verhältnis der Grenzproduktivitäten der Faktoren gleich jenem der Faktorpreise ist.

3. Sei $P(x_1, x_2) = a\, x_1^{\alpha} x_2^{1-\alpha}$, $a > 0$, $0 < \alpha < 1$, $x_1, x_2 > 0$, eine Produktionsfunktion mit den Faktormengen x_1 und x_2. Bestimmen Sie den Faktoreinsatz $(\hat{x}_1, \hat{x}_2)$, für welchen die Produktion maximal wird, wenn zusätzlich die Restriktion $x_1 + x_2 = c$ gilt.

4. a) Welches ist die Nachfrage $(\hat{x}_1, \hat{x}_2)$ eines nutzenmaximierenden Konsumenten, wenn seine Nutzenfunktion $U = x_1^{\alpha} \cdot x_2^{\beta}$, $\alpha, \beta > 0$, lautet und er genau sein Einkommen für die beiden Güter ausgibt, d. h. weder spart noch Kredite aufnimmt?

b) Bestimmen Sie die Einkommenselastizität und die direkte Preiselastizität der Nachfrage. (Hinweis: Einkommenselastizität der Nachfrage:

$$\eta_{iE} = \frac{\dfrac{dx_i}{x_i}}{\dfrac{dE}{E}} = \frac{dx_i}{dE} \cdot \frac{E}{x_i}, \qquad i = 1, 2;$$

direkte Preiselastizität der Nachfrage:

$$\eta_{ii} = \frac{\dfrac{dx_i}{x_i}}{\dfrac{dp_i}{p_i}} = \frac{dx_i}{dp_i} \cdot \frac{p_i}{x_i}, \qquad i = 1, 2$$

(mit p_i als Preis des Gutes i und E als Einkommen).)

5. Zeigen Sie, daß folgendes Optimierungsproblem mit Hilfe der Lagrange-Bedingungen nicht gelöst werden kann:

$$\min f(x, y) = (x + 1)^2 + y^2$$

$$\text{bzgl. } y^2 - x^3 = 0.$$

Ermitteln Sie die Lösung graphisch.

6. Bestimmen Sie mit Hilfe der Kuhn-Tucker-Bedingungen die Lösungen folgender Probleme:

a) $\qquad \max 5 - (x - 3)^2 \qquad \text{bzgl. } x \leqslant 2;$

b) $\qquad \min \quad x_1 - 3x_2 + 2x_3^2$

$\qquad \text{bzgl.} \quad x_1 + x_2 + x_3 \leqslant 0$

$\qquad\qquad -x_1 + 2x_2 + x_3^2 \leqslant 0.$

(Hinweis: Aus der sogenannten Komplementaritätsbedingung $\sum\limits_{i=1}^{m} u_i g_i(\hat{x}) = 0$ (5.19) können m Bedingungen abgeleitet werden (da $u_i \geqslant 0$, $g_i(\hat{x}) \leqslant 0$, $i = 1, \ldots, m$): $u_i g_i(\hat{x}) = 0$, $i = 1, \ldots, m$.)

7. Gegeben sei folgendes Optimierungsproblem:

$$\min 2x_1 - 3x_2$$

$$\text{bzgl. } 2x_1 - x_2 - x_3 \geqslant 3$$

$$x_1 - x_2 + x_3 \geqslant 2$$

$$x_i \geqslant 0, i = 1, 2, 3.$$

Verifizieren Sie, daß für $\hat{x} = \left(\dfrac{5}{3}, 0, \dfrac{1}{3}\right)$ die Kuhn-Tucker-Bedingungen erfüllbar sind, und bestimmen Sie das m-Tupel $\hat{u}$ der Lagrange-Multiplikatoren. Überprüfen Sie die Gültigkeit des Dualitätssatzes der linearen Programmierung.

8. Lösen Sie folgende Optimierungsprobleme graphisch und überprüfen Sie, ob bei der so ermittelten Lösung $\hat{x}$ die Kuhn-Tucker-Bedingungen erfüllbar sind (Begründung):

a) $\quad$ min $(x_1 - 3)^2 + (x_2 - 3)^2$

$\quad\quad$ bzgl. $0 \leqslant x_1 \leqslant 1$

$\quad\quad\quad$ $0 \leqslant x_2 \leqslant 1;$

b) $\quad$ min $-x_1 + x_2$

$\quad\quad$ bzgl. $\quad\quad\quad$ $x_2 \leqslant 2$

$\quad\quad\quad$ $-(x_1 - 3)^3 - x_2 \leqslant 0$

$\quad\quad\quad\quad$ $x_1, x_2 \geqslant 0.$

9. Gegeben sei folgendes Optimierungsproblem:

$$\text{min } (x_1 - 11)^2 + 4(x_2 - 6)^2$$

$\quad\quad$ bzgl. $2x_1 + x_2 \leqslant 18 \quad\quad (1)$

$\quad\quad\quad$ $x_1 + 5x_2 \leqslant 35 \quad\quad (2)$

$\quad\quad\quad$ $x_1 + 2x_2 \leqslant 16 \quad\quad (3)$

$\quad\quad\quad\quad\quad$ $x_1 \leqslant 8 \quad\quad (4)$

$\quad\quad\quad$ $x_1, x_2 \geqslant 0 \quad\quad (5).$

Angenommen, Sie wüßten – aufgrund bestimmter Überlegungen –, daß im Optimalpunkt $\hat{x}$ genau die Restriktionen (1) und (3) aktiv sind, wie würden Sie dann vorgehen, um $\hat{x}$ zu bestimmen? Berechnen Sie $\hat{x}$.

10. Gegeben sei die Aufgabe

$$\text{min } -x_1 - x_2$$

$\quad\quad$ bzgl. $-(x_1 - 3)^2 - (x_2 - 3)^2 \leqslant -8$

$\quad\quad\quad\quad\quad$ $x_1, x_2 \geqslant 0.$

Weshalb ist $\bar{x} = (1, 1)$ keine Lösung der Aufgabe, obwohl die Kuhn-Tucker-Bedingungen (5.17)–(5.20) in $\bar{x}$ erfüllbar sind? Graphische Darstellung.

5.5 Das Lemma von Farkas

Dieser Abschnitt dient dem Beweis des Lemmas von Farkas, das wir im Beweis der Optimalitätsbedingungen von Satz 5.17 verwandt haben. Im weiteren ist dieses Lemma, das eigentlich in die Lineare Algebra gehört, zum Verständnis des Inhaltes dieses Bandes nicht mehr erforderlich. Wenn der Leser primär am Studium der Analysis interessiert ist, kann er daher die Beweise dieses Abschnittes bei der ersten Lektüre überspringen.

Für $a \in R^n$, $b \in R^n$ haben wir bereits das Skalarprodukt

$$\langle a, b \rangle = \sum_{i=1}^{n} a_i b_i = \langle b, a \rangle$$

eingeführt. Für die euklidische Norm gilt dann offenbar

$$\|a\|^2 = \sum_{i=1}^{n} a_i^2 = \langle a, a \rangle.$$

Wir benötigen das folgende als S c h w a r z ' s c h e U n g l e i c h u n g bekannte

Lemma 5.22 *Für alle* $a \in \mathbf{R}^n, b \in \mathbf{R}^n$ *gilt*

$$(\langle a, b \rangle)^2 \leqslant \|a\|^2 \cdot \|b\|^2. \tag{5.36}$$

Falls $a \neq 0$ *und* $b \neq \xi \cdot a \ \forall \ \xi \in \mathbf{R}, d.\ h.\ b \neq 0$ *und* b *ist nicht als Vielfaches von* a *darstellbar, dann gilt*

$$(\langle a, b \rangle)^2 < \|a\|^2 \cdot \|b\|^2. \tag{5.37}$$

B e w e i s : Wir betrachten die Funktion

$$\phi(\xi) = \|b - \xi a\|^2 = \langle b - \xi a, b - \xi a \rangle$$
$$= \langle b, b \rangle - 2\xi \cdot \langle a, b \rangle + \xi^2 \cdot \langle a, a \rangle = \|b\|^2 - 2\xi \langle a, b \rangle + \xi^2 \|a\|^2.$$

Offenbar gilt

$$\phi(\xi) \geqslant 0 \qquad \forall \ \xi \in \mathbf{R}. \tag{5.38}$$

Falls $a = 0$, ist $\|a\|^2 = 0$ und $(\langle a, b \rangle)^2 = 0$; also gilt hier (5.36).

Ist $a \neq 0$, dann ist $\|a\|^2 > 0$ und daher $\phi(\xi)$ ein Polynom 2. Grades, das ein Minimum an einer Stelle $\hat{\xi}$ besitzt.

Bekanntlich muß hier $\phi'(\hat{\xi}) = 2 \|a\|^2 \hat{\xi} - 2 \langle a, b \rangle = 0$ gelten, woraus sofort

$$\hat{\xi} = \frac{\langle a, b \rangle}{\|a\|^2}$$

folgt. Damit ist

$$\phi(\hat{\xi}) = \|b\|^2 - \frac{2(\langle a, b \rangle)^2}{\|a\|^2} + \frac{(\langle a, b \rangle)^2}{\|a\|^2} = \|b\|^2 - \frac{(\langle a, b \rangle)^2}{\|a\|^2} \geqslant 0 \tag{5.39}$$

nach (5.38). Folglich gilt auch hier (5.36). Gilt zusätzlich $b \neq \xi a \ \forall \ \xi \in \mathbf{R}$, dann ist auch $b \neq \hat{\xi} a$ und daher $\phi(\hat{\xi}) = \|b - \hat{\xi} a\|^2 > 0$, woraus mit (5.39) dann (5.37) folgt. ∎

Nun wollen wir untersuchen, wann bei gegebenen $a_i \in \mathbf{R}^m, i = 1, \ldots, n$, und $b \in \mathbf{R}^m$ n-Tupel $x \in \mathbf{R}^n$ existieren, die folgenden Bedingungen genügen

$$\sum_{i=1}^{n} x_i a_i = b, \qquad x_i \geqslant 0, i = 1, \ldots, n. \tag{5.40}$$

Anders ausgedrückt fragen wir nach der Existenz zulässiger Lösungen des Systems (5.40).

Ist $\hat{x}$ eine zulässige Lösung von (5.40), dann sieht man sofort folgendes ein:

Sei $u \in \mathbf{R}^m$ derart, daß $\langle a_i, u \rangle \geqslant 0, i = 1, \ldots, n$. Dann folgt, da

$$b = \sum_{i=1}^{n} \hat{x}_i a_i \text{ und } \hat{x}_i \geqslant 0, i = 1, \ldots, n,$$

$$\langle b, u \rangle = \langle \sum_{i=1}^{n} \hat{x}_i a_i, \ u \rangle = \sum_{i=1}^{n} \hat{x}_i \langle a_i, \ u \rangle \geqslant 0.$$

Somit haben wir gezeigt, daß für die Lösbarkeit von (5.40) notwendig ist, daß aus $\langle a_i, u \rangle \geqslant 0, i = 1, \ldots, n$, auch $\langle b, u \rangle \geqslant 0$ folgt. Daß diese Bedingung aber auch hinrei-

chend ist für die Lösbarkeit des Systems (5.40), garantiert nun der als L e m m a
v o n F a r k a s bekannte

Satz 5.23 *Für die Lösbarkeit des Systems* (5.40) *ist notwendig und hinreichend, daß
aus* $u \in \mathbf{R}^m$, $\langle a_i, u \rangle \geqslant 0$, $i = 1, \ldots, n$, *auch* $\langle b, u \rangle \geqslant 0$ *folgt.*

B e m e r k u n g : Aus diesem Satz folgt sofort die Umkehrung: Ist das System (5.40)
nicht lösbar, dann gibt es ein $u \in \mathbf{R}^m$ mit $\langle a_i, u \rangle \geqslant 0$, $i = 1, \ldots, n$, und $\langle b, u \rangle < 0$. In
dieser Form haben wir das Lemma von Farkas in Satz 5.17 gebraucht.

B e w e i s : Die Notwendigkeit der genannten Bedingung haben wir schon gezeigt. Daß
sie auch hinreichend ist, beweisen wir mit vollständiger Induktion nach der Zahl n der
Variablen x_i.

Für n = 1 (Induktionsanfang) lautet unser System

$$x_1 \cdot a_1 = b, \qquad x_1 \geqslant 0. \tag{5.41}$$

Wir setzen voraus, daß

$$u \in \mathbf{R}^m, \langle a_1, u \rangle \geqslant 0 \Rightarrow \langle b, u \rangle \geqslant 0. \tag{5.42}$$

Nehmen wir nun an, (5.41) sei unlösbar, d. h.

$$x_1 \cdot a_1 \neq b \qquad \forall x_1 \geqslant 0, \tag{5.43}$$

dann ist sicher

$$b \neq 0, \tag{5.44}$$

da sonst $x_1 = 0$ eine Lösung des Systems wäre. Ferner ist

$$a_1 \neq 0, \tag{5.45}$$

da für $a_1 = 0$ mit $u = -b$ $\langle a_1, u \rangle = 0$ und wegen (5.44) $\langle b, u \rangle < 0$ gelten würde im Widerspruch zu (5.42). Nun müssen wir folgende Fälle unterscheiden:

1. $\langle a_1, b \rangle = 0$. Dann gilt für $u = -b$ wieder $\langle a_1, u \rangle = 0$, und $\langle b, u \rangle < 0$ im Widerspruch zu (5.42).

2. $\langle a_1, b \rangle < 0$. Sei $u = x_1 a_1 - b$ mit beliebigem $x_1 \geqslant 0$. Dann gilt

$$\langle a_1, u \rangle = x_1 \| a_1 \|^2 - \langle a_1, b \rangle > 0,$$

aber $\langle b, u \rangle = x_1 \langle a_1, b \rangle - \| b \|^2 < 0$

im Widerspruch zu (5.42).

3. $\langle a_1, b \rangle > 0$. Da $b \neq x_1 a_1$ $\forall x_1 \geqslant 0$ nach Annahme (5.43) und die Gleichung $b = x_1 a_1$
mit einem $x_1 < 0$ gemäß Fall 2 zum Widerspruch führt, muß also

$$b \neq x_1 a_1 \quad \forall x_1 \in \mathbf{R}$$

gelten. Folglich gilt die Schwarz'sche Ungleichung streng, also

$$(\langle a_1, b \rangle)^2 < \| a_1 \|^2 \cdot \| b \|^2.$$

Danach gilt für

$$u = \frac{\langle a_1, b \rangle}{\| a_1 \|^2} a_1 - b$$

$$\langle a_1, u \rangle = 0 \quad \text{und} \quad \langle b, u \rangle = \frac{(\langle a_1, b \rangle)^2}{\| a_1 \|^2} - \| b \|^2 < 0 \qquad \text{im Widerspruch zu (5.42).}$$

Somit führt die Annahme (5.43) stets zum Widerspruch und ist daher falsch; damit ist der Induktionsanfang durchgeführt.

Als Induktionsvoraussetzung soll nun für ein $n \geqslant 1$ gelten: Gilt für alle $\mathbf{u}$ derart, daß $\langle \mathbf{a_i}, \mathbf{u} \rangle \geqslant 0$, $i = 1, \ldots, n$, stets auch $\langle \mathbf{d}, \mathbf{u} \rangle \geqslant 0$ — hier sei $\mathbf{d} \in \mathbf{R}^m$ beliebig, aber fest gewählt —, dann ist das System

$$\sum_{i=1}^{n} x_i \mathbf{a_i} = \mathbf{d}, \qquad x_i \geqslant 0, \qquad i = 1, \ldots, n,$$

lösbar.

Für $n + 1$ Variable lautet nun unsere als erfüllt vorausgesetzte Bedingung:

$$\forall \mathbf{u} : \langle \mathbf{a_i}, \mathbf{u} \rangle \geqslant 0, \qquad i = 1, \ldots, n, n+1, \Rightarrow \langle \mathbf{b}, \mathbf{u} \rangle \geqslant 0. \tag{5.46}$$

Wir müssen zeigen, daß dann das System

$$\sum_{i=1}^{n+1} x_i \mathbf{a_i} = \mathbf{b}, \qquad x_i \geqslant 0, i = 1, \ldots, n + 1, \tag{5.47}$$

lösbar ist. Äquivalent dazu ist offenbar die folgende Behauptung:
Es existiert ein $x_{n+1} \geqslant 0$ derart, daß das System

$$\sum_{i=1}^{n} x_i \mathbf{a_i} = \mathbf{b} - x_{n+1} \mathbf{a_{n+1}}, \qquad x_i \geqslant 0, i = 1, \ldots, n,$$

eine Lösung $(x_1, \ldots, x_n)$ besitzt. Nach Induktionsvoraussetzung müssen wir dazu zeigen:

$$\exists \, x_{n+1} \geqslant 0 : \langle \mathbf{a_i}, \mathbf{u} \rangle \geqslant 0, \qquad i = 1, \ldots, n, \Rightarrow \langle \mathbf{b} - x_{n+1} \mathbf{a_{n+1}}, \mathbf{u} \rangle \geqslant 0. \tag{5.48}$$

Gelte für ein $\mathbf{u} \in \mathbf{R}^m$, daß $\langle \mathbf{a_i}, \mathbf{u} \rangle \geqslant 0$, $i = 1, \ldots, n$. Dann sind folgende Fälle möglich:

1. $\langle \mathbf{b}, \mathbf{u} \rangle \geqslant 0, \langle \mathbf{a_{n+1}}, \mathbf{u} \rangle > 0 \Rightarrow \langle \mathbf{b} - x_{n+1} \mathbf{a_{n+1}}, \mathbf{u} \rangle \geqslant 0 \; \forall \, x_{n+1} \leqslant \dfrac{\langle \mathbf{b}, \mathbf{u} \rangle}{\langle \mathbf{a_{n+1}}, \mathbf{u} \rangle};$

2. $\langle \mathbf{b}, \mathbf{u} \rangle < 0, \langle \mathbf{a_{n+1}}, \mathbf{u} \rangle < 0 \Rightarrow \langle \mathbf{b} - x_{n+1} \mathbf{a_{n+1}}, \mathbf{u} \rangle \geqslant 0 \; \forall \, x_{n+1} \geqslant \dfrac{\langle \mathbf{b}, \mathbf{u} \rangle}{\langle \mathbf{a_{n+1}}, \mathbf{u} \rangle};$

3. $\langle \mathbf{b}, \mathbf{u} \rangle \geqslant 0, \langle \mathbf{a_{n+1}}, \mathbf{u} \rangle \leqslant 0 \Rightarrow \langle \mathbf{b} - x_{n+1} \mathbf{a_{n+1}}, \mathbf{u} \rangle \geqslant 0 \; \forall \, x_{n+1} \geqslant 0;$

der vierte denkbare Fall, nämlich $\langle \mathbf{b}, \mathbf{u} \rangle < 0$ und $\langle \mathbf{a_{n+1}}, \mathbf{u} \rangle \geqslant 0$ ist hier wegen (5.46) unmöglich.

Definieren wir die Mengen

$$\mathfrak{A} = \{\mathbf{u} \mid \langle \mathbf{a_i}, \mathbf{u} \rangle \geqslant 0, i = 1, \ldots, n, \langle \mathbf{a_{n+1}}, \mathbf{u} \rangle > 0, \langle \mathbf{b}, \mathbf{u} \rangle \geqslant 0\}$$

und $\quad \mathfrak{B} = \{\mathbf{u} \mid \langle \mathbf{a_i}, \mathbf{u} \rangle \geqslant 0, i = 1, \ldots, n, \langle \mathbf{a_{n+1}}, \mathbf{u} \rangle < 0, \langle \mathbf{b}, \mathbf{u} \rangle < 0\},$

und sind $\mathfrak{A} \neq \emptyset$ und $\mathfrak{B} \neq \emptyset$, dann gilt (5.48) offenbar genau dann, wenn

$$\sup \left\{ \frac{\langle \mathbf{b}, \mathbf{u} \rangle}{\langle \mathbf{a_{n+1}}, \mathbf{u} \rangle} \mid \mathbf{u} \in \mathfrak{B} \right\} \leqslant \inf \left\{ \frac{\langle \mathbf{b}, \mathbf{u} \rangle}{\langle \mathbf{a_{n+1}}, \mathbf{u} \rangle} \mid \mathbf{u} \in \mathfrak{A} \right\} \tag{5.49}$$

gilt. Sind $\tilde{\mathbf{u}} \in \mathfrak{A}$ und $\hat{\mathbf{u}} \in \mathfrak{B}$ beliebig gewählt, dann ist $\langle \mathbf{a_{n+1}}, \tilde{\mathbf{u}} \rangle > 0$ und $\langle \mathbf{a_{n+1}}, \tilde{\mathbf{u}} - \hat{\mathbf{u}} \rangle > \langle \mathbf{a_{n+1}}, \tilde{\mathbf{u}} \rangle$ und folglich

$$\lambda = \frac{\langle \mathbf{a_{n+1}}, \tilde{\mathbf{u}} \rangle}{\langle \mathbf{a_{n+1}}, \tilde{\mathbf{u}} - \hat{\mathbf{u}} \rangle} \in (0, 1).$$

Für $\mathbf{u}^* = \lambda \hat{\mathbf{u}} + (1 - \lambda)\tilde{\mathbf{u}} = \tilde{\mathbf{u}} + \lambda(\hat{\mathbf{u}} - \tilde{\mathbf{u}})$

gilt dann

$$\langle \mathbf{a}_{n+1}, \mathbf{u}^* \rangle = \langle \mathbf{a}_{n+1}, \tilde{\mathbf{u}} \rangle + \lambda \langle \mathbf{a}_{n+1}, \hat{\mathbf{u}} - \tilde{\mathbf{u}} \rangle = 0$$

sowie

$$\langle \mathbf{a}_i, \mathbf{u}^* \rangle \geqslant 0, \qquad i = 1, \ldots, n.$$

Nach (5.46) haben wir dann

$$\langle \mathbf{b}, \mathbf{u}^* \rangle = \langle \mathbf{b}, \tilde{\mathbf{u}} \rangle + \lambda \langle \mathbf{b}, \hat{\mathbf{u}} - \tilde{\mathbf{u}} \rangle = \frac{\langle \mathbf{a}_{n+1}, \tilde{\mathbf{u}} \rangle \cdot \langle \mathbf{b}, \hat{\mathbf{u}} \rangle - \langle \mathbf{a}_{n+1}, \hat{\mathbf{u}} \rangle \cdot \langle \mathbf{b}, \tilde{\mathbf{u}} \rangle}{\langle \mathbf{a}_{n+1}, \tilde{\mathbf{u}} - \hat{\mathbf{u}} \rangle} \geqslant 0$$

und daher wegen $\tilde{\mathbf{u}} \in \mathfrak{A}$ und $\hat{\mathbf{u}} \in \mathfrak{B}$

$$\frac{\langle \mathbf{b}, \hat{\mathbf{u}} \rangle}{\langle \mathbf{a}_{n+1}, \hat{\mathbf{u}} \rangle} \leqslant \frac{\langle \mathbf{b}, \tilde{\mathbf{u}} \rangle}{\langle \mathbf{a}_{n+1}, \tilde{\mathbf{u}} \rangle}.$$

Da $\tilde{\mathbf{u}} \in \mathfrak{A}$ und $\hat{\mathbf{u}} \in \mathfrak{B}$ beliebig waren, muß also (5.49) und somit (5.48) gelten.
Ist $\mathfrak{B} = \emptyset$, dann entfällt der obige Fall 2, und (5.48) gilt, z. B. mit $x_{n+1} = 0$.
Ist $\mathfrak{B} \neq \emptyset$ und $\mathfrak{A} = \emptyset$, dann müssen wir zeigen, daß gemäß obigem Fall 2 der Quotient

$$\frac{\langle \mathbf{b}, \mathbf{u} \rangle}{\langle \mathbf{a}_{n+1}, \mathbf{u} \rangle}$$

über $\mathfrak{B}$ nicht unbeschränkt wachsen kann. Betrachten wir die Aufgabe

$$\phi(\epsilon) = \max \{ \langle \mathbf{a}_{n+1}, \mathbf{u} \rangle \mid \langle \mathbf{a}_i, \mathbf{u} \rangle \geqslant 0, i = 1, \ldots, n, \langle \mathbf{b}, \mathbf{u} \rangle < -\epsilon \} \qquad (5.50)$$

mit $\epsilon > 0$. Da $\mathfrak{B} \neq \emptyset$ nach Annahme, hat (5.50) (für jedes $\epsilon > 0$) zulässige Lösungen.
Ferner folgt aus (5.46)

$$\langle \mathbf{a}_{n+1}, \mathbf{u} \rangle < 0 \qquad (5.51)$$

für jedes in (5.50) zulässige $\mathbf{u}$. Daraus folgt, wie man mit Hilfe der linearen Algebra zeigen kann, daß (5.50) eine Lösung $\mathbf{u}_\epsilon$ besitzt. Sind ϵ_1 und ϵ_2 zwei beliebige positive Zahlen und $\mathbf{u}_{\epsilon_1}$ und $\mathbf{u}_{\epsilon_2}$ die zugehörigen Lösungen von (5.50), dann ist offenbar

$$\frac{\epsilon_2}{\epsilon_1} \mathbf{u}_{\epsilon_1} \quad \text{zulässig in (5.50) für } \epsilon = \epsilon_2$$

und $\dfrac{\epsilon_1}{\epsilon_2} \mathbf{u}_{\epsilon_2} \quad \text{zulässig in (5.50) für } \epsilon = \epsilon_1.$

Folglich gilt

$$\frac{\epsilon_1}{\epsilon_2} \langle \mathbf{a}_{n+1}, \mathbf{u}_{\epsilon_2} \rangle \leqslant \phi(\epsilon_1) = \langle \mathbf{a}_{n+1}, \mathbf{u}_{\epsilon_1} \rangle$$

und damit

$$\frac{\epsilon_2}{\epsilon_1} \phi(\epsilon_1) = \frac{\epsilon_2}{\epsilon_1} \langle \mathbf{a}_{n+1}, \mathbf{u}_{\epsilon_1} \rangle \leqslant \phi(\epsilon_2) = \langle \mathbf{a}_{n+1}, \mathbf{u}_{\epsilon_2} \rangle \leqslant \frac{\epsilon_2}{\epsilon_1} \phi(\epsilon_1),$$

d. h. $\phi(\epsilon_2) = \dfrac{\epsilon_2}{\epsilon_1} \phi(\epsilon_1).$

Setzen wir $\phi(\epsilon_1) = \gamma \cdot \epsilon_1$ mit $\gamma < 0$ wegen (5.51), dann folgt

$$\phi(\epsilon_2) = \frac{\epsilon_2}{\epsilon_1} \, \phi(\epsilon_1) = \gamma \cdot \epsilon_2 \, .$$

Also gilt allgemein für alle $\epsilon > 0$

$$\phi(\epsilon) = \gamma \cdot \epsilon$$

mit einer Konstanten $\gamma < 0$. Damit gilt für $\mathbf{u} \in \mathfrak{B}$

$$\frac{\langle \mathbf{b}, \mathbf{u} \rangle}{\langle \mathbf{a}_{n+1}, \mathbf{u} \rangle} \leqslant - \frac{1}{\gamma} \, ;$$

also gilt auch in diesem Fall ($\mathfrak{B} \neq \emptyset$, $\mathfrak{A} = \emptyset$)

$$\langle \mathbf{b} - x_{n+1} \mathbf{a}_{n+1}, \mathbf{u} \rangle \geqslant 0, \quad \text{falls } x_{n+1} \geqslant \frac{1}{-\gamma} \, ,$$

womit auch hier (5.48) bewiesen ist. $\blacksquare$

Übungsaufgabe

1. Sei $\mathbf{a}_1 = (1, 4)$ und $\mathbf{a}_2 = (2, 2)$.
Bestimmen Sie mittels Lemma von Farkas und graphischer Darstellung die Menge der
$\mathbf{b} \in \mathbf{R}^2$, für die das System $\sum\limits_{i=1}^{2} x_i \mathbf{a}_i = \mathbf{b}$, $x_i \geqslant 0$, $i = 1, 2$, lösbar ist.

6 Integralrechnung

6.1 Das bestimmte Integral

Denken wir uns folgende Situation: Jemand gibt uns an, daß die Menge x eines Gutes
zum Preis p(x) abgesetzt werden kann und daß die Produktion desselben Gutes in der
Menge x Grenzkosten k(x) aufweist. Sind K(x) die — uns unbekannten — Kosten für
die Produktion der Menge x, und setzen wir für den Ertrag, der durch den Absatz der
Menge x erzielt wird, $E(x) = x \cdot p(x)$ ein, dann ist der Gewinn, der mit Produktion und
Absatz der Menge x verbunden ist, gegeben durch

$$G(x) = x \cdot p(x) - K(x).$$

Dieser Gewinn soll üblicherweise maximiert werden, was zu der Bedingung

$$G'(x) = p(x) + x \cdot p'(x) - K'(x)$$
$$= p(x) + x \cdot p'(x) - k(x) = 0$$

führt. Da nach Annahme p(x) und k(x) für uns bekannte Funktionen sind, können wir
versuchen, diese Gleichung zu lösen. Nehmen wir an, wir finden eine Lösung $\hat{x}$, und

nehmen wir weiter an, die hinreichende Bedingung für ein Maximum $G''(\hat{x}) < 0$ sei auch erfüllt, dann haben wir folgende etwas absonderlich anmutende Situation vor uns: Wir wissen, wie groß die gewinnmaximale Gütermenge $\hat{x}$ ist, aber wir wissen nicht, wie groß der maximale Gewinn ist, da wir $K(\hat{x})$ nicht kennen. Selbst wenn wir noch die Fixkosten der Produktion, also $K(0)$, kennen, wissen wir bis jetzt nach dem Mittelwertsatz der Differentialrechnung nur, daß zwischen 0 und $\hat{x}$ ein Wert $\tilde{x}$ existiert derart, daß

$$K(\hat{x}) = K(0) + \hat{x} \cdot K'(\tilde{x}) = K(0) + \hat{x} \cdot k(\tilde{x})$$

gilt. Außer für den Fall konstanter Grenzkosten hilft uns das aber im allgemeinen auch nicht weiter, weil wir nicht wissen, wie wir $\tilde{x}$ wählen sollen. Dabei tangiert die Wahl $\tilde{x}$ im allgemeinen das Ergebnis wesentlich, wie wir in Fig. 6.1 sehen. Denn nach erfolgter Wahl von $\tilde{x}$ rechnen wir im wesentlichen den Flächeninhalt der schraffierten Rechtecke der Breite $b - a = \hat{x} - 0 = \hat{x}$ und der Höhe $k(\tilde{x})$ aus. Nun suchen wir aber nicht die Fläche eines nicht genau bestimmten Rechteckes – mit $\tilde{x} \in [a, b]$ variiert ja die Höhe $k(\tilde{x})$ – sondern in Wirklichkeit die Fläche $F(x)$, die von der x-Achse, dem Graphen von k und den Grenzen a und x eingeschlossen ist, wie in Fig. 6.2. dargestellt.

Denn zumindest für eine stetige Funktion $k(x)$ kann man aus Fig. 6.2 sofort ableiten, daß

$$F(x + h) - F(x) = h \cdot k(x + \theta h) \quad \text{mit } \theta \in [0,1]$$

und daher

$$\frac{F(x + h) - F(x)}{h} = k(x + \theta h).$$

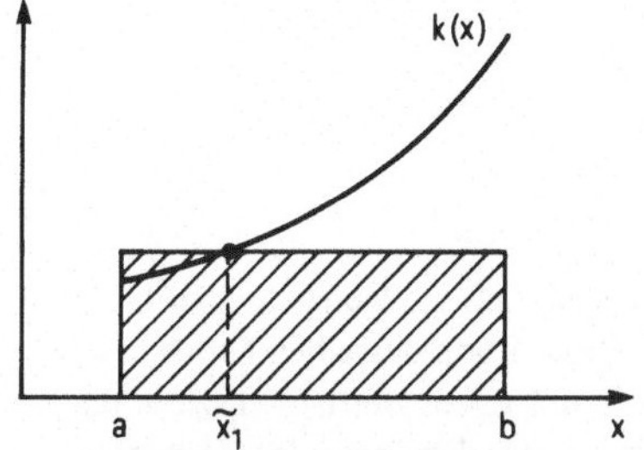

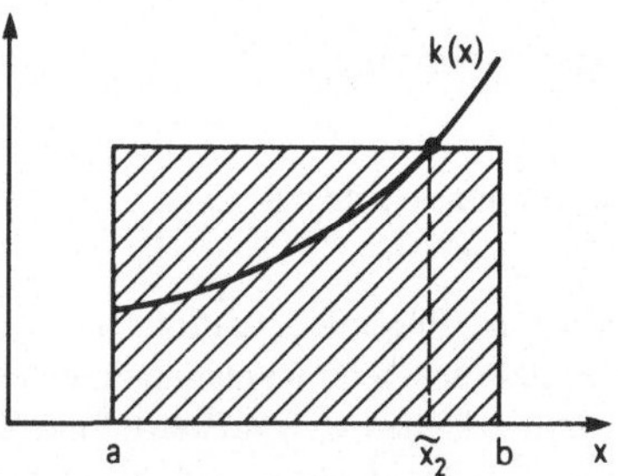

Fig. 6.1 Zur Bestimmung der Kostenfunktion K(x)

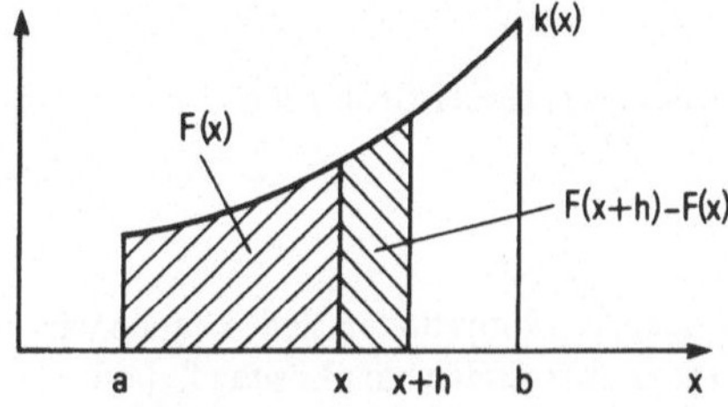

Fig. 6.2
Fläche unter k(x)

Demzufolge gilt

$$F'(x) = k(x) \qquad \forall\, x \in (a, b),$$

d. h. $\qquad F'(x) - K'(x) = 0 \qquad \forall\, x \in (a, b).$

Also ist nach dem Mittelwertsatz $F - K$ konstant in (a, b). Um F zu bestimmen, können wir die gesamte Fläche in vertikale Streifen unterteilen und für die einzelnen Streifen obere und untere Schranken berechnen, indem wir einmal je den größten Wert und dann je den kleinsten Wert von $k(x)$ im Streifen mit der Breite des jeweiligen Streifens multiplizieren (vgl. Fig. 6.3), was zu den sog. Obersummen bzw. Untersummen führt. Aus der graphischen Darstellung können wir vermuten, daß — jedenfalls für stetiges $k(x)$ — Ober- und Untersummen umso weniger differieren, je feiner die Streifeneinteilung, d. h. je kleiner die einzelnen Intervallbreiten sind.

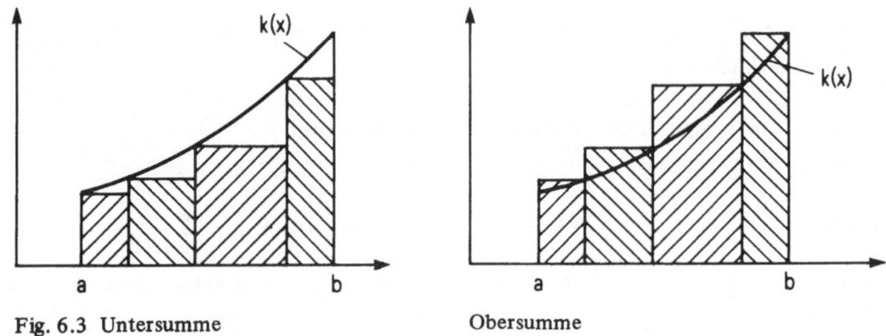

Fig. 6.3 Untersumme   Obersumme

Bevor wir zur mathematischen Begriffsbildung kommen, wollen wir uns das Vorgehen an einem Beispiel verdeutlichen. Sei

$$k(x) = 10 + 0{,}6x + 0{,}15x^2$$

und $K(0) = 0$. Dann ist $K(10)$ die Fläche unter $k(x)$ zwischen $a = 0$ und $b = 10$. Der Einfachheit halber unterteilen wir $[0, 10]$ jeweils äquidistant in N Teilintervalle, die also die Länge $\dfrac{10}{N}$ haben. Für $N = 4$ ist dann beispielsweise die Obersumme

Tab. 6.1

N	OS	US	OS − US
1	310,00	100,00	210,00
3	217,78	147,78	70,00
5	202,00	160,00	42,00
10	190,75	169,75	21,00
20	185,31	174,81	10,50
100	181,05	178,95	2,10
200	180,53	179,48	1,05
500	180,21	179,79	0,42

$$OS = \frac{10}{4} \cdot [k(2,5) + k(5) + k(7,5) + k(10)] = 207,8125 \text{ und die Untersumme}$$

$$US = \frac{10}{4} [k(0) + k(2,5) + k(5) + k(7,5)] = 155,3125.$$

Mit einem programmierbaren Taschenrechner können wir leicht Tabelle 6.1 ausrechnen, in der wir deutlich die Abnahme der Differenz OS − US für wachsende N erkennen.

Daß wir die Unterteilung von I = [a, b] äquidistant gewählt haben, war willkürlich. Allgemein definieren wir wie folgt:

Definition 6.1 *Sei* $a < b$, *und für igend ein* $n \geq 1$ *seien* $\xi_0, \xi_1, \ldots \xi_n$ *so gewählt, daß* $a = \xi_0 < \xi_1 < \ldots < \xi_n = b$. *Dann ist mit* $I_\nu = [\xi_{\nu-1}, \xi_\nu], \nu = 1, \ldots, n$, *eine* Z e r l e - g u n g $\mathfrak{Z} = \{I_\nu | \nu = 1, \ldots, n\}$ *von I gegeben.*

Die F e i n h e i t *einer solchen Zerlegung ist* $\Delta \mathfrak{Z} = \max_{1 \leq \nu \leq n} |\xi_\nu - \xi_{\nu-1}|$, *also die Länge des größten Teilintervalles in* $\mathfrak{Z}$.

Sei nun $f : I \rightarrow \mathbf{R}$ eine b e s c h r ä n k t e Funktion und $\mathfrak{Z} = \{I_\nu | \nu = 1, \ldots, n\}$ eine Zerlegung von I. Dann geben wir analog zu unserem einführenden Beispiel

Definition 6.2 *Sei* $O_\mathfrak{Z} = \sum_{\nu=1}^{n} (\xi_\nu - \xi_{\nu-1}) \cdot \sup_{\xi \in I_\nu} f(\xi)$ *und* $U_\mathfrak{Z} = \sum_{\nu=1}^{n} (\xi_\nu - \xi_{\nu-1}) \cdot \inf_{\xi \in I_\nu} (\xi)$. *Dann ist* $O_\mathfrak{Z}$ *die* O b e r s u m m e *und* $U_\mathfrak{Z}$ d i e U n t e r s u m m e *von f bezüglich der Zerlegung* $\mathfrak{Z}$.

Offenbar entspricht diese Definition unserem Vorgehen im Beispiel (vgl. Fig. 6.3).

Definition 6.3 *Sei* $\mathfrak{Z} = \{I_\nu | \nu = 1, \ldots, n\}$ *eine Zerlegung von I. Ist* $\mathfrak{Y} = \{J_\mu | \mu = 1, \ldots, m\}$, $m > n$, *eine weitere Zerlegung von I derart, daß jedes Teilintervall* J_μ *in einem Teilintervall* I_ν *enthalten ist, dann heißt* $\mathfrak{Y}$ *eine* V e r f e i n e r u n g *von* $\mathfrak{Z}$.

Damit gilt

Lemma 6.1 *Sei* $\mathfrak{Y}$ *eine Verfeinerung von* $\mathfrak{Z}$. *Daraus folgt* $O_\mathfrak{Y} \leq O_\mathfrak{Z}$ *und* $U_\mathfrak{Y} \geq U_\mathfrak{Z}$.

B e w e i s : Sei I_ν ein beliebiges Teilintervall der Zerlegung $\mathfrak{Z}$. Nach Definition der Zerlegung muß I_ν durch eine Teilmenge von Teilintervallen J_μ der Zerlegung $\mathfrak{Y}$ überdeckt werden, die nach Definition der Verfeinerung so gewählt werden kann, daß $J_\mu \subset I_\nu$ für alle J_μ aus dieser Teilmenge. Nehmen wir an, diese Teilmenge bestehe aus den Teilintervallen $J_{\mu_0}, \ldots, J_{\mu_0+\rho}$, wobei $\rho \geq 0$. Es gilt also $J_\mu \subset I_\nu, \mu = \mu_0$, $\mu_0 + 1, \ldots, \mu_0 + \rho$ und $\bigcup_{\mu=\mu_0}^{\mu_0+\rho} J_\mu = I_\nu$.

Demzufolge gilt

$$\sup_{\xi \in J_\mu} f(\xi) \leq \sup_{\xi \in I_\nu} f(\xi)$$

und damit, wenn $J_\mu = [\eta_{\mu-1}, \eta_\mu]$,

$$\sum_{\mu=\mu_0}^{\mu_0+\rho} (\eta_\mu - \eta_{\mu-1}) \sup_{\xi \in J_\mu} f(\xi) \leqslant \sup_{\xi \in I_\nu} f(\xi) \sum_{\mu=\mu_0}^{\mu_0+\rho} (\eta_\mu - \eta_{\mu-1})$$

$$= (\xi_\nu - \xi_{\nu-1}) \sup_{\xi \in I_\nu} f(\xi).$$

Hieraus folgt sofort, da I_ν beliebig aus $\mathfrak{Z}$ gewählt war,

$$O_\mathfrak{Y} \leqslant O_\mathfrak{Z}.$$

Analog zeigt man, daß $U_\mathfrak{Y} \geqslant U_\mathfrak{Z}$. ∎

Lemma 6.2 *Seien* $\mathfrak{Y}$ *und* $\mathfrak{Z}$ *zwei beliebige Zerlegungen von* I. *Dann gilt* $U_\mathfrak{Y} \leqslant O_\mathfrak{Z}$.

B e w e i s : Sei $\mathfrak{Y} = \{J_\mu \mid \mu = 1, \ldots, m\}$ und $\mathfrak{Z} = \{I_\nu \mid \nu = 1, \ldots, n\}$.
Dann ist mit

$$\mathfrak{X} = \{J_\mu \cap I_\nu \mid J_\mu \cap I_\nu \neq \emptyset; \mu = 1, \ldots, m; \nu = 1, \ldots n\}$$

eine neue Zerlegung definiert, wie in Fig. 6.4 veranschaulicht.

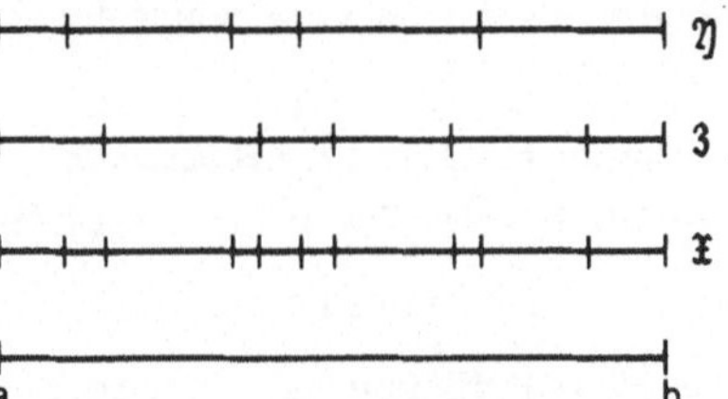

Fig. 6.4
„Durchschnitt" zweier Zerlegungen $\mathfrak{X} = \mathfrak{Y} \cap \mathfrak{Z}$

Offenbar ist $\mathfrak{X}$ eine Verfeinerung sowohl von $\mathfrak{Y}$ als auch von $\mathfrak{Z}$. Damit folgt aus
Lemma 6.1 und Definition 6.2

$$U_\mathfrak{Y} \leqslant U_\mathfrak{X} \leqslant O_\mathfrak{X} \leqslant O_\mathfrak{Z}.$$ ∎

Damit haben wir folgende Situation: Ist $\{\mathfrak{Z}_0, \mathfrak{Z}_1, \mathfrak{Z}_2, \ldots\}$ eine Folge von Zerlegungen,
die durch sukzessive Verfeinerung entsteht, d. h. $\mathfrak{Z}_k$ ist Verfeinerung von $\mathfrak{Z}_{k-1}$,
$k = 1, 2, \ldots$, dann ist die Folge

$$\{O_{\mathfrak{Z}_k}\}_{k \in \mathbf{N}} \text{ monoton fallend und nach unten beschränkt, z. B. durch } U_{\mathfrak{Z}_0},$$

und analog ist die Folge

$$\{U_{\mathfrak{Z}_k}\}_{k \in \mathbf{N}} \text{ monoton wachsend und nach oben beschränkt, z. B. durch } O_{\mathfrak{Z}_0},$$

was unmittelbar aus Lemma 6.1 und 6.2 folgt. Folglich existieren

$$\bar{J} = \lim_{k \to \infty} O_{\mathfrak{Z}_k} \quad \text{und} \quad \underline{J} = \lim_{k \to \infty} U_{\mathfrak{Z}_k}$$

und es gilt sicher

$$\underline{J} \leqslant \bar{J}.$$

In unserem einführenden Beispiel können wir nach Tab. 6.1 vermuten, daß dort $\underline{J} = \bar{J}$. Das muß im allgemeinen jedoch nicht zutreffen. Ist beispielsweise

$$I = [0, 1],$$

die Funktion f gegeben durch

$$f(x) = \begin{cases} 1, & \text{falls x rational} \\ 0 & \text{sonst} \end{cases}$$

und $\{\mathfrak{Z}_k\}_{k \in \mathbf{N}}$ die Folge äquidistanter Zerlegungen von I mit der Schrittweite (Länge der Teilintervalle) $\dfrac{1}{2^k}$, d. h. die Teilintervalle werden sukzessive halbiert, dann folgt sofort, da jedes Teilintervall einer jeden derartigen Zerlegung sowohl rationale als auch irrationale Zahlen enthält,

$$O_{\mathfrak{Z}_k} = 1 \quad \forall \, k \in \mathbf{N}; \qquad U_{\mathfrak{Z}_k} = 0 \quad \forall \, k \in \mathbf{N}$$

und somit $1 = \bar{J} > \underline{J} = 0$.

Ergibt sich jedoch $\bar{J} = \underline{J}$, dann heißt die Funktion f über I integrierbar. Etwas allgemeiner definieren wir unter Verwendung des R i e m a n n'schen Integrabilitäts - kriteriums:

Definition 6.4 *Sei* f : I $\rightarrow$ **R** *beschränkt. Gibt es eine Folge* $\{\mathfrak{Z}_k\}_{k \in \mathbf{N}}$ *von Zerlegungen von I derart, daß* $\lim\limits_{k \to \infty} (O_{\mathfrak{Z}_k} - U_{\mathfrak{Z}_k}) = 0$, *dann heißt* f *über* I e i g e n t l i c h R i e - m a n n - i n t e g r i e r b a r.

Aus dieser Definition und Lemma 6.2 folgt sofort

Satz 6.3 *Ist* f *über* I *eigentlich Riemann-integrierbar, dann existieren für die in* Definition 6.4 *genannte Folge von Zerlegungen* $\{\mathfrak{Z}_k\}_{k \in \mathbf{N}}$

$$\bar{J} = \lim_{k \to \infty} O_{\mathfrak{Z}_k} \quad \text{und} \quad \underline{J} = \lim_{k \to \infty} U_{\mathfrak{Z}_k},$$

und es gilt

$$\bar{J} = \underline{J}.$$

B e w e i s : Sei $\{\mathfrak{Z}_k\}_{k \in \mathbf{N}}$ die Folge von Zerlegungen, für die nach Definition 6.4

$$\lim_{k \to \infty} (O_{\mathfrak{Z}_k} - U_{\mathfrak{Z}_k}) = 0$$

gilt. Dann folgt für beliebige k und ℓ nach Lemma 6.2

$$O_{\mathfrak{Z}_k} - O_{\mathfrak{Z}_\ell} = O_{\mathfrak{Z}_k} - U_{\mathfrak{Z}_\ell} + U_{\mathfrak{Z}_\ell} - O_{\mathfrak{Z}_\ell} \geqslant U_{\mathfrak{Z}_\ell} - O_{\mathfrak{Z}_\ell}$$

und $\quad O_{\mathfrak{Z}_k} - O_{\mathfrak{Z}_\ell} = O_{\mathfrak{Z}_k} - U_{\mathfrak{Z}_k} + U_{\mathfrak{Z}_k} - O_{\mathfrak{Z}_\ell} \leqslant O_{\mathfrak{Z}_k} - U_{\mathfrak{Z}_k},$

zusammen also

$$U_{\mathfrak{Z}_\ell} - O_{\mathfrak{Z}_\ell} \leqslant O_{\mathfrak{Z}_k} - O_{\mathfrak{Z}_\ell} \leqslant O_{\mathfrak{Z}_k} - U_{\mathfrak{Z}_k}.$$

Da $\lim\limits_{k\to\infty} (O_{\mathfrak{Z}_k} - U_{\mathfrak{Z}_k}) = 0 = \lim\limits_{\ell\to\infty} (U_{\mathfrak{Z}_\ell} - O_{\mathfrak{Z}_\ell})$ nach Voraussetzung (siehe Definition 6.4), ist also $\{O_{\mathfrak{Z}_k}\}_{k\in\mathbf{N}}$ eine Cauchy-Folge und hat daher einen Grenzwert

$$\bar{J} = \lim\limits_{k\to\infty} O_{\mathfrak{Z}_k}.$$

Analog zeigt man die Existenz von

$$\underline{J} = \lim\limits_{k\to\infty} U_{\mathfrak{Z}_k}.$$

Schließlich ist dann

$$\bar{J} - \underline{J} = \lim\limits_{k\to\infty} (O_{\mathfrak{Z}_k} - U_{\mathfrak{Z}_k}) = 0. \qquad\blacksquare$$

Satz 6.4 *Ist f über I eigentlich Riemann-integrierbar, sind $\{\mathfrak{Z}_k\}_{k\in\mathbf{N}}$ und $\{\mathfrak{Y}_k\}_{k\in\mathbf{N}}$ zwei Folgen von Zerlegungen von I, so daß für beide das Riemann'sche Integrabilitätskriterium nach* Definition 6.4 *erfüllt ist, und sind*

$$J_{\mathfrak{Z}} = \lim\limits_{k\to\infty} O_{\mathfrak{Z}_k} = \lim\limits_{k\to\infty} U_{\mathfrak{Z}_k} \quad \text{und} \quad J_{\mathfrak{Y}} = \lim\limits_{k\to\infty} O_{\mathfrak{Y}_k} = \lim\limits_{k\to\infty} U_{\mathfrak{Y}_k}$$

gemäß Satz 6.3, *dann gilt*

$$J_{\mathfrak{Y}} = J_{\mathfrak{Z}}.$$

B e w e i s : Nach Lemma 6.2 gilt

$$U_{\mathfrak{Z}_k} \leqslant O_{\mathfrak{Y}_k} \quad \forall\, k \in \mathbf{N} \text{ und folglich } J_{\mathfrak{Z}} \leqslant J_{\mathfrak{Y}}.$$

Analog gilt $U_{\mathfrak{Y}_k} \leqslant O_{\mathfrak{Z}_k}$ $\forall\, k \in \mathbf{N}$ und somit $J_{\mathfrak{Y}} \leqslant J_{\mathfrak{Z}}$, woraus $J_{\mathfrak{Y}} = J_{\mathfrak{Z}}$ folgt. $\qquad\blacksquare$

Zusammenfassend halten wir fest: Wenn eine Funktion $f : I \to \mathbf{R}$ das Riemann'sche Integrabilitätskriterium gemäß Definition 6.4 erfüllt, d. h. wenn eine Folge $\{\mathfrak{Z}_k\}_{k\in\mathbf{N}}$ von Zerlegungen von I existiert, so daß $\lim\limits_{k\to\infty} (O_{\mathfrak{Z}_k} - U_{\mathfrak{Z}_k}) = 0$, dann gibt es nach

Satz 6.3 eine Zahl J, für die $J = \lim\limits_{k\to\infty} O_{\mathfrak{Z}_k} = \lim\limits_{k\to\infty} U_{\mathfrak{Z}_k}$ gilt. Nach Satz 6.4 ist diese

Zahl J eindeutig bestimmt. Daher ist folgende Definition des I n t e g r a l s sinnvoll.

Definition 6.5 *Sei* $f : I \to \mathbf{R}$ *eigentlich Riemann-integrierbar. Die nach den Sätzen* 6.3 *und* 6.4 *dann eindeutig bestimmte Zahl*

$$J = \lim\limits_{k\to\infty} O_{\mathfrak{Z}_k} = \lim\limits_{k\to\infty} U_{\mathfrak{Z}_k}$$

heißt das b e s t i m m t e I n t e g r a l *von f über* I = [a, b], *in Zeichen*

$$J = \int\limits_a^b f(x)\, dx.$$

Bei der numerischen Berechnung des Integrals kann die Berechnung von Obersummen bzw. Untersummen recht umständlich sein, da für jede Zerlegung $\mathfrak{Z} = \{I_\nu \mid \nu = 1, \ldots, n\}$ bei der Obersumme $\sup\limits_{\xi\in I_\nu} f(\xi)$, $\nu = 1, \ldots, n$, und entsprechend bei der Untersumme

$\inf\limits_{\xi \in I_\nu} f(\xi)$, $\nu = 1, \ldots, n$, bestimmt werden muß. Einfacher ist sicher, für eine Zerlegung

$\mathfrak{Z} = \{I_\nu \mid \nu = 1, \ldots, n\}$ eine sog. R i e m a n n ' s c h e   Z w i s c h e n s u m m e

$$S_\mathfrak{Z} = \sum_{\nu = 1}^{n} (\xi_\nu - \xi_{\nu-1}) \cdot f(x_\nu)$$

auszurechnen, wobei lediglich

$$x_\nu \in I_\nu = [\xi_{\nu-1}, \xi_\nu]$$

erfüllt sein muß. Da dann sicher

$$\inf\limits_{\xi \in I_\nu} f(\xi) \leqslant f(x_\nu) \leqslant \sup\limits_{\xi \in I_\nu} f(\xi), \quad \nu = 1, \ldots, n$$

gilt, folgt sofort

$$U_\mathfrak{Z} \leqslant S_\mathfrak{Z} \leqslant O_\mathfrak{Z}.$$

Haben wir eine Folge $\{\mathfrak{Z}_k\}_{k \in \mathbf{N}}$, für die $O_{\mathfrak{Z}_k} - U_{\mathfrak{Z}_k} \to 0$ gilt, dann folgt daraus

$$\lim_{k \to \infty} S_{\mathfrak{Z}_k} = \lim_{k \to \infty} O_{\mathfrak{Z}_k} = \int_a^b f(x)\, dx.$$

Wir können dann also das Integral auch über die Zwischensummen annähern. Genauer gilt

Satz 6.5 *Sei* f : I $\to$ **R** *beschränkt. Die Funktion f ist über* I *genau dann integrierbar mit*

$J = \int_a^b$ f(x) dx, *wenn für jede Folge* $\{\mathfrak{Z}_k\}_{k \in \mathbf{N}}$ *von Zerlegungen, für die die Feinheit gegen*

Null konvergiert (nach Definition 6.1 *also* $\lim\limits_{k \to \infty} \Delta\mathfrak{Z}_k = 0$), *und für jede Wahl der Zwi-*

schensummen (die Wahl $x_\nu^k \in I_\nu^k$ *ist beliebig, wobei jetzt* $\mathfrak{Z}_k = \{I_\nu^k \mid \nu = 1, \ldots, n_k\}$) *gilt:*
$\lim\limits_{k \to \infty} S_{\mathfrak{Z}_k} = J.$

B e w e i s : Sei zunächst f über I gemäß Definition 6.4 integrierbar. Dann gibt es also eine Folge $\{\mathfrak{Z}_k\}_{k \in \mathbf{N}}$ von Zerlegungen von I so, daß

$$\lim_{k \to \infty} (O_{\mathfrak{Z}_k} - U_{\mathfrak{Z}_k}) = 0.$$

Dann konvergieren nach Satz 6.3 $\{O_{\mathfrak{Z}_k}\}_{k \in \mathbf{N}}$ und $\{U_{\mathfrak{Z}_k}\}_{k \in \mathbf{N}}$ gegen denselben Grenzwert J. Sei nun $\{\mathfrak{Y}_k\}_{k \in \mathbf{N}}$ irgendeine Folge von Zerlegungen derart, daß $\lim\limits_{k \to \infty} \Delta\mathfrak{Y}_k = 0$.

Wir wählen k_0 so groß, daß für ein beliebiges $\epsilon > 0$

$$O_{\mathfrak{Z}_{k_0}} - U_{\mathfrak{Z}_{k_0}} < \epsilon$$

ist, was nach Voraussetzung möglich ist. Sei $\mathfrak{Z}_{k_0} = \{I_1, I_2, \ldots, I_N\}$ mit
$I_\nu = [\xi_{\nu-1}, \xi_\nu], \nu = 1, \ldots, N$.
Dann wählen wir k_1 so groß, daß

$$\Delta\mathfrak{Y}_{k_1} < \frac{\epsilon}{N}.$$

Sei $\mathfrak{Y}_{k_1} = \{J_1, J_2, \ldots, J_M\}$ mit $J_\mu = [\eta_{\mu-1}, \eta_\mu], \mu = 1, \ldots, M$. Dann gibt es höchstens $N - 1$ Intervalle J_μ in $\mathfrak{Y}_{k_1}$, die jeweils wenigstens eine der Intervallgrenzen $\xi_1, \xi_2, \ldots \xi_{N-1}$ als innere Punkte enthalten. Diese „überlappenden" Intervalle von $\mathfrak{Y}_{k_1}$ fassen wir zusammen zu der Menge $\{J_\mu \mid \mu \in L\}$. Für jedes $\mu \in \{1, \ldots, M\} - L$ gilt dann offenbar $J_\mu \subset I_\nu$ für genau ein $\nu \in \{1, \ldots, N\}$ und danach für $x_\mu \in J_\mu$

$$\inf_{\xi \in I_\nu} f(\xi) \leqslant f(x_\mu) \leqslant \sup_{\xi \in I_\nu} f(\xi),$$

also

$$(\eta_\mu - \eta_{\mu-1}) \inf_{\xi \in I_\nu} f(\xi) \leqslant (\eta_\mu - \eta_{\mu-1}) f(x_\mu) \leqslant (\eta_\mu - \eta_{\mu-1}) \sup_{\xi \in I_\nu} f(\xi),$$

d. h. insbesondere

$$(\eta_\mu - \eta_{\mu-1}) f(x_\mu) - (\eta_\mu - \eta_{\mu-1}) \sup_{\xi \in I_\nu} f(\xi) \leqslant 0 \quad \text{für } \mu \notin L \text{ und } J_\mu \subset I_\nu.$$

Für $\mu \in L$ und $\xi_\nu \in (\eta_{\mu-1}, \eta_\mu)$ gilt mit $K = \sup_{\xi \in I} |f(\xi)|$

$$(\eta_\mu - \eta_{\mu-1}) f(x_\mu) - (\xi_\nu - \eta_{\mu-1}) \sup_{\xi \in I_\nu} f(\xi) - (\eta_\mu - \xi_\nu) \sup_{\xi \in I_{\nu+1}} f(\xi)$$

$$\leqslant (\eta_\mu - \eta_{\mu-1}) K + (\xi_\nu - \eta_{\mu-1}) \cdot K + (\eta_\mu - \xi_\nu) \cdot K$$
$$= 2K \cdot (\eta_\mu - \eta_{\mu-1}) \leqslant 2K \cdot \Delta \mathfrak{Y}_{k_1}.$$

Aus diesen beiden Abschätzungen erhalten wir unter Beachtung der Tatsache, daß $\mu \in L, \xi_\nu \in (\eta_{\mu-1}, \eta_\mu)$ höchstens $(N - 1)$-mal vorkommt,

$$S_{\mathfrak{Y}_{k_1}} - O_{\mathfrak{Z}_{k_0}} \leqslant 2(N - 1) \cdot K \cdot \Delta \mathfrak{Y}_{k_1} < 2 \cdot K \cdot \epsilon.$$

Analog zeigt man, daß

$$S_{\mathfrak{Y}_{k_1}} - U_{\mathfrak{Z}_{k_0}} > - 2K \cdot \epsilon.$$

Daraus folgt für $J = \int_a^b f(x)\, dx$ wegen

$$U_{\mathfrak{Z}_{k_0}} \leqslant J \leqslant O_{\mathfrak{Z}_{k_0}},$$

daß $\quad (S_{\mathfrak{Y}_{k_1}} - U_{\mathfrak{Z}_{k_0}}) + (U_{\mathfrak{Z}_{k_0}} - O_{\mathfrak{Z}_{k_0}}) \leqslant S_{\mathfrak{Y}_{k_1}} - J \leqslant (S_{\mathfrak{Y}_{k_1}} - O_{\mathfrak{Z}_{k_0}}) + (O_{\mathfrak{Z}_{k_0}} - U_{\mathfrak{Z}_{k_0}}),$

d. h. $\quad - 2K \cdot \epsilon - \epsilon < S_{\mathfrak{Y}_{k_1}} - J < 2K \cdot \epsilon + \epsilon$

oder also

$$|S_{\mathfrak{Y}_{k_1}} - J| < \epsilon(1 + 2K).$$

Da $\epsilon > 0$ beliebig war, bedeutet das

$$\lim_{k \to \infty} S_{\mathfrak{Y}_k} = J.$$

Sei nun umgekehrt die Bedingung erfüllt, daß für jede Folge von Zerlegungen, deren Feinheit gegen Null konvergiert, alle Zwischensummen gegen denselben Grenzwert J konvergieren.

Sei $\mathfrak{Z}_n$ die äquidistante Zerlegung von I in n Teilintervalle $I_k^n, k = 1, \ldots, n$. Wir definieren zwei Zwischensummen wie folgt: Sei für beliebiges $\epsilon > 0$

$$x_k^{(1)} \in I_k^n \text{ so gewählt, daß } f(x_k^{(1)}) \geqslant \sup_{\xi \in I_k^n} f(\xi) - \epsilon$$

und $x_k^{(2)} \in I_k^n$ so gewählt, daß $f(x_k^{(2)}) \leqslant \inf\limits_{\xi \in I_k^n} f(\xi) + \epsilon.$

Dann ist

$$S_{3_n}^{(1)} = \sum_{\nu = 1}^{n} (\xi_\nu - \xi_{\nu-1}) f(x_\nu^{(1)}) \geqslant O_{3_n} - \epsilon(b - a)$$

und $$S_{3_n}^{(2)} = \sum_{\nu = 1}^{n} (\xi_\nu - \xi_{\nu-1}) f(x_\nu^{(2)}) \leqslant U_{3_n} + \epsilon(b - a)$$

und daher

$$0 \leqslant O_{3_n} - U_{3_n} \leqslant S_{3_n}^{(1)} - S_{3_n}^{(2)} + 2\epsilon(b - a).$$

Nach Voraussetzung gilt $\lim\limits_{n \to \infty} S_{3_n}^{(1)} = \lim\limits_{n \to \infty} S_{3_n}^{(2)} = J$ und folglich für $n \to \infty$

$$\lim_{n \to \infty} (O_{3_n} - U_{3_n}) \leqslant 2\epsilon(b - a)$$

für beliebige $\epsilon > 0$, also $\lim\limits_{n \to \infty} (O_{3_n} - U_{3_n}) = 0,$

womit das Integrabilitätskriterium nach Definition 6.4 erfüllt ist.   ∎

Übungsaufgaben

1. Zeigen Sie anhand des Riemann'schen Integrabilitätskriteriums, daß die Funktionen $f(x) = x$ und $g(x) = x^2$ über $[0, b]$ integrierbar sind.

2. In wieviele äquidistante Teilintervalle muß das Intervall $[0, 3]$ mindestens zerlegt werden, damit die Differenz von Ober- und Untersumme der Funktion $f(x) = x^2$ kleiner als $0,1$ wird?

3. Bestimmen Sie das bestimmte Integral

$$\int_0^3 f(t)\, dt \quad \text{mit } f(t) = \begin{cases} -1 \text{ für } 0 \leqslant t \leqslant 1 \\ 1 \text{ für } 1 < t \leqslant 3 \end{cases}$$

mittels Riemann'scher Zwischensumme.

6.2 Rechenregeln für bestimmte Integrale

Die Darstellung des bestimmten Integrals als Grenzwert einer Folge von Riemann'schen Zwischensummen gemäß Satz 6.5 hat unmittelbar einige Rechenregeln für bestimmte Integrale zur Folge.

Nehmen wir zunächst an, eine Funktion f sei über $I = [\alpha, \beta]$ und über $J = [\beta, \gamma]$ integrierbar, $\alpha < \beta < \gamma$. Sei $\mathfrak{Z}$ eine Zerlegung von I und $\mathfrak{Y}$ eine Zerlegung von J. Dann ist

$\mathfrak{X} = \mathfrak{Z} \cup \mathfrak{Y}$ eine Zerlegung von $I \cup J = [\alpha, \gamma]$. Offensichtlich gilt für die zugehörigen Zwischensummen

$$S_{\mathfrak{X}} = S_{\mathfrak{Z}} + S_{\mathfrak{Y}},$$

woraus für beliebig fein werdende Zerlegungen nach Grenzübergang

$$\int_{\alpha}^{\gamma} f(x)\, dx = \int_{\alpha}^{\beta} f(x)\, dx + \int_{\beta}^{\gamma} f(x)\, dx \tag{6.1}$$

folgt. Da umgekehrt aus der Integrierbarkeit über $[\alpha, \gamma]$ auch diejenige über $[\alpha, \beta]$ und über $[\beta, \gamma]$ folgt — die Differenz zwischen Ober- und Untersummen muß auf den beiden Teilintervallen dann erst recht klein werden (vgl. Def. 6.4) —, haben wir folgende Aussage bewiesen:

Satz 6.6 *Sei $\alpha < \beta < \gamma$. Die Funktion $f : [\alpha, \gamma] \to \mathbf{R}$ ist über $[\alpha, \gamma]$ integrierbar genau dann, wenn sie über $[\alpha, \beta]$ und über $[\beta, \gamma]$ integrierbar ist, und es gilt dann (6.1):*

$$\int_{\alpha}^{\gamma} f(x)\, dx = \int_{\alpha}^{\beta} f(x)\, dx + \int_{\beta}^{\gamma} f(x)\, dx.$$

Bis jetzt haben wir $\int_{\alpha}^{\beta} f(x)\, dx$ so eingeführt, daß stets $\alpha < \beta$ galt, d. h. wir sind bzgl. der Zwischensummen

$$S_{\mathfrak{Z}} = \sum_{\nu-1}^{N} (\xi_\nu - \xi_{\nu-1})\, f(x_\nu)$$

davon ausgegangen, daß x_ν zwischen $\xi_{\nu-1}$ und ξ_ν liegt und daß $\xi_{\nu-1} < \xi_\nu$ gilt, wobei insbesondere $\xi_0 = \alpha$ und $\xi_N = \beta$, d. h. wir haben quasi $[\alpha, \beta]$ „von α nach β" zerlegt. Stattdessen können wir die Zerlegung auch „von β nach α" vornehmen (vgl. Fig. 6.5), d. h. wir setzen $\mathfrak{Y} = \{\eta_0, \eta_1, \ldots \eta_N\}$ mit

$$\eta_\nu = \xi_{N-\nu}, \quad \nu = 0, 1, \ldots, N, \quad \text{und} \quad y_\nu = x_{N-\nu+1}, \quad \nu = 1, \ldots, N.$$

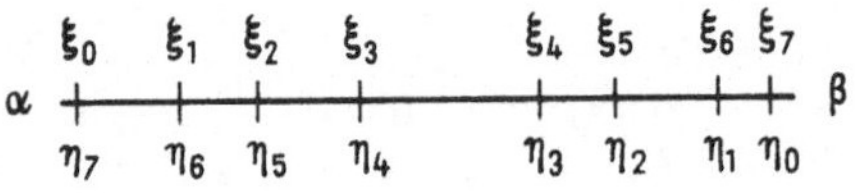

Fig. 6.5
Zerlegung „von α nach β" $\{\xi_i\}$
und „von β nach α" $\{\eta_i\}$

Dann liegt y_ν zwischen $\eta_{\nu-1}$ und η_ν und es gilt offenbar

$$S_{\mathfrak{Y}} = \sum_{\nu=1}^{N} (\eta_\nu - \eta_{\nu-1})\, f(y_\nu) = - \sum_{\nu=1}^{N} (\xi_\nu - \xi_{\nu-1})\, f(x_\nu) = - S_{\mathfrak{Z}}.$$

Verfeinern wir nun die Zerlegung $\mathfrak{Z}$ sukzessive, so strebt

$$S_{\mathfrak{Z}} \text{ gegen } \int_{\alpha}^{\beta} f(x)\, dx$$

und folglich strebt gleichzeitig

$$S_{\mathfrak{Z}}\,\text{gegen}\; -\int\limits_{\alpha}^{\beta} f(x)\,dx.$$

Diesen Grenzwert bezeichnen wir sinngemäß als

$$\int\limits_{\beta}^{\alpha} f(x)\,dx,\; \text{so daß}$$

$$\int\limits_{\beta}^{\alpha} f(x)\,dx = -\int\limits_{\alpha}^{\beta} f(x)\,dx \tag{6.2}$$

gilt.

Damit gilt

Satz 6.7 *Seien* α, β, $\gamma \in I$ *und* $f : I \to \mathbf{R}$ *integrierbar. Dann gilt*

$$\int\limits_{\alpha}^{\gamma} f(x)\,dx = \int\limits_{\alpha}^{\beta} f(x)\,dx + \int\limits_{\beta}^{\gamma} f(x)\,dx.$$

(Es muß also nicht mehr $\alpha < \beta < \gamma$ *gelten!)*

B e w e i s : Falls $\alpha < \beta < \gamma$, folgt die Behauptung aus Satz 6.6. Falls $\alpha > \beta > \gamma$, folgt aus (6.1) und (6.2)

$$\int\limits_{\alpha}^{\gamma} f(x)\,dx = -\int\limits_{\gamma}^{\alpha} f(x)\,dx = -[\int\limits_{\gamma}^{\beta} f(x)\,dx + \int\limits_{\beta}^{\alpha} f(x)\,dx] = \int\limits_{\alpha}^{\beta} f(x)\,dx + \int\limits_{\beta}^{\gamma} f(x)\,dx.$$

Falls $\alpha < \gamma < \beta$, folgt aus (6.1) und (6.2)

$$\int\limits_{\alpha}^{\beta} f(x)\,dx = \int\limits_{\alpha}^{\gamma} f(x)\,dx + \int\limits_{\gamma}^{\beta} f(x)\,dx$$

und daher

$$\int\limits_{\alpha}^{\gamma} f(x)\,dx = \int\limits_{\alpha}^{\beta} f(x)\,dx - \int\limits_{\gamma}^{\beta} f(x)\,dx = \int\limits_{\alpha}^{\beta} f(x)\,dx + \int\limits_{\beta}^{\gamma} f(x)\,dx.$$

Die übrigen Fälle lassen sich analog erledigen.   ■

Aus (6.2) folgt insbesondere für jedes α

$$\int\limits_{\alpha}^{\alpha} f(x)\,dx = 0. \tag{6.3}$$

Betrachten wir nun auf einem Intervall I mit den Grenzen α und β zwei integrierbare Funktionen f und g. Bezüglich einer beliebigen Zerlegung $\mathfrak{Z} = \{I_\nu \mid \nu = 1, \ldots, N\}$ und beliebiger Wahl der Stellen $x_\nu \in I_\nu$ haben wir dann eine Zwischensumme für f

$$S_3(f) = \sum_{\nu=1}^{N} (\xi_\nu - \xi_{\nu-1})\, f(x_\nu)$$

und eine Zwischensumme für g

$$S_3(g) = \sum_{\nu=1}^{N} (\xi_\nu - \xi_{\nu-1})\, g(x_\nu).$$

Folglich gilt

$$S_3(f) + S_3(g) = \sum_{\nu=1}^{N} (\xi_\nu - \xi_{\nu-1})\, f(x_\nu) + \sum_{\nu=1}^{N} (\xi_\nu - \xi_{\nu-1})\, g(x_\nu)$$

$$= \sum_{\nu=1}^{N} (\xi_\nu - \xi_{\nu-1})\, [f(x_\nu) + g(x_\nu)] = S_3(f+g),$$

woraus durch Grenzübergang

$$\int_\alpha^\beta [f+g]\,(x)\,dx = \int_\alpha^\beta f(x)\,dx + \int_\alpha^\beta g(x)\,dx \tag{6.4}$$

folgt.

Multiplizieren wir f mit einer Konstanten c, so folgt für die Zwischensummen

$$S_3(c \cdot f) = \sum_{\nu=1}^{N} (\xi_\nu - \xi_{\nu-1})\, c \cdot f(x_\nu)$$

$$= c \cdot \sum_{\nu=1}^{N} (\xi_\nu - \xi_{\nu-1})\, f(x_\nu) = c \cdot S_3(f),$$

also nach Grenzübergang

$$\int_\alpha^\beta c \cdot f(x)\,dx = c \cdot \int_\alpha^\beta f(x)\,dx. \tag{6.5}$$

Somit gilt

Satz 6.8 *Sind f und g über dem Intervall I mit den Grenzen α und β integrierbar, dann ist für beliebige Konstanten c, d auch die Funktion $c \cdot f + d \cdot g$ über I integrierbar und*

$$\int_\alpha^\beta [c \cdot f(x) + d \cdot g(x)]\,dx = c \cdot \int_\alpha^\beta f(x)\,dx + d \cdot \int_\alpha^\beta g(x)\,dx.$$

Übungsaufgabe

1. Bestimmen Sie folgende bestimmte Integrale mittels Riemann'scher Zwischensumme und der Rechenregeln für bestimmte Integrale:

a) $\int_4^0 (ax - b)\,dx;$ b) $\int_0^2 |x - 1|\,dx.$

6.3 Zur Integrierbarkeit stetiger bzw. monotoner Funktionen

Bis jetzt haben wir uns zwar klargemacht, was wir unter Integrierbarkeit verstehen
wollen und welche Rechenregeln dann für bestimmte Integrale gelten; aber wir wissen
bis jetzt nicht, unter welchen (hinreichenden) Voraussetzungen eine Funktion im
Sinne der Definition 6.4 integrierbar ist. Nun läßt sich leicht zeigen, daß Funktionen
stets integrierbar sind, wenn sie auf dem Integrationsintervall $I = [a, b]$ entweder stetig
oder monoton sind.

Satz 6.9 *Sei* $f : I \to \mathbf{R}$ *stetig. Dann existiert*

$$\int_a^b f(x)\,dx.$$

B e w e i s : Sei f auf $I = [a, b]$ stetig. Wir wählen äquidistante Zerlegungen von I

$$\mathfrak{Z}_n = \{I_\nu^n \mid \nu = 1, \ldots, n\} \quad \text{mit} \quad I_\nu^n = [\xi_{\nu-1}^n, \xi_\nu^n] \text{ und } \xi_\nu^n - \xi_{\nu-1}^n = \frac{b-a}{n}.$$

Seien $x_\nu^n \in I_\nu^n$ und $y_\nu^n \in I_\nu^n$ so gewählt, daß

$$f(x_\nu^n) = \max_{\xi \in I_\nu^n} f(\xi) \quad \text{und} \quad f(y_\nu^n) = \min_{\xi \in I_\nu^n} f(\xi) \text{ (vgl. Satz 3.7)}.$$

Nun gilt:

$$\forall\, \epsilon > 0 \;\exists\, N(\epsilon) : f(x_\nu^n) - f(y_\nu^n) < \epsilon \qquad \forall\, n > N(\epsilon) \text{ und } \nu = 1, \ldots, n.$$

Wäre das nämlich falsch, dann müßte gelten:

$$\exists\, \epsilon > 0 : \qquad \forall\, n \;\exists\, k(n) \geqslant n \text{ und } \exists\, \nu_n \in \{1, \ldots, k(n)\}$$

derart, daß $f(x_{\nu_n}^{k(n)}) - f(y_{\nu_n}^{k(n)}) \geqslant \epsilon$.

Nach Satz 2.12 hätte dann die Folge $\{x_{\nu_n}^{k(n)}\}_{n \in \mathbf{N}}$ einen Häufungspunkt $\hat{x} \in I$. Da
$|x_{\nu_n}^{k(n)} - y_{\nu_n}^{k(n)}| \leqslant \dfrac{b-a}{k(n)}$, hätte die Folge $\{y_{\nu_n}^{k(n)}\}_{n \in \mathbf{N}}$ auch den Häufungspunkt $\hat{x} \in I$,
und nach Satz 2.14 gäbe es Teilfolgen $\{\hat{x}_K\}_{K \in \mathbf{N}}$ von $\{x_{\nu_n}^{k(n)}\}_{n \in \mathbf{N}}$ und $\{\hat{y}_K\}_{K \in \mathbf{N}}$
von $\{y_{\nu_n}^{k(n)}\}_{n \in \mathbf{N}}$ so, daß $\lim\limits_{K \to \infty} \hat{x}_K = \lim\limits_{K \to \infty} \hat{y}_K = \hat{x}$, wobei nach Annahme
$\lim\limits_{K \to \infty} (f(\hat{x}_K) - f(\hat{y}_K)) \geqslant \epsilon$ gelten würde im Widerspruch zur Stetigkeit von f auf I.

Folglich gilt für die Differenz von Ober- und Untersummen

$$O_{\mathfrak{Z}_n} - U_{\mathfrak{Z}_n} = \sum_{\nu=1}^{n} (\xi_\nu - \xi_{\nu-1})\,[f(x_\nu^n) - f(y_\nu^n)]$$

$$< (b-a) \cdot \epsilon \qquad \forall\, n > N(\epsilon),$$

d. h. $\lim\limits_{n \to \infty} [O_{\mathfrak{Z}_n} - U_{\mathfrak{Z}_n}] = 0.$ ∎

Satz 6.10 *Sei* $f : I \to \mathbb{R}$ *monoton. Dann existiert*

$$\int_a^b f(x)\,dx.$$

B e w e i s : Sei ohne Beschränkung der Allgemeinheit f monoton wachsend auf $I = [a, b]$, und sei $\mathfrak{Z}_n$ wieder eine äquidistante Zerlegung von I in n Teilintervalle $[\xi_{\nu-1}, \xi_\nu]$ mit $\xi_\nu - \xi_{\nu-1} = \dfrac{b-a}{n}$.

Dann ist

$$O_{\mathfrak{Z}_n} - U_{\mathfrak{Z}_n} = \sum_{\nu=1}^{n} (\xi_\nu - \xi_{\nu-1}) \, [f(\xi_\nu) - f(\xi_{\nu-1})]$$

$$= \frac{b-a}{n} \sum_{\nu=1}^{n} [f(\xi_\nu) - f(\xi_{\nu-1})]$$

$$= \frac{b-a}{n} [f(b) - f(a)], \text{ also}$$

$$\lim_{n \to \infty} [O_{\mathfrak{Z}_n} - U_{\mathfrak{Z}_n}] = 0. \qquad \blacksquare$$

Übungsaufgabe

1. Zeigen Sie, daß folgende Funktionen über $[0, b]$ integrierbar sind:

a) $f(x) = \begin{cases} \dfrac{1-x}{1-\sqrt{x}}, & \text{falls } x \neq 1 \\[2mm] 2, & \text{falls } x = 1; \end{cases}$

b) $g(x) = \begin{cases} x^2, & \text{falls } x \leqslant 2 \\[1mm] x+3, & \text{falls } x > 2. \end{cases}$

6.4 Der Mittelwertsatz der Integralrechnung

Wir können zwar im allgemeinen Integrale für beliebige Funktionen noch nicht auf einfache Art und Weise ausrechnen — die numerische Ermittlung des Integrals als Grenzwert einer Folge von Ober-, Unter- oder Zwischensummen dürfte im allgemeinen eher schwerfällig sein —, aber wir sind jetzt schon in der Lage, den numerischen Wert des Integrals allgemein nach oben und unten abzuschätzen. Diese Schranken für das bestimmte Integral gibt uns der M i t t e l w e r t s a t z   d e r   I n t e g r a l r e c h n u n g.

Satz 6.11 *Sei* f *über* $I = [a, b]$ *integrierbar. Gilt für zwei Konstanten* α *und* β

$$\alpha \leqslant f(x) \leqslant \beta \qquad \forall\, x \in I,$$

dann gilt

$$\alpha(b-a) \leqslant \int_a^b f(x)\,dx \leqslant \beta(b-a).$$

B e w e i s : Ist $\mathfrak{Z}$ irgendeine Zerlegung von I, dann folgt aus

$$\alpha \leqslant f(x) \leqslant \beta \qquad \forall\, x \in I,$$

daß $\alpha(b-a) \leqslant U_{\mathfrak{Z}}$ und $O_{\mathfrak{Z}} \leqslant \beta(b-a)$.

Da im übrigen stets

$$U_{\mathfrak{Z}} \leqslant \int_a^b f(x)\,dx \leqslant O_{\mathfrak{Z}},$$

gilt die behauptete Abschätzung. ∎

Für stetige Funktionen läßt sich die Aussage des Mittelwertsatzes etwas schärfer formulieren.

Satz 6.12 Sei f : [a, b] → **R** stetig.
Dann gibt es ein $\Theta \in [0, 1]$, derart daß

$$\int_a^b f(x)\,dx = (b-a)\,f(a + \Theta(b-a)).$$

B e w e i s : Da f auf I = [a, b] stetig ist, gibt es nach Satz 3.7 ein $\hat{x} \in I$ und ein $\hat{y} \in I$ so, daß

$$f(\hat{x}) \leqslant f(x) \leqslant f(\hat{y}) \quad \forall\, x \in I.$$

Ferner ist f nach Satz 6.9 integrierbar.
Damit gilt nach Satz 6.11

$$(b-a)\,f(\hat{x}) \leqslant \int_a^b f(x)\,dx \leqslant (b-a)\,f(\hat{y}).$$

Mit f ist auch $(b-a) \cdot f$ eine stetige Funktion auf I, die nach dem Zwischenwertsatz (Satz 3.9) zwischen den Stellen $\hat{x}$ und $\hat{y}$ jeden Wert zwischen $(b-a)\,f(\hat{x})$ und $(b-a)\,f(\hat{y})$ annimmt. Da $\int_a^b f(x)\,dx$, wie soeben gezeigt, auch zwischen diesen Werten liegt, gibt es also eine Stelle ξ zwischen $\hat{x}$ und $\hat{y}$ so, daß

$$(b-a)\,f(\xi) = \int_a^b f(x)\,dx.$$

Da $\hat{x} \in I$ und $\hat{y} \in I$, liegt ξ dann auch zwischen a und b, d. h. es gibt ein $\Theta \in [0, 1]$ derart, daß

$$\xi = a + \Theta(b-a).$$

∎

Ist die zu integrierende Funktion f, der sog. I n t e g r a n d , stetig, dann gibt es also ein $\xi \in [a, b]$, so daß

$$\int\limits_a^b f(x)\, dx = (b - a)\, f(\xi),$$

d. h. $$f(\xi) = \frac{1}{b - a} \int\limits_a^b f(x)\, dx.$$

Die Größe $\dfrac{1}{b - a} \displaystyle\int\limits_a^b f(x)\, dx$ wird als I n t e g r a l m i t t e l w e r t bezeichnet. Anschaulich gibt er die Höhe des Rechteckes über dem Integrationsintervall an, das dieselbe Fläche hat wie das Flächenstück zwischen der Abszisse und dem Graphen der Funktion f, wie in Fig. 6.6 dargestellt.

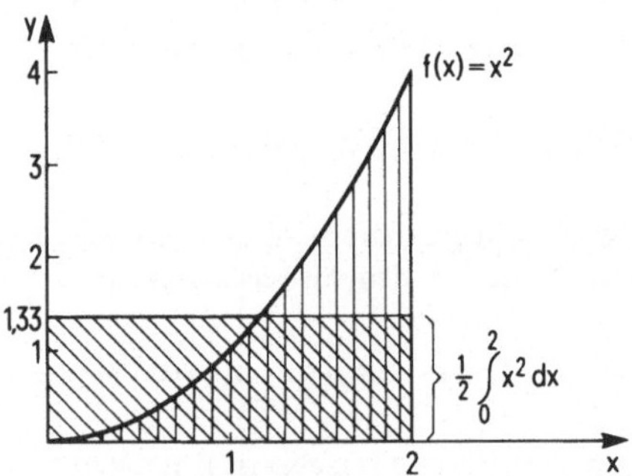

Fig. 6.6
Integralmittelwert

Übungsaufgaben

1. Bestimmen Sie mit Hilfe des Mittelwertsatzes der Integralrechnung eine möglichst große untere und eine möglichst kleine obere Schranke für das bestimmte Integral

$$\int\limits_0^{\pi/2} \frac{1}{\sqrt{5 - \cos^2 x}}\, dx.$$

2. Sei $f(x) = x - 5$ die über $[0, 8]$ zu integrierende Funktion. Bestimmen Sie den Integralmittelwert.

6.5 Die Stammfunktion

Wir haben im Satz 6.6 gesehen, daß eine Funktion f über dem Intervall $[a, b]$ genau dann integrierbar ist, wenn sie für ein beliebiges $t \in [a, b]$ über den Intervallen $[a, t]$ und $[t, b]$ integrierbar ist. Der Wert des Integrals $\int\limits_a^t f(x)\, dx$ hängt offenbar davon ab, wie wir $t \in [a, b]$ wählen, ist also eine Funktion von t. Diese Funktion — das Integral als Funktion der oberen Grenze —

$$F(t) = \int\limits_{a}^{t} f(x)\,dx$$

wird sich in vielen Fällen als für die Berechnung bestimmter Integrale nützlich erweisen. Wir wollen sie deshalb genauer ansehen.

Satz 6.13 *Sei f über* [a, b] *integrierbar. Dann ist*

$$F(t) = \int\limits_{a}^{t} f(x)\,dx$$

auf [a, b] *stetig.*

B e w e i s : Seien t und τ in [a, b] enthalten. Nach (6.2) und Satz 6.7 — Rechenregeln für bestimmte Integrale — gilt dann

$$F(t) - F(\tau) = \int\limits_{a}^{t} f(x)\,dx - \int\limits_{a}^{\tau} f(x)\,dx = \int\limits_{\tau}^{t} f(x)\,dx.$$

Da f als integrierbare Funktion beschränkt ist, gibt es ein K so, daß $|f(x)| \leqslant K \ \forall\, x \in [a,b]$. Damit folgt aus dem Mittelwertsatz der Integralrechnung

$$|F(t) - F(\tau)| = |\int\limits_{\tau}^{t} f(x)\,dx| \leqslant |t - \tau| \cdot K,$$

d. h. $\lim\limits_{\tau \to t} F(\tau) = F(t)$; also ist F stetig in t.   ∎

Für stetige Integranden f folgt sogar die Differenzierbarkeit von F. Daß die Differentiation gewissermaßen die inverse Operation der Integration ist, zeigt der sog. H a u p t - s a t z d e r I n f i n i t e s i m a l r e c h n u n g.

Satz 6.14 *Sei f auf* [a, b] *stetig. Dann ist*

$$F(t) = \int\limits_{a}^{t} f(x)\,dx \text{ in } (a, b)$$

differenzierbar und es gilt

$$\frac{dF(t)}{dt} = f(t) \qquad \forall\, t \in (a, b).$$

B e w e i s : Seien $t \in (a, b)$ und $\tau \in (a, b)$.
Nach dem Mittelwertsatz für stetige Funktionen, Satz 6.12, gilt für ein $\Theta_\tau \in (0, 1)$

$$F(\tau) - F(t) = \int\limits_{t}^{\tau} f(x)\,dx - \int\limits_{a}^{t} f(x)\,dx = \int\limits_{t}^{\tau} f(x)\,dx$$

$$= (\tau - t)\, f(t + \Theta_\tau(\tau - t)).$$

Demzufolge ist wegen der Stetigkeit von f

$$\frac{dF(t)}{dt} = \lim_{\tau \to t} \frac{F(\tau) - F(t)}{\tau - t} = \lim_{\tau \to t} f(t + \Theta_\tau(\tau - t)) = f(t). \qquad\blacksquare$$

Definition 6.6 *Sei die Funktion* f : I → **R** *gegeben. Jede Funktion* G : I → **R**, *für die*

$$\frac{dG(x)}{dx} = f(x) \qquad \forall\, x \in I$$

gilt, heißt S t a m m f u n k t i o n *von* f.

Nach Satz 6.14 hat also jede auf einem Intervall I stetige Funktion f sicher mindestens eine Stammfunktion G : I → **R**. Tatsächlich ist die Stammfunktion einer Funktion f nicht eindeutig festgelegt, da mit G′ = f auch für H = G + γ, γ = const., H′ = G′ = f gilt. Damit ist aber auch schon die ganze Vielfalt der Stammfunktionen erschöpft.

Satz 6.15 *Sei* f : I → **R** *gegeben und* F : I → **R** *eine Stammfunktion von* f. *Eine Funktion* G : I → **R** *ist ebenfalls Stammfunktion von* f *genau dann, wenn* G ≡ F + γ, γ = const.

B e w e i s : Daß mit F auch F + γ, γ = const., Stammfunktion von f ist, haben wir schon gesehen.

Seien nun umgekehrt F und G Stammfunktionen von f. Dann gilt $F'(x) = G'(x)$ $= f(x) \;\forall\, x \in I$. Danach gilt für die Funktion

$$H(x) = F(x) - G(x),$$

daß $\qquad H'(x) = F'(x) - G'(x) = 0 \qquad \forall\, x \in I.$

Sei $\hat{x} \in I$ beliebig gewählt und sei $H(\hat{x}) = \Gamma$. Nach dem Mittelwertsatz der Differentialrechnung gilt dann für ein geeignetes $\theta_x \in [0, 1]$ und $\forall\, x \in I, x \neq \hat{x}$:

$$\frac{H(x) - H(\hat{x})}{x - \hat{x}} = H'(\hat{x} + \theta_x(x - \hat{x})) = 0.$$

Folglich ist $H(x) = H(\hat{x}) = \Gamma \;\; \forall\, x \in I.$ $\qquad\qquad\blacksquare$

Zu einer Funktion f : I → **R** gibt es also entweder keine Stammfunktion oder gleich unendlich viele, da ja die additive Konstante γ in Satz 6.15 jeden beliebigen reellen Wert annehmen kann. Statt von dieser Klasse von unendlich vielen Stammfunktionen von f spricht man oft von dem sog. u n b e s t i m m t e n I n t e g r a l und bezeichnet dieses als

$$\int^x f(\xi)\, d\xi \quad \text{oder} \quad \int f(\xi)\, d\xi.$$

Jede beliebige Stammfunktion einer integrierbaren Funktion kann man nun zur Berechnung des bestimmten Integrals heranziehen.

Satz 6.16 *Sei* f *über* I = [a, b] *integrierbar und besitze die Stammfunktion* G. *Dann gilt*

$$\int_a^b f(x)\, dx = G(b) - G(a).$$

B e w e i s : Sei G Stammfunktion von f, also

$$G'(x) = f(x) \qquad \forall\, x \in I.$$

Sei $\mathfrak{Z}$ eine beliebige Zerlegung von $[a, b]$ mit

$$\mathfrak{Z} = \{I_\nu \mid \nu = 1, \ldots, N\},\ I_\nu = [\xi_{\nu-1}, \xi_\nu],\ \xi_0 = a,\ \xi_N = b.$$

Dann gilt

$$G(b) - G(a) = \sum_{\nu=1}^{N} [G(\xi_\nu) - G(\xi_{\nu-1})] = \sum_{\nu=1}^{N} (\xi_\nu - \xi_{\nu-1}) G'(\xi_{\nu-1} + \Theta_\nu(\xi_\nu - \xi_{\nu-1}))$$

$$= \sum_{\nu=1}^{N} (\xi_\nu - \xi_{\nu-1})\, f(\xi_{\nu-1} + \Theta_\nu(\xi_\nu - \xi_{\nu-1}))$$

nach dem Mittelwertsatz der Differentialrechnung, wobei $\Theta_\nu \in [0, 1]$, also $\xi_{\nu-1} + \Theta_\nu(\xi_\nu - \xi_{\nu-1}) \in I_\nu$, also $G(b) - G(a) = S_{\mathfrak{Z}}$, d. h. $G(b) - G(a)$ stimmt mit einer Riemann'schen Zwischensumme überein. Da nach Voraussetzung f über I integrierbar ist, konvergieren diese Zwischensummen für feiner werdende Zerlegungen gegen

$$\int_a^b f(x)\, dx, \text{ d. h. } G(b) - G(a) = \int_a^b f(x)\, dx. \qquad\blacksquare$$

Bemerkungen An dieser Stelle muß deutlich darauf hingewiesen werden, daß wir folgende Aussagen *nicht* gemacht haben:

a) Jede integrierbare Funktion besitzt eine Stammfunktion.

b) Hat f eine Stammfunktion, dann ist f integrierbar.

Diese Aussagen sind falsch! Wir zeigen das mit zwei Gegenbeispielen.

G e g e n b e i s p i e l z u a): Sei $f : [0, 1] \to \mathbf{R}$ folgendermaßen definiert:

$$f(x) = \begin{cases} 1 & \text{für } x = \dfrac{1}{2} \\[2ex] 0 & \text{sonst.} \end{cases}$$

Wählen wir eine Folge $\mathfrak{Z}_n$ äquidistanter Zerlegungen mit jeweils n Teilintervallen, dann fällt $x = \dfrac{1}{2}$ höchstens jeweils in zwei Teilintervalle. Also gilt für die Obersummen

$$O_{\mathfrak{Z}_n} \leq \frac{2}{n} \qquad \forall\, n \geq 1,$$

und für die Untersummen gilt offensichtlich

$$U_{\mathfrak{Z}_n} = 0 \qquad \forall\, n \geq 1.$$

Folglich gilt $\lim\limits_{n \to \infty} O_{\mathfrak{Z}_n} = \lim\limits_{n \to \infty} U_{\mathfrak{Z}_n} = 0$, und daher ist f über $[0, 1]$ integrierbar und

$$\int_0^1 f(x)\, dx = 0.$$

Analog gilt auch

$$\int\limits_0^t f(x)\,dx = 0 \qquad \forall\, t \in [0, 1].$$

Wäre F eine Stammfunktion von f, dann müßte, da f integrierbar ist, nach Satz 6.16 gelten:

$$F(t) - F(0) = \int\limits_0^t f(x)\,dx = 0 \qquad \forall\, t \in [0, 1],$$

d. h. $F(t) \equiv F(0) = \text{const.}$

Folglich wäre aber

$$F'(t) = 0 \qquad \forall\, t \in [0, 1]$$

und somit

$$F'\left(\frac{1}{2}\right) \neq f\left(\frac{1}{2}\right),$$

was der Annahme widerspricht, F sei Stammfunktion von f. Unsere Funktion f besitzt also auf [0, 1] keine Stammfunktion.

G e g e n b e i s p i e l z u b): Sei auf $I = [0, \pi]$ die Funktion g wie folgt definiert:

$$g(x) = \begin{cases} 0 & \text{für } x = 0 \\[2mm] \dfrac{3}{2}\, x^{\frac{1}{2}} \cos\dfrac{1}{x} + x^{-\frac{1}{2}} \sin\dfrac{1}{x} & \text{sonst.} \end{cases}$$

Dann hat g eine Stammfunktion G, nämlich

$$G(x) = \begin{cases} 0 & \text{für } x = 0 \\[2mm] x^{\frac{3}{2}} \cos\dfrac{1}{x} & \text{sonst.} \end{cases}$$

Denn für $x > 0$ ist

$$G'(x) = \frac{3}{2}\, x^{\frac{1}{2}} \cos\frac{1}{x} + x^{-\frac{1}{2}} \sin\frac{1}{x} = g(x),$$

und für $x = 0$ folgt sofort

$$G'(0) = \lim_{x \to 0} \frac{G(x) - G(0)}{x - 0} = \lim_{x \to 0} \frac{x^{\frac{3}{2}} \cos\dfrac{1}{x}}{x} = \lim_{x \to 0} x^{\frac{1}{2}} \cos\frac{1}{x} = 0 = g(0).$$

Also gilt

$$G'(x) = g(x) \qquad \forall\, x \in I.$$

Aber g ist über I nicht integrierbar. Denn definitionsgemäß setzt die Integrierbarkeit einer Funktion über einem Intervall ihre Beschränktheit voraus, die wegen des Ausdruckes $x^{-\frac{1}{2}} \sin\dfrac{1}{x}$ in g(x) für x nahe bei Null nicht gegeben ist.

Glücklicherweise trifft man in den Anwendungen sehr häufig stetige Integranden an, die, wie wir wissen, dann integrierbar sind und eine Stammfunktion besitzen. Sofern wir in der Lage sind, eine Stammfunktion zu finden, haben wir damit auch das Problem der Berechnung des bestimmten Integrals gelöst. Dafür wollen wir einige Beispiele geben.

Beispiel 6.1 a) Sei $f(x) = x^n$, $n \in \mathbf{N}$. Da f überall stetig ist, ist f nach Satz 6.9 integrierbar und besitzt nach Satz 6.14 eine Stammfunktion F. Wir müssen also eine Funktion F suchen, deren Ableitung mit f übereinstimmt. Offenbar ist

$$F(x) = \frac{x^{n+1}}{n+1}$$

eine solche Funktion. Nach Satz 6.16 ist dann

$$\int_a^b f(x)\,dx = F(b) - F(a),$$

also
$$\int_a^b x^n\,dx = \frac{b^{n+1}}{n+1} - \frac{a^{n+1}}{n+1}.$$

Wir verwenden inskünftig häufig die kürzere Schreibweise

$$F(b) - F(a) = [F(x)]_a^b . \tag{6.6}$$

b) Sei $p(x) = \sum\limits_{\nu=0}^n \alpha_\nu \cdot x^\nu$. Dieses Polynom ist überall stetig, also integrierbar, und besitzt eine Stammfunktion $P(x)$. Schreiben wir $p(x) = \sum\limits_{\nu=0}^n \alpha_\nu\, p_\nu(x)$ mit $p_\nu(x) = x^\nu$, $\nu = 0, \ldots, n$, dann kennen wir nach a) bereits Stammfunktionen $P_\nu(x)$ von $p_\nu(x)$, nämlich

$$P_\nu(x) = \frac{x^{\nu+1}}{\nu+1}, \nu = 0, 1, \ldots, n.$$

Aus Satz 6.8 folgt dann, daß

$$P(x) = \sum_{\nu=0}^n \alpha_\nu\, P_\nu(x) = \sum_{\nu=0}^n \alpha_\nu \frac{x^{\nu+1}}{\nu+1}$$

Stammfunktion von $p(x)$ ist. Insbesondere gilt

$$\int_a^b \left[\sum_{\nu=0}^n \alpha_\nu x^\nu \right] dx = \sum_{\nu=0}^n \alpha_\nu \frac{b^{\nu+1}}{\nu+1} - \sum_{\nu=0}^n \alpha_\nu \frac{a^{\nu+1}}{\nu+1} = \left[\sum_{\nu=0}^n \alpha_\nu \frac{x^{\nu+1}}{\nu+1} \right]_a^b .$$

In unserem einführenden Beispiel hatten wir $k(x) = 10 + 0{,}6x + 0{,}15x^2$ und wollten $\int_0^{10} k(x)\,dx$ bestimmen. Mit Hilfe der Stammfunktion

$$K(x) = 10x + 0{,}6\,\frac{x^2}{2} + 0{,}15\,\frac{x^3}{3} = 10x + 0{,}3x^2 + 0{,}05x^3$$

von k(x) finden wir jetzt leicht

$$\int_{0}^{10} k(x)\,dx = [10x + 0{,}3x^2 + 0{,}05x^3]_0^{10} = 180,$$

was wir in Tab. 6.1 schon recht gut angenähert haben.

c) Sei $g(x) = e^x$. Wie wir wissen, ist g überall differenzierbar und es gilt

$$g'(x) = e^x = g(x),$$

d. h. g ist zugleich ihre eigene Stammfunktion. Folglich gilt

$$\int_{a}^{b} e^x\,dx = [e^x]_a^b.$$

d) Sei $h(x) = \sin x$. Diese Funktion ist überall stetig, also integrierbar, und besitzt offenbar die Stammfunktion

$$H(x) = -\cos x,$$

da $H'(x) = h(x)$. Demzufolge gilt z. B.

$$\int_{0}^{\pi} \sin x\,dx = [-\cos x]_0^\pi = -(-1) - (-1) = 2.$$

Analog finden wir für

$$g(x) = \cos x$$

als Stammfunktion

$$G(x) = \sin x$$

und
$$\int_{0}^{\pi} \cos x\,dx = [\sin x]_0^\pi = 0 - 0 = 0,$$

was daher kommt, daß das Flächenstück über $\left[0, \dfrac{\pi}{2}\right]$ positiv – da hier $\cos x \geqslant 0$ –
und über $\left[\dfrac{\pi}{2}, \pi\right]$ negativ – da $\cos x \leqslant 0$ – zu nehmen ist und beide Flächen absolut
gleich groß sind (vgl. Fig. 6.7).

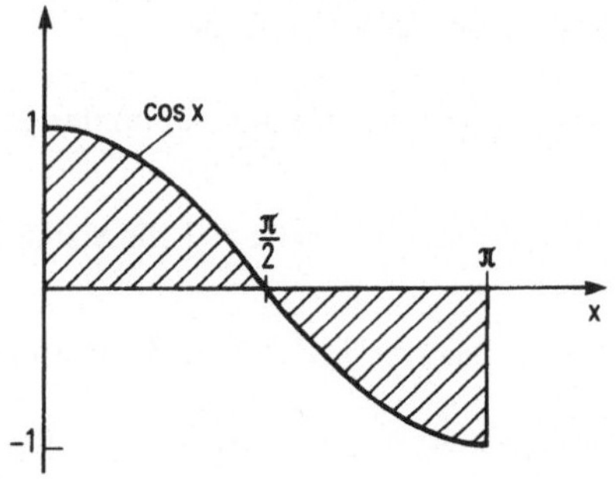

Fig. 6.7

$$\int_{0}^{\pi} \cos\,dx$$

Übungsaufgaben

1. Bestimmen Sie die Werte von t, für die gilt:

a) $\int\limits_{0}^{t} (x - 3)\, dx = 3{,}5;$ b) $\int\limits_{0}^{t} \sin x\, dx = 1.$

2. Die Grenzerlösfunktion eines Monopolisten laute $\dfrac{dE}{dq} = 100 - 8q$ (mit q als Absatzmenge). Bestimmen Sie die Preis-Absatzfunktion $p = p(q)$.

3. Bestimmen Sie folgende Ableitungen:

a) $\dfrac{d}{dt} \int\limits_{a}^{t} (b - c \cos x)\, dx;$ b) $\dfrac{d}{dt} \int\limits_{t}^{b} (x^3 + 7)\, dx.$

4. Bestimmen Sie folgende unbestimmte Integrale:

a) $\int e^{mx}\, dx;$ b) $\int \dfrac{(x^2 - 1)}{x}\, dx;$ c) $\int \sqrt{ax + b}\, dx;$ d) $\int \dfrac{e^x + e^{-x}}{e^x - e^{-x}}\, dx.$

5. Bestimmen Sie folgende bestimmte Integrale:

a) $\int\limits_{0}^{1} c \cdot \sqrt{x}\, dx;$ b) $\int\limits_{2}^{7} \dfrac{x}{1 + x^2}\, dx;$

c) $\int\limits_{0}^{3} |x^2 - 4|\, dx;$ d) $\int\limits_{0}^{2\pi} |\cos x|\, dx.$

6. Zeigen Sie, daß die Funktion

$$f(x) = \begin{cases} -1 & \text{für } 0 \leqslant x \leqslant 1 \\ 1 & \text{für } 1 < x \leqslant 3 \end{cases}$$

keine Stammfunktion besitzt, obwohl sie integrierbar ist (vgl. Übungsaufgabe 3 von Abschn. 6.1).

6.6 Partielle Integration und Variablensubstitution

Wir können nun für verhältnismäßig einfach darstellbare stetige Funktionen Stammfunktionen angeben, z. B. für

$$f(x) = x^n \text{ die Stammfunktion } F(x) = \frac{1}{n + 1} x^{n+1},$$

$$g(x) = \cos kx, k \neq 0, \text{ die Stammfunktion } G(x) = \frac{1}{k} \sin kx,$$

$$h(x) = e^{\alpha x}, \alpha \neq 0, \text{ die Stammfunktion } H(x) = \frac{1}{\alpha} e^{\alpha x},$$

und somit bestimmte Integrale dieser Funktionen über irgendwelchen Intervallen [a, b] ausrechnen. Im allgemeinen ist es jedoch nicht so leicht, Stammfunktionen zu finden, auch wenn die zu integrierenden Funktionen beispielsweise aus den oben genannten Integranden zusammengesetzt sind. Der Leser versuche z. B., für

$$f(x) = x^2 e^{-2x}$$

eine Stammfunktion zu erraten. Allgemein kann es schwierig sein, Funktionen der Form $g(x) = \varphi(x) \cdot \Psi(x)$ zu integrieren, selbst wenn wir Stammfunktionen von φ und Ψ kennen. Nehmen wir einmal an, wir haben ein Produkt stetig differenzierbarer Funktionen F und G. Dann ist also $F \cdot G$ auch stetig differenzierbar, und es gilt nach der Produktregel

$$\frac{d}{dx}(F(x) \cdot G(x)) = F'(x) \cdot G(x) + F(x) \cdot G'(x).$$

Nach unserer Annahme sind $F'G$ und FG' stetig, also auch integrierbar, und sie besitzen eine Stammfunktion nach Satz 6.14. Offenbar hat $\frac{d}{dx}(F \cdot G)$ die Stammfunktion $F \cdot G$. Also gilt

$$F(x) \cdot G(x) = \int^x F'(\xi) G(\xi) \, d\xi + \int^x F(\xi) G'(\xi) \, d\xi + \gamma,$$

wobei γ eine beliebige Konstante ist – Stammfunktionen sind nach Satz 6.15 bis auf additive Konstanten eindeutig bestimmt –, so daß wir $\gamma = 0$ wählen können.
Auf Grund der Produktregel gilt also

Satz 6.17 *Seien* f : I → **R** *stetig mit Stammfunktion F und* g : I → **R** *stetig differenzierbar. Dann ist* f · g *integrierbar und hat das unbestimmte Integral*

$$\int^x f(\xi) \cdot g(\xi) \, d\xi = F(x) \cdot g(x) - \int^x F(\xi)g'(\xi) d\xi. \tag{6.7}$$

B e w e i s : Nach Voraussetzung sind F und g differenzierbar, also auch $F \cdot g$. Ferner sind dann F und g stetig und nach Voraussetzung g' ebenfalls; also ist $F \cdot g'$ stetig und besitzt daher eine Stammfunktion $\int^x F(\xi) g'(\xi) \, d\xi$. Schließlich ist nach Voraussetzung $f \cdot g$ stetig und besitzt deshalb ebenfalls eine Stammfunktion und ist integrierbar. Folglich gilt nach der Produktregel

$$\frac{d}{dx}(F(x) \cdot g(x)) = f(x) \cdot g(x) + F(x)g'(x) = \frac{d}{dx}\left(\int^x f(\xi)g(\xi)d\xi + \int^x F(\xi)g'(\xi)d\xi\right).$$

Daher gilt

$$F(x) \cdot g(x) = \int^x f(\xi)g(\xi)d\xi + \int^x F(\xi)g'(\xi)d\xi + \gamma$$

mit einer beliebigen Konstanten γ, was für $\gamma = 0$ mit der Behauptung übereinstimmt. ∎

Man kann diesen Satz auch noch unter etwas schwächeren Voraussetzungen beweisen, nämlich

Korollar 6.18 *Sei* f : I → **R** *integrierbar und besitze die Stammfunktion* F. *Sei* g : I → **R** *differenzierbar und* g' *integrierbar. Dann gilt*

$$\int\limits^{x} f(\xi)g(\xi)\,d\xi = F(x)g(x) - \int\limits^{x} F(\xi)g'(\xi)\,d\xi.$$

Wir verzichten auf den Beweis, da wir die sog. p a r t i e l l e   I n t e g r a t i o n gemäß (6.7) praktisch fast ausschließlich unter den Voraussetzungen von Satz 6.17 anwenden. Als Merkregel für die partielle Integration können wir etwa mit den Funktionen u und v

$$\int\limits^{x} u\,v'\,d\xi = u \cdot v - \int\limits^{x} u'\,v\,d\xi$$

verwenden.

Beispiel 6.2 a) Gesucht sei $\int\limits_{0}^{\frac{\pi}{2}} x \cdot \sin x \, dx$. Setzen wir

$$u = x \Rightarrow u' = 1, \qquad v' = \sin x \Rightarrow v = -\cos x,$$

dann erhalten wir durch partielle Integration

$$\int\limits^{x} \xi \cdot \sin \xi \, d\xi = \int\limits^{x} u\,v'\,d\xi = u \cdot v - \int\limits^{x} u'\,v\,d\xi\,.$$
$$= -x \cos x + \int\limits^{x} 1 \cdot \cos \xi \, d\xi = -x \cos x + \sin x.$$

Also ist

$$\int\limits_{0}^{\frac{\pi}{2}} x \cdot \sin x \, dx = [-x \cos x + \sin x]_{0}^{\frac{\pi}{2}}$$
$$= \left(-\frac{\pi}{2} \cos \frac{\pi}{2} + \sin \frac{\pi}{2} \right) - (-0 \cdot \cos 0 + \sin 0) = \sin \frac{\pi}{2} = 1.$$

b) Zu bestimmen sei $\int\limits_{0}^{\pi} x^2 \cos x \, dx$. Mit

$$u = x^2 \Rightarrow u' = 2x, \qquad v' = \cos x \Rightarrow v = \sin x$$

erhalten wir

$$\int\limits^{x} \xi^2 \cos \xi \, d\xi = \int\limits^{x} u \cdot v'\,d\xi = u \cdot v - \int\limits^{x} u'\,v\,d\xi = x^2 \sin x - 2 \int\limits^{x} \xi \sin \xi \, d\xi$$
$$= x^2 \sin x - 2\,[-x \cos x + \sin x]$$

nach dem vorherigen Beispiel. Folglich ist

$$\int\limits_{0}^{\pi} x^2 \cos x \, dx = [x^2 \sin x + 2x \cos x - 2 \sin x]_{0}^{\pi} = -2\pi.$$

c) Gesucht sei eine Stammfunktion von $f(x) = x^2 e^{-2x}$, also die Lösung der am Anfang dieses Abschnittes gestellten Aufgabe.

Setzen wir

$$u = x^2 \Rightarrow u' = 2x, \qquad v' = e^{-2x} \Rightarrow v = -\frac{1}{2} e^{-2x},$$

dann folgt zunächst

$$\int^x \xi^2 e^{-2\xi}\, d\xi = \int^x u\, v'\, d\xi = u\, v - \int^x u'\, v\, d\xi = -\frac{1}{2} x^2 e^{-2x} + \int^x \xi e^{-2\xi}\, d\xi.$$

Wenden wir auf $\int^x \xi e^{-2\xi}\, d\xi$ mit $u = \xi$, $v' = e^{-2\xi}$ erneut die partielle Integration an, dann folgt

$$\int^x \xi e^{-2\xi}\, d\xi = -\frac{1}{2} x e^{-2x} + \frac{1}{2} \int^x e^{-2\xi}\, d\xi = -\frac{1}{2} x e^{-2x} - \frac{1}{4} e^{-2x}.$$

Also erhalten wir insgesamt

$$\int^x \xi^2 e^{-2\xi}\, d\xi = -\frac{1}{2} x^2 e^{-2x} - \frac{1}{2} x e^{-2x} - \frac{1}{4} e^{-2x}.$$

Offenbar kommt es darauf an, bei der partiellen Integration u und v' geschickt zu wählen, damit man schließlich tatsächlich ein Resultat erhält. Hätten wir z. B.

$$u = e^{-2x} \Rightarrow u' = -2e^{-2x}, \qquad v' = x^2 \Rightarrow v = \frac{1}{3} x^3$$

gewählt, dann hätten wir

$$\int^x \xi^2 e^{-2\xi}\, d\xi = \frac{1}{3} x^3 e^{-2x} + \frac{2}{3} \int^x \xi^3 e^{-2\xi}\, d\xi$$

erhalten; und $\int^x \xi^3 e^{-2\xi}\, d\xi$ ist sicher nicht einfacher zu bestimmen als $\int^x \xi^2 e^{-2\xi}\, d\xi$.

d) Gesucht sei $\int_0^\pi \cos^2 x\, dx$. Setzen wir

$$u = \cos x \Rightarrow u' = -\sin x, \qquad v' = \cos x \Rightarrow v = \sin x,$$

dann folgt

$$\int^x \cos^2 \xi\, d\xi = \cos x \sin x + \int^x \sin^2 \xi\, d\xi.$$

Wegen $\sin^2 \xi + \cos^2 \xi \equiv 1 \ \forall\ \xi$ folgt

$$\int^x \cos^2 \xi\, d\xi = \cos x \sin x + \int^x (1 - \cos^2 \xi)\, d\xi,$$

also $\quad 2 \int^x \cos^2 \xi\, d\xi = \cos x \sin x + \int^x d\xi = \cos x \sin x + x$

und damit

$$\int\limits^{x} \cos^2 \xi \, d\xi = \frac{\cos x \sin x + x}{2},$$

womit dann

$$\int\limits_{0}^{\pi} \cos^2 x \, dx = \left[\frac{\cos x \sin x + x}{2} \right]_{0}^{\pi} = \frac{\pi}{2}$$

wird.

e) In diesem Beispiel sehen wir besonders gut, daß es auf eine geschickte Wahl von u und v ankommt. Gesucht sei

$$\int\limits^{x} \xi^3 \cos \xi^2 \, d\xi.$$

Wählen wir

$$u = x^2 \Rightarrow u' = 2x, \qquad v' = x \cos x^2 \Rightarrow v = \frac{1}{2} \sin x^2,$$

dann erhalten wir, da $\dfrac{d}{dx} \cos x^2 = -2x \sin x^2$

$$\int\limits^{x} \xi^3 \cos \xi^2 \, d\xi = \frac{1}{2} x^2 \sin x^2 - \int\limits^{x} \xi \sin \xi^2 \, d\xi = \frac{1}{2} x^2 \sin x^2 + \frac{1}{2} \cos x^2.$$

f) Am Aktienmarkt werde das Verkäuferverhalten in Bezug auf eine bestimmte Aktie wie folgt beschrieben:

Steigt der Preis von ξ auf $\xi + \Delta\xi$ ($\Delta\xi$ klein), so betrage das zusätzliche Angebot dieser Aktie näherungsweise

$$\Delta A(\xi) = \Delta\xi \cdot \xi^2 \cdot e^{-0{,}02\xi},$$

d. h. die Situation kann im Modell durch

$$\frac{d\, A(\xi)}{d\xi} = \xi^2 \, e^{-0.02\xi}, \qquad \xi \geqslant 0$$

dargestellt werden. Wir sehen sofort, daß

$$\frac{d\, A(\xi)}{d\xi} > 0 \qquad \forall\, \xi > 0 \quad \text{und} \quad \frac{d\, A(0)}{d\xi} = 0.$$

Ferner folgt aus

$$\frac{d^2\, A(\xi)}{d\xi^2} = 2\xi \, e^{-0{,}02\xi} - 0{,}02\xi^2 \, e^{-0{,}02\xi} = \xi \cdot e^{-0{,}02\xi} [2 - 0{,}02\xi],$$

daß
$$\frac{d^2\, A(\xi)}{d\xi^2} \begin{cases} > 0 & \text{für } 0 < \xi < 100 \\ < 0 & \text{für } \qquad \xi > 100, \end{cases}$$

d. h. die Verkaufsneigung steigt bis zum Preis von 100 und nimmt für höher steigende Preise wieder ab. Unter der — vermutlich realistischen — Annahme $A(0) = 0$ möchte ein Interessent wissen, ob er allenfalls zum Preise von $x = 200$ eine $\frac{3}{4}$-Mehrheit des fraglichen Unternehmens erwerben kann. Nun ist mit $u = \xi^2$ und $v' = e^{-0,02\xi}$

$$\int_0^x \xi^2 \, e^{-0,02\xi} \, d\xi = \left[-\frac{1}{0,02} \xi^2 \, e^{-0,02\xi} \right]_0^x + \frac{2}{0,02} \int_0^x \xi \, e^{-0,02\xi} \, d\xi$$

und mit $u = \xi$, $v' = e^{-0,02\xi}$

$$\int_0^x \xi \, e^{-0,02\xi} \, d\xi = \left[-\frac{1}{0,02} \xi \, e^{-0,02\xi} \right]_0^x + \frac{1}{0,02} \int_0^x e^{-0,02\xi} \, d\xi$$

$$= \left[-\frac{1}{0,02} \xi \, e^{-0,02\xi} \right]_0^x - \left[\frac{1}{(0,02)^2} e^{-0,02\xi} \right]_0^x ,$$

so daß wir insgesamt erhalten:

$$\int_0^x \xi^2 \, e^{-0,02\xi} \, d\xi = \frac{2}{(0,02)^3} - e^{-0,02x} \left[\frac{x^2}{0,02} + \frac{2x}{(0,02)^2} + \frac{2}{(0,02)^3} \right] = A(x),$$

da $A(0) = 0$. Daraus sehen wir, daß

$$A(x) \leqslant \frac{2}{(0,02)^3} \qquad \forall \, x > 0$$

und $\qquad \lim_{x \to \infty} A(x) = \frac{2}{(0,02)^3} = 250\,000,$

woraus wir vermuten können, daß diese Zahl 250 000 dem gesamten Aktienvolumen der Unternehmung entspricht. Zum Preis von $x = 200$ würden danach

$$A(200) \approx 190\,474$$

angeboten, also etwas über $\frac{3}{4} \cdot 250\,000 = 187\,500$.

Zum Preise von 100 hätte der Interessent jedoch danach nur mit einem Angebot von

$$A(100) \approx 80\,831$$

rechnen können.

Die partielle Integration ist, wie die Beispiele veranschaulichen, oft ein nützliches Instrument, um eine Stammfunktion oder ein bestimmtes Integral zu ermitteln. Aber dieses Instrument ist nicht immer anwendbar. Haben wir etwa

$$f(x) = \frac{x}{(1 + x^2)^2} \cdot \cos \frac{1}{1 + x^2}$$

zu integrieren, dann hilft uns weder der Ansatz

$$u = \frac{x}{(1 + x^2)^2}, \qquad v' = \cos \frac{1}{1 + x^2}$$

noch der Ansatz

$$u = \cos \frac{1}{1 + x^2}, \qquad v' = \frac{x}{(1 + x^2)^2}$$

weiter, da wir im ersten Fall

$$\int^x \cos \frac{1}{1 + \xi^2} \, d\xi$$

und im zweiten Fall

$$\int^x \frac{\xi}{(1 + \xi^2)^2} \, d\xi$$

vermutlich nicht kennen. Nun können wir vermuten, daß in einer Stammfunktion von f die Funktion

$$H(x) = \sin \frac{1}{1 + x^2}$$

jedenfalls vorkommen sollte. Mit $\varphi(x) = \dfrac{1}{1 + x^2}$ ist $H(x) = \sin \varphi(x)$ und nach der Kettenregel

$$H'(x) = (\cos \varphi(x)) \cdot \varphi'(x) = -\frac{2x}{(1 + x^2)^2} \cos \frac{1}{1 + x^2} = -2f(x).$$

Folglich hat

$$f(x) = -\frac{1}{2} \varphi'(x) \cdot \cos \varphi(x) = g(\varphi(x)) \cdot \varphi'(x)$$

mit $g(y) = -\dfrac{1}{2} \cos y$ die Stammfunktion

$$-\frac{1}{2} H(x) = -\frac{1}{2} \sin \frac{1}{1 + x^2} = G(\varphi(x)),$$

wobei G offenbar eine Stammfunktion von g ist. Allgemein gilt ebenso

Satz 6.19 *Sei* f : I → **R** *stetig und* φ : [a, b] → I *stetig differenzierbar. Ist F Stammfunktion von* f, *dann gilt*

$$\int^x f(\varphi(\xi)) \cdot \varphi'(\xi) \, d\xi = F(\varphi(x))$$

und folglich

$$\int_a^b f(\varphi(\xi))\, \varphi'(\xi)\, d\xi = \int_{\varphi(a)}^{\varphi(b)} f(\eta)\, d\eta.$$

B e w e i s : Nach Voraussetzung ist $\varphi : [a, b] \to I$ stetig differenzierbar, also auch stetig. Ferner ist $f : I \to \mathbf{R}$ stetig. Demzufolge sind

$$f(\varphi) \text{ und } \varphi' \text{ auf } [a, b]$$

stetig und also auch ihr Produkt. Daher ist

$$f(\varphi) \cdot \varphi' \text{ über } [a, b]$$

integrierbar und besitzt dort eine Stammfunktion. Ist F Stammfunktion von f, also

$$F'(y) = f(y) \qquad \forall\, y \in I,$$

dann gilt nach der Kettenregel

$$\frac{d}{dx} F(\varphi(x)) = F'(\varphi(x)) \cdot \varphi'(x) = f(\varphi(x)) \cdot \varphi'(x) \qquad \forall\, x \in [a, b].$$

Also ist $F(\varphi(x))$ Stammfunktion von $f(\varphi(x)) \cdot \varphi'(x)$ und es gilt

$$\int_a^b f(\varphi(x))\, \varphi'(x)\, dx = F(\varphi(b)) - F(\varphi(a)) = \int_{\varphi(a)}^{\varphi(b)} f(y)\, dy. \qquad \blacksquare$$

Das in diesem Satz beschriebene Vorgehen ist also so zu verstehen, daß man die Integrationsvariable x durch eine geeignete Integrationsvariable $y = \varphi(x)$ ersetzt, sofern für den Integranden als Funktion von y dann leichter eine Stammfunktion zu finden ist. Man nennt deshalb diese Methode die S u b s t i t u t i o n d e r V a r i a b l e n oder V a r i a b l e n s u b s t i t u t i o n. Man muß dabei beachten, daß man die dann auftretende Funktion φ' nicht vergißt.

Beispiel 6.3 a) Sei f integrierbar mit Stammfunktion F. Wollen wir $\int^x f(\alpha\xi + \beta)\, d\xi$ für beliebige Konstanten $\alpha \neq 0$ und β bestimmen, dann setzen wir $\varphi(x) = \alpha x + \beta \Rightarrow \varphi'(x) = \alpha$. Damit ist nach Satz 6.19

$$\int^x f(\alpha\xi + \beta)\, d\xi = \int^x \frac{1}{\alpha} f(\varphi(\xi))\, \varphi'(\xi)\, d\xi = \frac{1}{\alpha} \int^x f(\varphi(\xi))\, \varphi'(\xi)\, d\xi$$

$$= \frac{1}{\alpha} F(\varphi(x)) = \frac{1}{\alpha} F(\alpha x + \beta).$$

Beispielsweise folgt daraus

$$\int^x \cos(\alpha\xi + \beta)\, d\xi = \frac{1}{\alpha} \sin(\alpha x + \beta).$$

b) In der Wahrscheinlichkeitsrechnung tritt häufig die sog. N o r m a l v e r t e i l u n g auf mit einer Dichtefunktion

$$f(x) = \frac{1}{\sqrt{2\pi\sigma^2}}\, e^{-\frac{(x-\mu)^2}{2\sigma^2}},$$

wobei die Parameter μ und $\sigma(\sigma \neq 0)$ fest gewählt sind. Die Wahrscheinlichkeit für $x \in [a, b]$ ist dann

$$P([a, b]) = \int\limits_a^b f(x)\, dx.$$

Setzen wir $y = \varphi(x) = \dfrac{x-\mu}{\sigma}$, dann ist $\varphi' = \dfrac{1}{\sigma}$, und wir erhalten aus Satz 6.19

$$P([a, b] = \int\limits_a^b f(x)\, dx = \int\limits_{\varphi(a)}^{\varphi(b)} \Psi(y)\, dy$$

mit $\Psi(y) = \dfrac{1}{\sqrt{2\pi}}\, e^{-\frac{y^2}{2\pi}}$; d. h. also

$$P([a, b]) = \frac{1}{\sqrt{2\pi}} \int\limits_{\frac{a-\mu}{\sigma}}^{\frac{b-\mu}{\sigma}} e^{-\frac{y^2}{2}}\, dy.$$

Eine Stammfunktion $\Phi(y)$ von $\Psi(y)$, die Verteilungsfunktion der sog. S t a n d a r d - n o r m a l v e r t e i l u n g , ist aber sehr gut vertafelt, so daß wir damit $P([a, b])$ recht gut bestimmen können.

c) Sei $f(x) = \dfrac{1}{x}$ definiert für $x > 0$. Dann ist f stetig, und daher existiert

$$\int\limits_1^x f(\xi)\, d\xi = \int\limits_1^x \frac{1}{\xi}\, d\xi \qquad \forall\, x > 0.$$

Sei $\gamma > 0$ eine beliebige Konstante. Dann gilt für $\varphi(\xi) = \gamma\,\xi$ offenbar $\varphi'(\xi) = \gamma$.
Also ist

$$\int\limits_1^x \frac{1}{\xi}\, d\xi = \int\limits_1^x \frac{\gamma}{\gamma\xi}\, d\xi = \int\limits_1^x \frac{1}{\varphi(\xi)}\, \varphi'(\xi)\, d\xi = \int\limits_{\varphi(1)}^{\varphi(x)} \frac{1}{\eta}\, d\eta.$$

Ist F eine Stammfunktion von f, dann gilt also

$$F(x) - F(1) = F(\gamma x) - F(\gamma).$$

Wählen wir diese Stammfunktion so, daß $F(1) = 0$ — über eine additive Konstante können wir ja beim unbestimmten Integral verfügen —, dann folgt

$$F(\gamma \cdot x) = F(\gamma) + F(x),$$

d. h. F verhält sich wie $g(x) = \ln x$.

In der Tat ist nun $\dfrac{d}{dx} \ln x = \dfrac{1}{x}$, $x > 0$, wie wir bereits wissen. Also ist

$$\int\limits_{1}^{x} \frac{1}{\xi}\, d\xi = \ln x.$$

Übungsaufgaben

1. Bestimmen Sie folgende Integrale mittels partieller Integration:

a) $\int\limits_{1}^{e} x^4 \cdot \ln x\, dx$;   b) $\int\limits_{1}^{e} \ln x\, dx$;

c) $\int\limits_{0}^{\pi} \sin^2 x\, dx$;   d) $\int\limits_{0}^{\pi} e^x \cdot \sin x\, dx$.

2. Bestimmen Sie folgende Integrale mittels Substitutionsmethode:

a) $\int (7 \cos (5x - 3) + 9x^3)\, dx$;   b) $\int (2 - 3x)^7\, dx$;

c) $\int \sqrt{1 + \dfrac{x}{4}}\, dx$;   d) $\int\limits_{-2}^{-1/3} \dfrac{2}{4 - 3x}\, dx$;   e) $\int\limits_{0}^{\pi} \sin 5x\, dx$.

3. Berechnen Sie die Ellipsenfläche $E: \dfrac{x^2}{a^2} + \dfrac{y^2}{b^2} \leqslant 1$ mittels Substitutionsmethode.

6.7 Uneigentliche Integrale

Nach den Definitionen 6.4 und 6.5 haben wir für das bestimmte Integral und die eigentliche Integrierbarkeit vorausgesetzt, daß der Integrand f auf dem beschränkten Integrationsbereich I beschränkt ist. Nun treten in den Anwendungen oft Probleme auf, zu deren Lösung man entweder eine unbeschränkte Funktion über ein Intervall oder eine Funktion über einen unbeschränkten Integrationsbereich integrieren sollte.

B e i s p i e l e dafür sind:

a) Der Barwert einer „ewigen" kontinuierlichen Rente; hier nehmen wir an, im sehr kleinen Zeitintervall $(t, t + \Delta t)$ werde eine Rente $k(t) \cdot \Delta t$ ausgezahlt. Beim Zinssatz i ist der Barwert dieser Zahlung, also der auf den Zeitpunkt $t_0 = 0$ abgezinste Wert, gleich $k(t) \cdot \Delta t \cdot \dfrac{1}{(1 + i)^t}$.

Läuft die Rentenzahlung vom Zeitpunkt $t_0 = 0$ bis zu einem festen Zeitpunkt $t_1 = T$, dann ist der gesamte Barwert die Summe der Barwerte über den einzelnen Teilintervallen Δt, bei beliebiger Verfeinerung dieser Intervalle $(\Delta t \to 0)$ also

$$E(T) = \int\limits_{0}^{T} k(t)\, (1 + i)^{-t}\, dt,$$

was mit $\alpha = \ln(1 + i)$ zu

$$E(T) = \int_0^T k(t)\, e^{-\alpha t}\, dt$$

wird. Ist etwa $k(t) = 1$, dann wird

$$E(T) = \int_0^T e^{-\alpha t}\, dt = -\frac{1}{\alpha}\, e^{-\alpha t}\Big]_0^T = \frac{1}{\alpha}\,(1 - e^{-\alpha T}).$$

Wir sehen, daß $E(T)$ eine in T monoton wachsende, beschränkte Funktion ist, $E(T) < \frac{1}{\alpha}\ \forall\, T > 0$. Ferner gilt offenbar $\lim_{T \to \infty} E(T) = \frac{1}{\alpha}$, d. h. die ewige Rente 1 hat den Barwert $\frac{1}{\alpha} = \frac{1}{\ln(1 + i)}$. Formal entspricht dieser Barwert dem Ausdruck

$$\int_0^\infty e^{-\alpha t}\, dt;$$ aber dieses Integral mit unbeschränktem Integrationsbereich ist mit unserem Begriff der e i g e n t l i c h e n I n t e g r i e r b a r k e i t nicht verträglich.

b) Sei

$$f(x) = \begin{cases} 0 & \text{für } x = 0 \\[2mm] \dfrac{1}{\sqrt{x}} & \text{für } x > 0. \end{cases}$$

Diese Funktion ist über dem Intervall $[0, 1]$ nicht eigentlich integrierbar, weil sie über $[0, 1]$ nicht beschränkt ist. Andererseits ist f auf jedem Intervall $[\tau, 1]$ mit $0 < \tau < 1$ stetig und folglich über $[\tau, 1]$ integrierbar ($\tau > 0$). Offenbar gilt

$$\int_\tau^1 \frac{1}{\sqrt{x}}\, dx = 2\sqrt{x}\,\Big]_\tau^1 = 2 - 2\sqrt{\tau}\qquad \forall\, \tau > 0.$$

Folglich haben wir

$$\lim_{\tau \to 0} \int_\tau^1 \frac{1}{\sqrt{x}}\, dx = 2.$$

c) Bei Bedienungsproblemen wird häufig eine exponentialverteilte Bedienungszeit der einzelnen Bedienungsstationen angenommen, d. h. die Wahrscheinlichkeit dafür, daß die Bedienungszeit in das Intervall $[t, t + \Delta t]$ fällt, ist für kleine Δt ungefähr gleich $\lambda \cdot e^{-\lambda t} \cdot \Delta t$, wobei $\lambda > 0$ konstant ist. Natürlich gilt diese Annahme nur für $t \geqslant 0$, da negative Bedienungszeiten nicht auftreten. Um die mittlere, d. h. die durchschnittliche Bedienungszeit zu bestimmen, hat man das gewichtete Mittel aus allen möglichen Bedienungszeiten t gewichtet mit der jeweiligen Wahrscheinlichkeit

$$\lambda \cdot e^{-\lambda t}\, \Delta t$$

zu bilden, für beliebige Verfeinerungen von Δt also das Integral

$$\int_a^b t \cdot \lambda\, e^{-\lambda t}\, dt$$

auszurechnen, wobei wir die Grenzen a und b noch festlegen müssen: Da wir über alle möglichen Bedienungszeiten, also über alle $t \geqslant 0$ mitteln, muß a = 0 sein, da aber die Bedienungszeiten nach oben nicht beschränkt sind bei dieser Verteilung, muß b = ∞ sein, d. h. wir suchen

$$\int_0^\infty \lambda \cdot t\, e^{-\lambda t}\, dt,$$

was nicht unter unseren Begriff der eigentlichen Integrale fällt. Nun ist offenbar — partielle Integration —

$$\int_0^T \lambda t\, e^{-\lambda t}\, dt = [-t\, e^{-\lambda t}]_0^T + \int_0^T e^{-\lambda t}\, dt = [-t\, e^{-\lambda t}]_0^T + \left[-\frac{1}{\lambda}\, e^{-\lambda t}\right]_0^T$$

$$= \frac{1}{\lambda} - \frac{1}{\lambda}\, e^{-\lambda T} - T\, e^{-\lambda T},$$

woraus für $T \to \infty$ die mittlere Bedienungszeit E t folgt als

$$E\, t = \frac{1}{\lambda}.$$

Aus diesen Beispielen wird deutlich, daß unser bisheriger Integralbegriff nicht für alle Anwendungsprobleme ausreicht. Deshalb führen wir die u n e i g e n t l i c h e n I n t e g r a l e ein.

Definition 6.7 a) *Sei f für alle* x > a *über* [a, x] *eigentlich integrierbar und*

$$F(x) = \int_a^x f(\xi)\, d\xi.$$

Existiert $\lim\limits_{x \to \infty} F(x)$, *dann heißt*

$$\int_a^\infty f(\xi)\, d\xi = \lim_{x \to \infty} \int_a^x f(\xi)\, d\xi$$

ein u n e i g e n t l i c h e s I n t e g r a l *von* f *über* [a, ∞] *und* f *über* [a, ∞) u n e i g e n t - l i c h i n t e g r i e r b a r.

Analog ist

$$\int_{-\infty}^a f(\xi)\, d\xi = \lim_{y \to -\infty} \int_y^a f(\xi)\, d\xi.$$

Wenn beide Grenzwerte existieren, dann ist

$$\int\limits_{-\infty}^{\infty} f(\xi)\, d\xi = \int\limits_{-\infty}^{a} f(\xi)\, d\xi + \int\limits_{a}^{\infty} f(\xi)\, d\xi.$$

b) *Ist f über* [a, b] *nicht eigentlich integrierbar, existieren aber für alle ρ und τ mit*

$a < \rho < \tau < b$ *die eigentlichen Integrale* $\int\limits_{\rho}^{\tau} f(\xi)\, d\xi$ *und existiert* $\lim\limits_{\rho \to a} \lim\limits_{\tau \to b} \int\limits_{\rho}^{\tau} f(\xi)\, d\xi$,
dann heißt

$$\int\limits_{a}^{b} f(\xi)\, d\xi = \lim\limits_{\rho \to a} \lim\limits_{\tau \to b} \int\limits_{\rho}^{\tau} f(\xi)\, d\xi$$

ein u n e i g e n t l i c h e s I n t e g r a l *von* f *über* [a, b] *und* f *über* [a, b]
u n e i g e n t l i c h i n t e g r i e r b a r.

Nach unseren obigen Beispielen sind also

$$f(t) = e^{-\alpha t} \text{ über } [0, \infty),$$

$$g(x) = \frac{1}{\sqrt{x}} \text{ über } [0, 1]$$

und $h(t) = \lambda \cdot t \cdot e^{-\lambda t}$ über $[0, \infty)$

uneigentlich integrierbar.

Wir sagen, $\int\limits_{0}^{\infty} f(t)\, dt$, $\int\limits_{0}^{1} g(x)\, dx$ und $\int\limits_{0}^{\infty} h(t)\, dt$ seien k o n v e r g e n t. Ist eine Funktion nicht uneigentlich integrierbar über einem Integrationsbereich, dann nennen wir
das I n t e g r a l dort n i c h t k o n v e r g e n t oder auch d i v e r g e n t.

Beispiel 6.4 a) $\int\limits_{1}^{\infty} \frac{1}{z}\, dz$ ist divergent; denn nach Beispiel 6.3c) ist

$$\int\limits_{1}^{x} \frac{1}{z}\, dz = \ln x \text{ und } \ln x \to \infty \text{ für } x \to \infty.$$

b) $\int\limits_{1}^{\infty} \frac{1}{z^2}\, dz$ ist konvergent; denn für $x > 1$ ist

$$\int\limits_{1}^{x} \frac{1}{z^2}\, dz = \left[-\frac{1}{z} \right]_{1}^{x} = 1 - \frac{1}{x}$$

und daher

$$\lim\limits_{x \to \infty} \int\limits_{1}^{x} \frac{1}{z^2}\, dz = 1.$$

c) $\int\limits_{-\infty}^{\infty} x\, dx$ ist divergent; denn wegen $\int\limits^{x} \xi\, d\xi = \dfrac{x^2}{2}$ haben wir

$$\lim_{x\to\infty} \int\limits_{a}^{x} \xi\, d\xi = \lim_{x\to\infty}\left[\frac{x^2}{2} - \frac{a^2}{2}\right] = \infty$$

und $\qquad \lim\limits_{x\to -\infty} \int\limits_{x}^{a} \xi\, d\xi = \lim\limits_{x\to\infty}\left[\dfrac{a^2}{2} - \dfrac{x^2}{2}\right] = -\infty,$

so daß nach Definition 6.7a) das uneigentliche Integral $\int\limits_{-\infty}^{\infty} x\, dx$ nicht konvergiert. Es ist hier wichtig zu beachten, daß Definition 6.7a) für die Existenz von $\int\limits_{-\infty}^{\infty} f(x)\, dx$ verlangt, daß die Grenzwerte $\int\limits_{a}^{\infty} f(x)\, dx$ *und* $\int\limits_{-\infty}^{a} f(x)\, dx$ existieren, was bedeutet, daß in

$$\int\limits_{-\infty}^{\infty} f(\xi)\, d\xi = \lim_{\substack{x\to\infty\\ y\to\infty}} \int\limits_{-y}^{x} f(\xi)\, d\xi$$

x und y voneinander völlig unabhängige Folgen durchlaufen können. Beschränken wir uns beispielsweise auf miteinander verbundene Folgen nach der Vorschrift x = y, dann haben wir es mit dem sog. C a u c h y ' s c h e n H a u p t w e r t $\lim\limits_{x\to\infty} \int\limits_{-x}^{x} f(\xi)\, d\xi$ zu tun, der auch dann existieren kann, wenn $\int\limits_{-\infty}^{\infty} f(\xi)\, d\xi$ nicht existiert, etwa in unserem Beispiel

$$\lim_{x\to\infty} \int\limits_{-x}^{x} \xi\, d\xi = \lim_{x\to\infty}\left[\frac{x^2}{2} - \frac{x^2}{2}\right] = 0.$$

Analog wie bei unendlichen Reihen können wir auch für uneigentliche Integrale ein K o n v e r g e n z k r i t e r i u m angeben.

Satz 6.20 *Sei f über jedem Teilintervall von* $[a, \infty)$ *eigentlich integrierbar.*

$$\int\limits_{a}^{\infty} f(x)\, dx$$

konvergiert genau dann, wenn es zu jedem $\epsilon > 0$ *eine Zahl* $x_0(\epsilon) \geqslant a$ *gibt derart, daß*

$$\left|\int\limits_{x}^{y} f(\xi)\, d\xi\right| < \epsilon \text{ für alle } x > x_0(\epsilon) \text{ und alle } y > x_0(\epsilon).$$

B e w e i s : Die behauptete Bedingung ist notwendig; denn wenn $F(x) = \int\limits_{a}^{x} f(\xi)\, d\xi$ für $x\to\infty$ gegen einen Wert $\alpha = \lim\limits_{x\to\infty} F(x)$ konvergieren soll, dann muß nach Satz 3.3 zu jedem $\epsilon > 0$ ein $\gamma(\epsilon)$ existieren so, daß $|F(x) - \alpha| < \epsilon \ \ \forall\, x > \gamma(\epsilon).$

Mit $x_0(\epsilon) = \gamma\left(\frac{|\epsilon}{2}\right)$ folgt für $x > x_0(\epsilon)$ und $y > x_0(\epsilon)$

$$|\int\limits_x^y f(\xi)\, d\xi| = |F(y) - F(x)| \leqslant |F(y) - \alpha| + |F(x) - \alpha| < \frac{\epsilon}{2} + \frac{\epsilon}{2} = \epsilon.$$

Die behauptete Bedingung ist aber auch hinreichend für die Konvergenz von $\int\limits_a^\infty f(x)\, dx$.

Sei nämlich $y_0 \geqslant a$ beliebig gewählt und dann $y_n = y_0 + n, n = 1, 2, \ldots$. Zu jedem $\epsilon > 0$ gibt es dann sicher ein $N(\epsilon)$ derart, daß $y_{N(\epsilon)} > x_0(\epsilon)$.

Folglich gilt für $F(y) = \int\limits_a^y f(x)\, dx$, falls $n > N(\epsilon)$ und $m > N(\epsilon)$,

$$|F(y_n) - F(y_m)| = |\int\limits_{y_m}^{y_n} f(x)\, dx| < \epsilon.$$

Also ist $\{F(y_n)\}_{n \in \mathbf{N}}$ eine Cauchy-Folge und hat einen Grenzwert α. Für ein beliebiges $y > x_0(\epsilon)$ gilt schließlich

$$|F(y) - \alpha| \leqslant |F(y) - F(y_n)| + |F(y_n) - \alpha| = |\int\limits_{y_n}^y f(x)\, dx| + |F(y_n) - \alpha|$$

$$\leqslant \epsilon \text{ für } n \to \infty, \text{ da dann } y_n > x_0(\epsilon) \text{ und } F(y_n) \to \alpha. \qquad \blacksquare$$

Ist f eine über dem Intervall [a, b] integrierbare Funktion, dann gilt für jede Riemann'sche Zwischensumme nach der Dreiecksungleichung, da $\xi_\nu - \xi_{\nu-1} > 0$,

$$|S_3(f)| = |\sum_{\nu=1}^n (\xi_\nu - \xi_{\nu-1})\, f(x_\nu)|$$

$$\leqslant \sum_{\nu=1}^n (\xi_\nu - \xi_{\nu-1})|f(x_\nu)| = S_3(|f|).$$

Folglich gilt nach dem Grenzübergang zum Integral

$$|\int\limits_a^b f(x)\, dx| \leqslant \int\limits_a^b |f(x)|\, dx, \tag{6.8}$$

wobei man sich leicht überlegt, daß aus der (eigentlichen) Integrierbarkeit von f auch diejenige von $|f|$ über [a, b] folgt. Eben dieser Schluß ist für uneigentliche Integrale nicht mehr zulässig, wie das folgende Beispiel zeigt: Sei

$$f(t) = (-1)^{\nu+1} \cdot \frac{1}{\nu} \quad \text{für } \nu - 1 \leqslant t < \nu, \nu = 1, 2, 3, \ldots .$$

Dann ist $\int\limits_0^\infty f(t)\, dt = \sum_{\nu=1}^\infty (-1)^{\nu+1} \cdot \frac{1}{\nu}$

konvergent, wie wir aus Beispiel 2.6 wissen. Hingegen ist

$$\int\limits_0^\infty |\,f(t)|\ dt = \sum_{\nu = 1}^\infty \frac{1}{\nu}$$

die harmonische Reihe, also divergent.

Definition 6.8 *Sei f über jedem Teilintervall von* $[a, \infty)$ *eigentlich integrierbar. Das Integral* $\int\limits_a^\infty f(x)\ dx$ *heißt* a b s o l u t k o n v e r g e n t , *wenn* $\int\limits_a^\infty |\,f(x)|\ dx$ *konvergent ist.*

Ähnlich wie für unendliche Reihen haben wir auch hier Vergleichskriterien für absolute Konvergenz.

Satz 6.21 *Sei* $g(x) \geqslant 0\ \ \forall\, x \in [a, \infty)$ *und* $\int\limits_a^\infty g(x)\ dx$ *konvergiere. Ist f über jedem Teilintervall von* $[a, \infty)$ *eigentlich integrierbar, und gibt es ein* $x_0 \geqslant a$ *derart, daß*

$$|f(x)| \leqslant g(x)\ \ \forall\, x \geqslant x_0, \textit{dann ist } \int\limits_a^\infty f(t)\ dt \textit{ absolut konvergent.}$$

B e w e i s : Sei $x_1 \geqslant x_0$ so gewählt, daß

$$\left|\int\limits_x^y g(t)\ dt\right| < \epsilon \qquad \forall\, x > x_1 \quad \text{und} \quad \forall\, y > x_1$$

(vgl. Satz 6.20). Dann folgt

$$\left|\int\limits_x^y |f(t)|\,dt\,\right| \leqslant \left|\int\limits_x^y g(t)\ dt\right| < \epsilon;$$

damit ist $\int\limits_a^\infty |\,f(t)|\ dt$ nach Satz 6.20 konvergent. $\blacksquare$

Satz 6.22 *Sei f über jedem Teilintervall von* $[a, \infty)$ *integrierbar.*
a) *Gibt es Konstanten* $\alpha > 1$ *und K so, daß*

$$|x^\alpha f(x)| \leqslant K \qquad \forall\, x > \max\{a, 0\},$$

dann ist $\int\limits_a^\infty f(x)\ dx$ *absolut konvergent.*

b) *Gibt es Konstanten* $\alpha \leqslant 1$ *und* $L > 0$ *derart, daß*

$$\text{sign } f(x) = \text{const} \quad \textit{und} \quad |x^\alpha f(x)| \geqslant L \qquad \forall\, x > \max\{a, 0\},$$

dann ist $\int\limits_a^\infty f(x)\ dx$ *divergent.*

B e w e i s : a) Unter unseren Voraussetzungen ist für $b = \max\{0, a\} + 1 \geqslant 1$ $\int\limits_b^\infty |\,f(x)|\ dx$ konvergent, da dann mit $\alpha > 1$ und $y > b$

$$|f(x)| \leqslant \frac{K}{x^\alpha} \quad \text{und} \quad \int_b^y \frac{K}{x^\alpha}\, dx = \frac{K}{1-\alpha}\left[\frac{1}{x^{\alpha-1}}\right]_b^y$$

mit
$$\lim_{y \to \infty} \int_b^y \frac{K}{x^\alpha}\, dx = \frac{K}{(\alpha-1)\, b^{\alpha-1}}.$$

Mit $g(x) = \dfrac{K}{x^\alpha}$ folgt also die Behauptung aus Satz 6.21.

b) Wählen wir wie eben $b = \max\{0, a\} + 1 \geqslant 1$, dann gilt nach Voraussetzung, da $f(x)$ für $x > a$ das Vorzeichen nicht mehr wechselt, für $y > b$

$$|\int_b^y f(x)\, dx| = \int_b^y |f(x)|\, dx \geqslant \int_b^y \frac{L}{x^\alpha}\, dx \geqslant \int_b^y \frac{L}{x}\, dx \ ,$$

da $\alpha \leqslant 1$. Daher gilt

$$|\int_b^y f(x)\, dx| \geqslant \int_b^y \frac{L}{x}\, dx = L \cdot [\ln y - \ln b].$$

Da $\ln y \to \infty$ für $y \to \infty$, ist damit die Behauptung bewiesen. ∎

Beispiel 6.5 Wir kennen schon die Dichtefunktion der Standardnormalverteilung aus Beispiel 6.3, nämlich

$$\Psi(y) = \frac{1}{\sqrt{2\pi}}\, e^{-\frac{y^2}{2}}.$$

In der Wahrscheinlichkeitsrechnung interessiert man sich für die sog. n - t e n M o m e n t e , die für jede Dichte f definiert sind als

$$M_n = \int_{-\infty}^{\infty} x^n f(x)\, dx.$$

Wir wollen zeigen, daß speziell für die Dichte Ψ die Momente

$$M_n = \int_{-\infty}^{\infty} y^n \Psi(y)\, dy = \frac{1}{\sqrt{2\pi}} \int_{-\infty}^{\infty} y^n e^{-\frac{y^2}{2}}\, dy$$

für alle $n \in \mathbf{N}$ existieren.

Betrachten wir zunächst die Hilfsfunktion ($n \in \mathbf{N}$ beliebig)

$$h(x) = (n+2) \ln x - x \quad \text{über } [+1, \infty).$$

Dann ist

$$h'(x) = \frac{n+2}{x} - 1,$$

insbesondere für $x_0 = n + 2$ also

$$h'(x_0) = 0 \quad \text{und} \quad h''(x) = -\frac{n+2}{x^2} < 0 \qquad \forall\, x \geqslant 1.$$

Also hat h in $x_0 = n + 2$ ein globales Maximum

$$h(x_0) = (n + 2)\ln(n + 2) - (n + 2),$$

so daß mit $K = e^{h(x_0)}$ gilt

$$h(x) \leqslant \ln K \qquad \forall\, x \geqslant 1$$

und daher

$$x^{n+2}\, e^{-x} = x^2 \cdot x^n\, e^{-x} \leqslant K \qquad \forall\, x \geqslant 1.$$

Nach Satz 6.22a) ist daher

$$\int_1^\infty x^n\, e^{-x}\, dx$$

absolut konvergent. Da $0 < x^n\, e^{-x^2} < x^n\, e^{-x} \ \forall\, x \geqslant 1$, ist nach Satz 6.21 dann auch

$$\int_1^\infty x^n\, e^{-x^2}\, dx$$

absolut konvergent. Mit der Variablensubstitution $y = x \cdot \sqrt{2}$ ist dann auch

$$\int_1^\infty x^n\, e^{-x^2}\, dx = \frac{1}{(\sqrt{2})^{n+1}} \int_{\sqrt{2}}^\infty y^n\, e^{-\frac{y^2}{2}}\, dy$$

absolut konvergent, woraus sofort folgt, daß

$$\int_{-\infty}^\infty y^n\, e^{-\frac{y^2}{2}}\, dy = \int_{-\infty}^{-\sqrt{2}} y^n\, e^{-\frac{y^2}{2}}\, dy + \int_{-\sqrt{2}}^{\sqrt{2}} y^n\, e^{-\frac{y^2}{2}}\, dy + \int_{\sqrt{2}}^\infty y^n\, e^{-\frac{y^2}{2}}\, dy$$

absolut konvergiert. Folglich existieren alle Momente M_n der Standardnormalverteilung; insbesondere sieht man sofort, daß für ungerade n der Integrand $y^n\, e^{-\frac{y^2}{2}}$ eine ungerade Funktion ist und daß daraus

$$M_n = 0 \text{ für alle ungeraden n folgt.}$$

Übungsaufgaben

1. a) Aufgrund einer Gewässerkorrektur, die einen Kapitaleinsatz von Fr. 400 000,– erfordert, kann zusätzliches Land landwirtschaftlich nutzbar gemacht werden. Die dadurch entstehenden jährlichen (kontinuierlichen) Einnahmen betragen Fr. 28 000,–.

Lohnt sich die Korrektur, wenn mit einer Nutzungsdauer von 20 Jahren und einer stetigen Verzinsung von 6% zu rechnen ist?

b) Welches wäre der Barwert der Einnahmen, wenn eine „ewige" Nutzungsdauer angenommen werden könnte.

2. Überprüfen Sie die Konvergenz des Integrals $\displaystyle\int\limits_1^\infty \frac{1}{x^\alpha}$ mit $\alpha \neq 1$.

3. Überprüfen Sie, ob folgende uneigentliche Integrale existieren, und bestimmen Sie allenfalls ihren Wert:

a) $\displaystyle\int\limits_a^b \frac{1}{(x-a)^\alpha}\,dx$ mit $\alpha < 1$;   b) $\displaystyle\int\limits_e^\infty \frac{1}{x \cdot \ln x}\,dx$;

c) $\displaystyle\int\limits_0^\infty \sin x\,dx$;   d) $\displaystyle\int\limits_0^e \ln x\,dx$.   (Hinweis: $\lim\limits_{x \to 0} x \ln x = 0$.)

4. Zeigen Sie, daß $\displaystyle\int\limits_1^\infty \frac{\sin x}{x^4}\,dx$ absolut konvergent ist.

5. Zeigen Sie die Divergenz von $\displaystyle\int\limits_1^\infty \frac{x^{3/2}}{1+x^2}\,dx$.

Weiterführende Literatur

– Einige Hinweise –

A l l e n , R. G. D.: Mathematik für Volks- und Betriebswirte. Eine Einführung in die mathematische Behandlung der Wirtschaftstheorie. 4. Aufl. Berlin: Duncker & Humblot 1972 (dt. Übersetzung)

B a r n e r , M., F l o h r , F.: Analysis I. Berlin – New York: de Gruyter 1974

B i s h i r , J. W., D r e w e s , D. W.: Mathematics in the Behavioral and Social Sciences. New York – Chicago – San Francisco – Atlanta: Harcourt, Brace & World 1970

B l a t t e r , C.: Analysis I. 3. Aufl.; Analysis II. 2. Aufl.; Analysis III. 2. Aufl. Berlin – Heidelberg – New York: Springer 1980, 1979, 1981. = Heidelberger Taschenbücher

C h i a n g , A. C.: Fundamental Methods of Mathematical Economics. 2. Aufl. New York: McGraw-Hill 1974

C o u r a n t , R.: Vorlesungen über Differential- und Integralrechnung. Bd. 1: Funktionen einer Veränderlichen, 4. Aufl.; Bd. 2: Funktionen mehrerer Veränderlicher, 4. Aufl. Berlin – Heidelberg – New York: Springer 1971, 1972

D ü c k , W., K ö r t h , H., R u n g e , W., W u n d e r l i c h , L. u. a.: Mathematik für Ökonomen, Bd. 1. Berlin: Verlag die Wirtschaft 1979

H e i n h o l d , J., B e h r i n g e r , F.: Einführung in die Höhere Mathematik. Teil 2: Infinitesimalrechnung. München – Wien: Hanser 1976

H e u s e r , H.: Lehrbuch der Analysis, Teil 1. Stuttgart: Teubner 1980

J o h n s o n b a u g h , R., P f a f f e n b e r g e r , W. E.: Foundations of Mathematical Analysis. New York – Basel: Dekker 1981

R o m m e l f a n g e r , H.: Differenzen- und Differentialgleichungen, Bd. 4 der Schriftenreihe Mathematik für Wirtschaftswissenschafter (Hrsg. Rutsch, M.). Mannheim – Wien – Zürich: B. I. Wissenschaftsverlag 1977

R u d i n , W.: Analysis. Weinheim: Physik Verlag 1980 (dt. Übersetzung)

Sachverzeichnis

Teubner Studienbücher Fortsetzung

Mathematik Fortsetzung

Jeggle: **Nichtlineare Funktionalanalysis**
Existenz von Lösungen nichtlinearer Gleichungen. 255 Seiten. DM 26,80

Kall: **Analysis der Ökonomen**
238 Seiten. DM 28,80 (LAMM)

Kall: **Mathematische Methoden des Operations Research**
Eine Einführung. 176 Seiten. DM 25,80 (LAMM)

Kochendörffer: **Determination und Matrizen**
IV, 148 Seiten. DM 17,80

Kohlas: **Stochastische Methoden des Operations Research**
192 Seiten. DM 25,80 (LAMM)

Krabs: **Optimierung und Approximation**
208 Seiten. DM 26,80

Müller: **Darstellungstheorie von endlichen Gruppen**
IX, 211 Seiten. DM 24,80

Rauhut/Schmitz/Zachow: **Spieltheorie**
Eine Einführung in die mathematische Theorie strategischer Spiele
400 Seiten. DM 29,80 (LAMM)

Schwarz: **FORTRAN-Programme zur Methode der finiten Elemente**
208 Seiten. DM 21,80

Schwarz: **Methode der finiten Elemente**
320 Seiten. DM 32,– (LAMM)

Stiefel: **Einführung in die numerische Mathematik**
5. Aufl. 292 Seiten. DM 28,80 (LAMM)

Stiefel/Fässler: **Gruppentheoretische Methoden und ihre Anwendung**
Eine Einführung mit typischen Beispielen aus Natur- und Ingenieurwissenschaften
256 Seiten. DM 26,80 (LAMM)

Stummel/Hainer: **Praktische Mathematik**
2. Aufl. 368 Seiten. DM 36,–

Topsøe: **Informationstheorie**
Eine Einführung. 88 Seiten. DM 14,80

Uhlmann: **Statistische Qualitätskontrolle**
Eine Einführung. 2. Aufl. 292 Seiten. DM 38,– (LAMM)

Velte: **Direkte Methoden der Variationsrechnung**
Eine Einführung unter Berücksichtigung von Randwertaufgaben bei partiellen
Differentialgleichungen. 198 Seiten. DM 26,80 (LAMM)

Walter: **Biomathematik für Mediziner**
2. Aufl. 206 Seiten. DM 21,80

Witting: **Mathematische Statistik**
Eine Einführung in Theorie und Methoden. 3. Aufl. 223 Seiten. DM 26,80 (LAMM)

Preisänderungen vorbehalten

Teubner Studienbücher

Informatik

Berstel: **Transductions and Context-Free Languages**
278 Seiten. DM 38,– (LAMM)

Dal Cin: **Fehlertolerante Systeme**
206 Seiten. DM 24,80 (LAMM)

Ehrig et al.: **Universal Theory of Automata**
A Categorical Approach. 240 Seiten. DM 24,80

Giloi: **Principles of Continuous System Simulation**
Analog, Digital and Hybrid Simulation in a Computer Science Perspective
172 Seiten. DM 25,80 (LAMM)

Hotz: **Informatik: Rechenanlagen**
Struktur und Entwurf. 136 Seiten. DM 17,80 (LAMM)

Kandzia/Langmaack: **Informatik: Programmierung**
234 Seiten. DM 24,80 (LAMM)

Kupka/Wilsing: **Dialogsprachen**
168 Seiten. DM 21,80 (LAMM)

Maurer: **Datenstrukturen und Programmierverfahren**
222 Seiten. DM 26,80 (LAMM)

Mehlhorn: **Effiziente Algorithmen**
240 Seiten. DM 26,80 (LAMM)

Oberschelp/Wille: **Mathematischer Einführungskurs für Informatiker**
Diskrete Strukturen. 236 Seiten. DM 24,80 (LAMM)

Paul: **Komplexitätstheorie**
247 Seiten. DM 26,80 (LAMM)

Richter: **Betriebssysteme**
Eine Einführung. 152 Seiten. DM 24,80 (LAMM)

Richter: **Logikkalküle**
232 Seiten. DM 24,80 (LAMM)

Schlageter/Stucky: **Datenbanksysteme: Konzepte und Modelle**
261 Seiten. DM 24,80 (LAMM)

Schnorr: **Rekursive Funktionen und ihre Komplexität**
191 Seiten. DM 25,80 (LAMM)

Spaniol: **Arithmetik in Rechenanlagen**
Logik und Entwurf. 208 Seiten. DM 24,80 (LAMM)

Vollmar: **Algorithmen in Zellularautomaten**
Eine Einführung. 192 Seiten. DM 23,80 (LAMM)

Weck: **Prinzipien und Realisierung von Betriebssystemen**
299 Seiten. DM 29,80 (LAMM)

Wirth: **Algorithmen und Datenstrukturen**
2. Aufl. 376 Seiten. DM 28,80 (LAMM)

Wirth: **Compilerbau**
Eine Einführung. 2. Aufl. 94 Seiten. DM 16,80 (LAMM)

Wirth: **Systematisches Programmieren**
Eine Einführung. 3. Aufl. 160 Seiten. DM 22,80 (LAMM)

Preisänderungen vorbehalten

Leitfäden der angewandten Informatik

B. G. Teubner Stuttgart